浙江省社科规划课题成果
2015年度宁波市社会科学学术著作出版资助项目

U0220467

Zhongguo yu Dongbeiya
FushiWenhua Jiaoliu Yanjiu

中国与东北亚服饰文化交流研究

竺小恩 葛晓弘 著

ZHEJIANG UNIVERSITY PRESS
浙江大学出版社

前　言

　　季羡林先生在《东方文化集成·总序》中对文化交流问题曾经有过这样一段精辟的论述:"文化有一个很突出的特点,就是,文化一旦产生,立即向外扩散,也就是我们常说的'文化交流'。文化决不独占山头,进行割据,从而称王称霸,自以为'老子天下第一',世袭珍藏,把自己孤立起来。文化是'天下为公'的。不管肤色,不择远近,传播扩散。人类到了今天,之所以能随时进步,对大自然,对社会,对自己内心认识得越来越深入细致,为自己谋的福利越来越大,重要原因之一就是文化交流。"因为文化具有向外扩散或曰"交流"的特点,所以古代中国的先进文化产生后,便传播到了文化相对落后的朝鲜半岛和隔海相望的日本。服饰文化亦如此,韩(朝)服饰和日本服饰长期受中国服饰文化影响,是在中国服饰文化浸润之下逐渐发展、繁荣起来的。

　　韩(朝)原先与中国是一个不可分割的整体,从箕子朝鲜开始,经卫满朝鲜,至汉四郡设立,乐浪文化形成,朝鲜半岛实际上一直在中原政权直接统治管辖之下,尤其是汉代,朝廷在半岛北部先后设立四郡,直接派遣汉人担任地方官员进行管理,从而使先进的汉文化对半岛文化造成了多方面的冲击,史上称之为"乐浪文化"。魏晋南北朝时期,韩(朝)半岛历经了高句丽、百济、新罗时代,它们与此时期的中国在政治、经济、文化上有着不可分割的关系。尤其是高句丽,其民族祖先便是中国东北的涉貊族,后又融入了古朝鲜、汉、鲜卑、肃慎、契丹等中原以北及东北地区诸多民族成员。5世纪以前,高句丽的政治经济文化中心一直在中国辽东集安地区,后来随着力量的强大,势力不断向朝鲜半岛扩张,至北魏始光四年(427年)迁都平壤,占据了整个朝鲜半岛北部,而且朝鲜半岛北部在此之前一直在中原政权的直接管辖之下,平壤地区是深受中原汉文化浸润的地区,与中原汉文化有着紧密的联系。高句丽势力南下的同时,将古老的中国东北民族文化也带到了半岛北部,并与中原汉文化相融合。因此高句丽文化中,中国东北少数民族胡文化与中原汉文化是两大主流。隋朝及唐代初期,新罗统一了朝鲜半岛,全面引进唐代的制度和先进文化。宋辽金元时期,韩(朝)经历了高丽时代,其间元朝与高丽联系尤为密切,高丽太子入元、蒙古公主下嫁高丽诸王等政策都直接促进了中原文化在高丽的传播,推动了丽元之间的文化交流。明清时期,朝鲜半岛处于李氏朝鲜时期。明朝统治者对朝鲜格外眷顾,两国关系甚为密切。

总之,韩(朝)自有史以来就与中国有着频繁而广泛的交流。双方除了在政治、经济、军事、文化教育、文学艺术等领域有过广泛的交流外,在生活习俗,包括服饰文化上,中国对韩(朝)也产生过广泛而深远的影响。韩(朝)服饰自一开始就是全盘照搬中国服饰的,后来在相互交流中不断地模仿学习中国服饰,在模仿学习中逐渐创制了具有民族特色的韩(朝)服饰。

日本与中国的文化交往自绳文时代晚期便已开始,以后经弥生文化时代的发展,到古坟时代形成了第一次高潮。此时期通过遣使到南朝聘请的技术工匠和大量的移民,把中国的纺织缝制技术带到了日本。7世纪初到9世纪末,中国隋唐时期,日本经历了飞鸟、奈良、平安3个时代。此时期的日本以华为师,全方位学习、吸收中国隋唐的先进文化,在中日文化交流史上谱写了最为绚丽的篇章。这一时期,中日在服饰文化交流上形成了第二次高潮。日本模仿隋唐的服饰制度制定了冠服制,在全国范围内全面推广隋唐服装。而奈良时期更被称为"唐风时代"。从服装形制可以看出,奈良时期的服饰同唐前期的几乎完全相同:男子幞头靴袍;女子大袖襦裙加帔帛,而且一如唐朝盛行女着男装之风。到了平安时期,服装的式样渐渐发生了变化,由奈良时期的上衣下裙或上衣下裤的唐装式样一变而为上下连属的"着物",即和服的雏形,自此以后,日本的服饰脱离模仿的阶段,走上了具有民族特点的自我发展道路。

虽然如此,但是这并不等于中日服饰文化交流之路完全阻断。相反,由于中日两国海天相望的独特地理条件,流光溢彩的中华民族服饰在日本民间很受欢迎。譬如明清两代内地蟒袍、锦缎、丝绸面料等诸物,通过黑龙江下游及库页岛地区,东传北海道,颇受当地虾夷人青睐,被称为"虾夷锦"。"虾夷锦"文化现象便属于民间的服饰文化交流。

清朝晚期,日本明治维新的成功促使其迅速走上现代化道路,同时也引起中国朝野的极大关注,中日文化交流发生了根本性的逆转,由原来主要为日本向中国学习转变成了以中国向日本学习为主导的文化交流阶段。

此时期,中日服饰文化交流掀起了第三次高潮。明治维新后,西式化服装在日本迅速而又顺利地流行起来。日本服装西式化推动了中国的服装改革。革命巨子和有识之士,积极主张改变中国褒衣博袖的传统服饰,接受西式服装。东渡日本的留学生受到西方思想与文化的影响和熏陶,纷纷剪除辫子,换上西装革履。他们的思想与行动更加推进了国内剪辫易服运动的高涨,直至民国服制改革。对中国服饰西化的另一杰出贡献者便是中国近现代服装史上成就卓著、影响深远的"红帮裁缝"。他们在日本明治维新前后,来到日本学习西服裁剪技术。到了 20 世纪初,他们中的大部分人又回到国内上海等大城市经营服装业,将在日本学到的西服制作技术在国内传播,并且结合中国实际运用西服裁剪技术,创制海派西服和中山装,改良旗袍,对中国近现代服装西式化、对中日服饰文化交流都做出了重要贡献。

从中韩(朝)和中日服饰文化交流的历史可以看出:一个国家、一个民族的服饰文化只有在与其他民族的交流、冲突、变革、融合中才能不断走向繁荣。这是服饰文化发展的规律,也是一切文化发展的规律。因此,任何民族都必须具有善于学习他民族、善于与他民族交往的文化宽容精神。中国服饰文化要再现盛唐气势,一方面要积极汲取世界各民族先进服饰文化的营养,为我所用,融合创新,推进中国服饰文化的建设,实现中国服饰文化的复兴;另一方面,要让中国服饰文化走向世界,把中国优秀服饰文化变成世界文化资源,让世界分享中华民族的智慧,努力达到如盛唐服饰文化那种气势恢宏的地位。跻身于世界各民族的服饰文化交往,在交往过程中,让世界真正了解和认识中国服饰文化。

竺小恩

2015 年 6 月

目　录

上篇

中韩（朝）服饰文化交流

今天的韩国和朝鲜,在古代,或称古代三朝鲜,或称高句丽、百济、新罗三国。在新罗统一半岛以后,又相继出现了高丽、朝鲜、大韩帝国。这些历史,为现今韩、朝两国所共有。中国古代正史里也早有"朝鲜"、"韩国"之称,《史记》有《朝鲜列传》,《后汉书》有《韩传》,它们为人们在正史里认识"朝鲜"和"韩国"开了先河。为叙述方便,本书将其称为韩(朝),将这一地区的古代历史称为韩(朝)历史。

中国与韩(朝)交往的历史,可以追溯到中国先秦时代。从文字记载考察,中国商末周初汉人箕子率族人入朝,建立箕氏朝鲜,至今已有 3000 余年。箕氏统治朝鲜 900 余年以后,又有燕人卫满魋结蛮服东走出塞,以平壤为都建立卫满朝鲜。箕子朝鲜与卫满朝鲜在本质上都是华夏子孙在现今韩(朝)土地上建立的一个政权,其性质属于周、秦、汉的外臣。至汉代,汉朝廷在半岛北部先后设立四郡,直接派遣汉人担任地方官员进行管理,先进的汉文化给半岛文化带来了多方面的冲击,史上称之为"乐浪文化"。魏晋南北朝时期,韩(朝)半岛历经了高句丽、百济、新罗时代,它们与此时期的中国在政治、经济、文化上有着不可分割的关系。尤其是高句丽,其民族祖先便是中国东北的涉貊族,后又融入了古朝鲜、汉、鲜卑、肃慎、契丹等中原以北及东北地区诸多民族成员。5 世纪以前,高句丽的政治经济文化中心一直在中国辽东集安地区,后来随着力量的强大,势力不断向朝鲜半岛扩张,至北魏始光四年(427 年)迁都平壤,占据了整个朝鲜半岛北部,而且朝鲜半岛北部在此之前一直在中原政权的直接管辖之下,平壤地区是深受中原汉文化浸润的地区,与中原汉文化有着紧密的联系。高句丽势力南下的同时,将古老的中国东北民族文化也带到了半岛北部,并与中原汉文化相融合。因此高句丽文化中，中国东北少数民族胡文化与中原汉文化是两大主流。隋朝以及唐代初期，新罗后来居上，与唐建立联盟，统一了朝鲜半岛，并通过各种渠道和方式全面引进唐代的政治、经济、教育制度，学习中国的儒学、语言文字、天文历法、医学、文学、美术等先进文化。宋辽金元时期，韩（朝）经历了高丽时代，高丽与元朝联系尤为密切，高丽太子入元、蒙古公主下嫁高丽诸王等政策都直接促进了中原文化在高丽的传播，推动了元丽之间的文化交流。与明清时期相对应的是李氏朝鲜时期，明朝统治者对朝鲜格外眷顾，李朝亦年年遣使朝贡，两国关系尤为密切；清代时，由于满人入主中原，李朝君臣视清统治者为"夷狄"，做些表面文章应付清廷，不少制度仍然沿用明代的制度。

　　总之，韩（朝）自有史以来就与中国有着频繁而广泛的交流。双方除了在政治、经济、军事、文化教育、文学艺术等领域有过广泛的交流外，在生活习俗，包括服饰文化上，中国对韩（朝）也产生过广泛而深远的影响。韩（朝）服饰自一开始就是全盘照搬中国服饰的，后来在相互交流中不断地模仿学习中国服饰，在模仿学习中逐渐创制了具有民族特色的韩（朝）服饰。

第一章　箕氏朝鲜与卫满朝鲜

箕氏朝鲜、卫满朝鲜和檀君朝鲜称古代三朝鲜。

檀君朝鲜(前2333—前238)是韩国历史的一个传疑时代,记载于《三国遗事》中。根据神话传说,朝鲜历史最远可以追溯至檀君建国。檀君王俭是天神桓雄与"熊女"(本意是熊变成的女子,可能是以熊为图腾的部落女子)所生的儿子。相传在公元前2333年,檀君于今日的平壤建立王俭城,创立古"朝鲜国"。檀君在位1500年,后隐居阿斯达为山神,活到1908岁。这段神话历史与本书主题无关,所以不叙。

箕氏朝鲜和卫满朝鲜都是华夏子民在今韩(朝)土地上建立的、受中原王朝直接控制的地方政权,是中原王朝的外臣。

一般研究认为,韩(朝)民族的族源,主要由三部分组成:来自北方的涉貊民族、中国中原民族移民和半岛南部的三韩(马韩、辰韩、弁韩)民族。

涉貊民族为松嫩平原至朝鲜半岛北部涉族和貊族的族群总称。商代时,这一民族大概居住在山东半岛一带。周灭商后,涉貊被周人所迫,一部分漂洋过海东渡到韩(朝)半岛南部,与当地土著及其他移民结合,成为古朝鲜"三韩"中马韩的主要组成部分;一部分往东北方向迁移,形成后来的扶余、高句丽、沃沮等民族。其中高句丽势力日益强大,建立了高句丽国,占据了辽东广大地区,后又逐渐向南扩张,建都平壤,几乎拥有了半岛北部的领地。

而半岛南部则是三韩(马韩、辰韩、弁韩)民族。三韩民族与中国也有着渊源关系。

马韩也称慕韩,其名称就与涉貊的"貊"有关,因为马韩族群的主要构成除了韩人外,就是涉貊族。辰韩人则是秦代移民,秦人为了躲避战乱和繁重的徭役,来到朝鲜半岛的南部,直到汉代时候,那里的老人仍自称是秦代遗民。弁韩的主体可能也是东夷人,同时融合了韩人、土著等。

还有一部分便是移民。在先秦两汉时代,因各种原因迁移至朝鲜半岛的中国百姓从来没有间断过,有零散的,有成批的。除却下文要具体讲述的箕子入朝、卫满东走出塞、汉设乐浪四郡等使大批中国民众迁居朝鲜半岛以外,还有几次大规模的移民潮:一是战国末期,随着秦国统一战争的加速,东方的燕、齐、赵等国老百姓为了躲避战乱,开始经由辽东徒步,或者由黄海渡船,纷纷逃往朝鲜半岛;二是秦统一中国后,由于秦王朝实行苦民政策,筑长城、修宫殿,大兴土木,劳民伤财,为了躲避苦役,百姓纷纷东逃至朝鲜半岛;三是秦末农民大起义爆发后,"天下叛秦,燕、齐、赵民避地朝鲜数万口",朝鲜王箕准将数万流民安置在半岛西部地区;四是汉初两次平定燕王叛乱的过程中,一些燕民为了躲避战火而逃往朝鲜半岛。这些移民迁到朝鲜半岛以后,定居下来,成为韩(朝)民族的成员,在半岛上播撒中国文化的种子,推动了中韩(朝)文化交流。

一、箕氏朝鲜——衣冠制度,悉通中国

箕氏朝鲜始于箕子入朝,约公元前 1122 年,终于卫满篡权建立卫满朝鲜,约公元前 194 年。

关于箕子入朝这一史实,目前有部分朝鲜、韩国学者对箕子入朝开发朝鲜之事予以否认,认为只是传说;但是历史文献资料和考古资料却证明了箕子入朝开发朝鲜是不可否认的历史事实,而且据《三国史记》记载,箕子还是韩(朝)历史的开创者。

箕子,商代纣王时被监禁的太师,此人满腹经纶,周武王伐纣兵进朝

歌时将其释放，并分封其于朝鲜，于是箕子率族人东去朝鲜。从箕子入朝立国到箕准王被卫满篡位，历经 900 多年，这一时期史称"箕子朝鲜"或"箕氏朝鲜"。对于这一事件，中韩（朝）史书多有记载。

中国记载箕子开发朝鲜事迹的书籍有《尚书大传》、《史记》、《汉书》、《后汉书》、《三国志》等。《史记》和《尚书大传》都记载了周武王封箕子于朝鲜的事。

成书于西汉初年的《尚书大传》云："武王胜殷，继公子禄父，释箕子之囚。箕子不忍周之释，走之朝鲜。武王闻之，因以朝鲜封之。"《史记·卷三八·宋微子世家》记载："周武王封箕子于朝鲜而不臣。"

《汉书·卷二八·地理志下》记载得比较具体：

> 玄菟、乐浪，武帝时置，皆朝鲜、涉貉、句骊蛮夷。殷道衰，箕子去之朝鲜，教其民以礼义、田蚕织作。乐浪朝鲜民犯禁八条：相杀以当时偿杀；相伤以谷偿；相盗者，男没入为其家奴，女子为婢，欲自赎者，人五十万。虽免为民，俗犹羞之，嫁取无所雠。是以其民终不相盗，无门户之闭，妇人贞信不淫辟。其田民饮食以笾豆，都邑颇放效吏及内郡贾人，往往以杯器食。郡初取吏于辽东，吏见民无闭藏，及贾人往者，夜则为盗，俗稍益薄。今于犯禁浸多，至六十余条。可贵哉，仁贤之化也！然东夷天性柔顺，异于三方之外，故孔子悼道不行，设浮于海，欲居九夷，有以也夫！

《后汉书·卷八五·东夷列传》还记叙了箕子后代的情况：

> 昔武王封箕子于朝鲜，箕子教以礼义田蚕，又制八条之教。其人终不相盗，无门户之闭。妇人贞信。饮食以笾豆。其后四十余世，至朝鲜侯准自称王。汉初大乱，燕、齐、赵人往避地者数万口；而燕人卫满击破准而自王朝鲜，传国至孙右渠。
>
> ……
>
> 论曰：昔箕子违衰殷之运，避地朝鲜。始其国俗未有闻也，

及施八条之约，使人知禁，遂乃邑无淫盗，门不夜扃，回顽薄之俗，就宽略之法，行数百千年，故东夷通以柔谨为风，异乎三方者也。苟政之所畅，则道义存焉。仲尼怀愤，以为九夷可居，或疑其陋，子曰："君子居之，何陋之有！"

从《汉书》、《后汉书》记载可知，不仅箕子入朝确有其事，而且箕子到了朝鲜后，带去了先进的殷商文化，他以礼义教化人民，又传授给朝鲜民众"田蚕织作"之技术。在殷商文明影响下，朝鲜半岛社会有了迅速进步，产生了自己最早的成文法——"乐浪朝鲜民犯禁八条"："相杀以命偿；相伤以谷偿；相盗者男没入为其家奴，女子为婢，欲自赎者，人五十万。"经文明教化的百姓，有了廉耻之心，"虽免为民，俗犹羞之，嫁取无所雠"，于是，"邑无淫盗，门不夜扃，回顽薄之俗，就宽略之法，行数百千年，故东夷通以柔谨为风"。

韩（朝）记载箕子开发朝鲜的书籍有《三国遗事》、《三国史记》、《东国通鉴》、《东史纂要》、《东史会纲》、《三国史略》、《高丽史》等。

《东国通鉴·外纪·檀君朝鲜·箕子朝鲜》盛赞箕子入朝所做出的贡献："箕子率中国五千人入朝鲜，其诗书、礼乐、医巫、阴阳、卜筮之流，百工技艺皆从而往焉"，古朝鲜"衣冠制度，悉通乎中国，故曰诗书礼乐之邦，仁义之国也，而自箕子始之，岂不信哉"。寥寥几语，却道出了箕子对古朝鲜政治上、经济上、文化上的全面贡献，使得在当时的朝鲜，各种技术工匠，应有尽有，还有衣冠服饰及其等级制度都与殷商相通；并且给予他高度的评价：朝鲜成为"诗书礼乐之邦，仁义之国"，实乃"自箕子始之"。

韩（朝）最早的史书《三国史记》和《三国遗事》中也有箕子入朝的记载，并将箕子建立的"箕氏朝鲜"列为韩（朝）历史上第一个王朝。按照此说，是殷人箕子开创了韩（朝）的历史。

朝鲜王朝史学家安鼎福在《东史纲目·第一上·箕子》中对此事做了更为详尽的记载：

己卯（周武王十三年），朝鲜箕子元年。殷太师箕子东来，周天子因以封之。箕子，子姓，名胥馀。封于箕而子爵，故号箕子。仕殷为太师。纣为淫佚，箕子谏，不听而囚之，乃被发佯狂而为奴，鼓琴以自悲。及周武王伐纣入殷，命召公释箕子囚，问殷所以亡，箕子不忍言，王乃问以天道。箕子为陈《洪范》九畴。箕子不忍周之释，走之朝鲜。武王闻之，因以朝鲜封之而不臣也。都平壤。筑城郭。施八条之教。箕子之来，中国人随之者五千。诗、书、礼、乐、医、巫、阴阳、卜筮之流，百工技艺，皆从焉。初至，言语不通，译而知之。设禁八条，其略：相杀偿以命；相伤以谷偿；相盗者，男没为家奴，女为婢，自赎者人五十万。虽免为民，俗犹羞之，嫁娶无所雠。是以其民不盗，无门户之闭；妇人贞信不淫。其民饮食以笾豆。崇信让，笃儒术，酿成中国之风教。以勿尚兵斗，以德服强暴，邻国皆慕其义归附。衣冠制度，悉同乎中国。

箕子用殷田制，教民以田蚕织作。不三年，民皆向化。礼俗以兴，朝野无事，人民欢悦。以都邑之江比黄河，以其山比嵩山[注云：即大同江、永明岭]，作歌颂其德。韩氏百谦曰："余到平壤，见箕田遗制，阡陌皆在，周然不乱。古圣人经理筹划变夷为夏之意，犹可想见。"……《孟子》："殷人七十而助。"七十亩，本殷人分田之制。箕子，殷人，其画野分田，宜效宗国。

壬午（周武王十六年），箕子四年，箕子朝周。箕子以素车白马[注：殷人尚白也]朝周，过故殷墟，感宫室毁坏，生禾黍。箕子伤之，欲哭不可，欲泣为近妇人，乃作《麦秀》诗以歌之。其诗曰："麦秀渐渐兮，禾黍油油！彼狡童兮，不与我好兮！"所谓狡童者，纣也。殷人闻之，皆为流涕。

戊午（周成王三十三年），（箕子）四十年，箕子薨。寿九十三。葬平壤北兔山。

这里记述了箕子到朝鲜立国的情况。箕子率领 5000 人到达朝鲜地区之后，定都平壤，筑城郭；传播中原的文化，将"诗、书、礼、乐、医、巫、阴阳、卜筮之流"带到韩（朝），教韩（朝）以"百工技艺"；效法殷商，推广先进的生产技术，采用类似殷商的田亩制度，教百姓"田蚕织作"。

《东史纲目》还进一步具体地记载了箕子后代（箕氏王朝）的情况。列出箕子传世图，交代了箕氏最后一代王箕准被卫满篡位逃至马韩，称南康王，后被百济所灭，总共传世 1131 年。

对于箕子入朝之事，考古学材料也透露了一些信息。中国商、周之际，大致相当于韩（朝）考古学上新石器时代中期。韩（朝）新石器时代典型的文化遗址，多分布在平安南道、黄海北道等处，大同江正好流经这些地区而进入大海。这一时期的考古发掘中，在平安南道、黄海北道等处，出土了大量的石器，有石斧、石镞、石刀等，特别是其中数量众多的半月形石刀，这正是中国龙山文化的典型特征。中朝学者普遍认为它与商朝的灭亡是有关系的，可能是由于商、周易鼎，大量商民（如箕子）不愿意受周族的统治，而经过东北迁移到了朝鲜半岛。《中国大百科全书·考古学》："朝鲜青铜时代的年代大体在公元前 10 世纪至前 5 世纪，主要遗址在平安北道和黄海北道"，"与周围地区存在着文化联系"。这一时代正好与箕氏王朝开发朝鲜的时代相吻合；箕子朝鲜的国都王俭城的故址也正好在平壤市南郊大同江岸边。今平壤有箕子墓，也绝不是空穴来风。

从神话和民俗学角度来考察箕子入朝之事，似乎也能做出一定的解释。古代黄海、渤海沿岸，属于东夷地区，而商族活动区和朝鲜半岛地区，便是属于这个区域。在神话传说中，东夷族应该都是"卵生"的部族，《诗经》有"天命玄鸟，降而生商"之句。东夷族以鸟为图腾，在发展过程中，形成了一些共同的民俗，如商部族盛行的鸟图腾、支石墓（墓葬石棚，有桌形和棋盘形）、拔齿习俗等。这些民俗在朝鲜半岛的青铜时代（大约在公元前 10 到前 5 世纪）也普遍存在。这种共同的神话传说、民俗风格，以及相邻的地缘关系,说明箕子在商朝灭亡后,东走同属东夷地区的朝鲜半岛,是在情理之中的。

以上这些,都在不同程度上说明箕子入朝并非传说,而是历史事实。若从箕子入朝算起,中韩(朝)文化交流已有 3000 余年的历史。箕子入朝,奠定了中国和朝鲜半岛几千年文化交流和人员往来的基础。箕氏朝鲜存在千年之久,以儒学礼制为代表的中国文化在朝鲜半岛北部流传,并影响到南部的三韩地区,再以朝鲜半岛为中介,传播到日本。以儒家文化、汉字为标志的东亚文化圈的形成,箕子可谓具有开创之功。

箕子东去,是目前见之于史籍的第一次移居朝鲜半岛的移民潮,它揭开了中韩(朝)文化交流的序幕。在箕子朝鲜将近 1000 年的历史阶段中,还有几次移民潮(此书开头已有交代)。在箕子入朝与战国、秦汉之际的移民潮中,究竟有多少人流亡朝鲜半岛,自然无法做出具体统计。但是,从秦末一次就达"数万口",足见移民数量之大。大量移民的到来,不但大大加快了对朝鲜半岛的开发,而且无意间扮演了民间文化交流的主要角色,有力推动了中韩(朝)文化交流的发展,为中韩(朝)文化交流营造了环境、创造了条件。

中韩(朝)文化交流从一开始就是多元的,箕子入朝,"诗、书、礼、乐、医、巫、阴阳、卜筮之流",中原各种文化传入朝鲜;"施八条之教",教百姓"崇信让,笃儒术",形成"中国之风教";采用殷田制,"画野分田,宜效宗国";教民以"田蚕织作",传播百工技艺;"衣冠制度,悉通乎中国"。

其中"衣冠制度,悉通乎中国"这一记载,至少说明箕子朝鲜时期,衣冠服饰是受到殷商服饰很大影响的,甚至有可能是完全照搬殷商服饰的。

商代服饰已经出现了明显的等级区别,衣着的质地、款式、色彩,乃至佩戴的饰品,都是构成等级制服饰的基本要素。由上述记载可以推断:箕子朝鲜时期,服饰也有了鲜明的等级区别。

依据考古学家对商代人像雕塑的考察,商人的服饰形制主要为上衣下裳:上衣多为交领右衽,窄袖短身;下裳即裙,下着开裆裤,宽带束腰。

箕子朝鲜时期的服式是否与此相同，有待考证。

殷商服饰尚白，《檀弓》有云："夏后氏尚黑，殷人尚白，周人赤。"《史记·殷本纪》也有记述，商汤"易服色，上白"。安鼎福《东史纲目》记载箕子在周武王十六年、箕子四年朝周时，乘素车白马。朝鲜人喜欢穿白色衣裳，结婚时乘白马，甚至连妇女的发式也是殷商的古制，这不能不说是箕子时期的遗迹。

当然，随着时间的推移，又加上远离中国中原王朝，而与当地古朝鲜居民日渐融合，箕氏朝鲜后来逐渐形成自己特有的民族特征和地域文化，这也是历史文化发展的必然。

二、卫满朝鲜——魋结蛮服，东走出塞

卫满朝鲜是继箕子朝鲜之后又一个由华夏人氏建立的古朝鲜政权，建立时间约公元前194年，为燕人卫满所建，终于公元前109年卫满孙子右渠王时代。

公元前206年，西汉政权封卢绾为燕王。不久，卢绾反汉投降匈奴，燕国骚动不安，民众多有逃亡。燕人卫满聚集徒党1000余人渡过浿水，投降了朝鲜的箕准王，得到了箕准王的礼遇。箕准拜他为博士，赐给圭，封给西部方圆百里的地方，希望他守护西部边境。《史记·卷一一五·朝鲜列传》对此有记载：

> 朝鲜王满者，故燕人也。自始全燕时尝略属真番、朝鲜，为置吏，筑鄣塞。秦灭燕，属辽东外徼。汉兴，为其远难守，复修辽东故塞，至浿水为界，属燕。燕王卢绾反，入匈奴。满亡命，聚党千余人，魋结蛮夷服而东走出塞，渡浿水，居秦故空地上下鄣，稍役属真番、朝鲜蛮夷及故燕、齐亡命者王之，都王俭。

《汉书·卷九五·朝鲜传》做了相同的记载。

《史记》记述了卫满的出自和建国过程。卫满是个很有政治野心的

人,他以封地为依托,不断招引燕、齐等国的流民,逐渐扩大自己的势力。公元前194年,卫满编造汉朝将要进攻朝鲜的假情报,向箕准王提出进京保卫首都的要求。箕准不知是诈,答应了卫满的请求。于是卫满趁此机会,率军向王都王俭城(今朝鲜平壤)进发,一举攻占王都后,自立为王,仍以王俭城为都,国号仍称朝鲜,历史上称其为"卫氏朝鲜"。箕准战败后,逃到了半岛南部的马韩地区。

卫满朝鲜是在箕氏朝鲜的基础上建立起来的,占有了箕氏朝鲜的旧疆土。卫氏治下的朝鲜民众除了半岛土著蛮夷之外,实际上有大量来自中原的华夏子民:他们中有箕子朝鲜时代来自中原的箕氏朝鲜遗民,还有卫满从燕、齐等地招募来的流民。这是继箕子之后,华夏居民的血缘与文化又一次融入了朝鲜半岛北部。而且特别要说明的是:箕氏和卫氏均为华夏子孙,箕氏朝鲜先臣于周,后臣于秦,卫氏臣于汉,他们均属于中原王朝的外臣。他们所辖的疆域均在中华民族疆域范围内,均属于中华文化圈;其政权的主体民众为华夏古族,其政权性质为中华古族所建立的地方政权。[1]

公元前194—前180年间,汉高祖刘邦的儿子汉惠帝和吕后称制的时代,辽东太守与卫满订立君子协定,以卫满为汉朝外臣,负责保卫塞外的汉室疆土;但是不得阻止东夷诸族的君长入见汉天子,中央政权也批准了这个协定。卫满借机扩张自己的势力,征服附近弱小国家。朝鲜半岛上的真番、临屯等小国都来归附,卫满朝鲜的领土方圆几千里,成为半岛北部最强大的国家。

公元前109年,卫满的孙子右渠王继位。这时归附朝鲜的汉人越来越多,可是汉朝廷却从来没有见到卫氏朝鲜以属国礼节入见,而且周边小国想要觐见汉朝皇帝,都被卫氏朝鲜阻挡住。这样,汉朝和朝鲜的关系逐渐恶化,终于到了不得不兵戎相见的地步。

卫满逃亡至朝鲜,并建立政权,统治将近1个世纪,与箕子入朝一样,

---

〔1〕 张碧波:《卫氏朝鲜文化考论》,《社会科学战线》2002年第4期,第179页。

又一次将中国文化输入半岛。根据考古研究,公元前一千纪后半期,古朝鲜人民已经能够制造并广泛使用铁制农具,从而促进了农业生产;在发展农业的同时,畜牧业也得到了发展;制陶业也比前时期有了很大的进步。[1] 箕子进入朝鲜半岛促进了朝鲜青铜文化的发展,而卫氏为朝鲜带来并促进了朝鲜铁器文化的发展。

从服饰文化角度看,卫氏带入半岛的服饰文化与箕子时代是有所区别的。箕子来自殷都,他输入半岛的诗书礼乐、衣冠制度都是代表华夏正统的中原文化。而卫满是燕国人氏。战国时期的燕国,地处今北京及河北中、北部,相对偏远。《史记》记述卫满"聚党千余人,魋结蛮服而东走出塞"。"魋结"即"椎髻","椎髻蛮服"即是卫满、千余党徒以及后来被卫满招引而至朝鲜的齐、燕流民的一种服饰形象。椎髻是当时少数民族男子的一种发式,《汉书·卷四三·陆贾传》云:陆贾出使南越,南越王尉佗"魋结箕踞见贾"。颜师古注引服虔曰:"魋音椎,今兵士椎头髻也。"《汉书·卷九五·西南夷传》、《后汉书·卷八六·西南夷列传》、《汉书·卷五四·李广传》都有提到西南的夜郎、滇、邛都,北方的匈奴等,男子梳椎髻。内地的士兵和一些女性也梳椎髻,但梳这种发式者的社会层次都不高。蛮服,泛指少数民族的服饰,或者称为胡服,譬如匈奴、鲜卑等民族的裤褶服。"椎髻蛮服"也代表了与中原正统文化相区别的边远地区的一种蛮荒文化。

在中国服饰发展史上,服饰南北有异,东西不同,这是正常的现象。在春秋战国时期,诸侯割据,列国称雄,政治上的多元化,加以各地地理和气候的差异,价值取向的多样化,以致千里不同风,百里不同俗,服饰文化呈现出显著的地域差异。中原地区、齐鲁地区、北方地区、南方楚地、吴越地区,服饰各有自己的特点。中原地处黄河中游,为周天子所在之地,是华夏正统文化的发祥地,以深衣为主要服饰。齐鲁地区地处黄河下游,濒

---

[1] 朝鲜社会科学院历史所编,刘永智译:《朝鲜全史》卷二,1979 年版;转引自张碧波《卫氏朝鲜文化考论》,《社会科学战线》2002 年第 4 期,第 182 页。

临大海,在服饰上表现为贵族好奢侈、百姓无拘束,爱穿奇装异服。北方地区包括燕、赵、中山之国,服饰有两种明显不同的风格,一种是属于中原华夏类型的服饰,诸如深衣长袍之类,常为贵族服饰,一种属于便于行动的胡服短衣。楚服华美轻丽。吴越断发文身。虽然秦汉一统天下,要求服饰趋同,但是由于地理环境、气候条件、价值取向等不同形成的不同的风俗习惯,以及着装者地位、身份、所从事的行业等诸多不同,所造成的服饰文化的差异性,不是在短时间内就能磨灭的。

与箕子不同,卫满"魋髻蛮服"建立朝鲜政权,将华夏民族的另一类服饰文化输入朝鲜半岛,使半岛的服饰文化更加丰富多样。

三、汉四郡与乐浪汉文化

《汉书·卷六·武帝纪》记载,西汉武帝元封三年(前 108 年)汉武帝攻灭卫氏朝鲜,"朝鲜斩其王右渠降",汉朝廷在半岛北部设立乐浪、临屯、玄菟、真番四郡,称为"汉四郡"。四郡之下设有很多县,郡县的主要官员由汉朝中央派遣汉人担任。乐浪郡是朝鲜四郡的首郡,设于卫氏朝鲜故地,为今平壤市、平安南道、黄海南北道地区;临屯郡设于涉地,为今江原道及咸镜南道地区;玄菟郡设于沃沮居地,在今咸镜南北道、平安北道一带;真番郡设置地向有南北二说之争议。

汉四郡自设立之日起,就一直受到土著民的威胁,领地不断被蚕食。昭帝始元五年(前 82 年),罢临屯、真番,并入乐浪与玄菟,玄菟郡亦迁往辽东。于是单单大岭(今长白山)以东玄菟故地沃沮,以及原临屯郡所在涉貊,皆属乐浪,并划为岭东七县,归乐浪东部都尉管辖[1],南部五县归南部都尉管辖。其时乐浪郡共辖 25 县,户 62812,人口 406748。[2]《潜夫论》载:"古之葬者厚衣以薪,……东至乐浪,西至敦煌,万里之中相竞用

〔1〕 范晔:《后汉书·卷八五·东夷列传》,中华书局 1965 年版,第 2817 页。
〔2〕 班固:《汉书·卷二十八·地理志下》,中华书局 1962 年版,第 1627 页。

之……""武皇帝攘夷斥境,面数千里,东开乐浪,西置敦煌,南逾交趾,北筑朔方……"可知乐浪郡为汉代最东部边疆。[1]

事实上,武帝置朝鲜四郡后,仅仅20多年,汉朝对朝鲜半岛北部地区的管理机构就仅存乐浪郡了。东汉建武六年(30年),罢边郡都尉,乐浪东部都尉所辖的岭东七县被放弃,乐浪郡的范围有所缩小。东汉末公孙氏割据辽东,领有乐浪、玄菟二郡。公孙氏政权于3世纪初,于乐浪南部荒地设带方郡。魏景初二年(238年),司马懿灭公孙氏政权,并越海定乐浪、带方,将二郡重新纳入中央政府的管辖。西晋时期中原政权继续对乐浪、带方二郡行使管辖权。西晋末年,高句丽势力不断南侵,公元313年乐浪郡为其所并,翌年带方郡也被其占领。至此,中原政权失去了对朝鲜半岛,尤其是半岛北部的直接控制权;半岛北部为高句丽所统治,确立了以平壤为政治、经济、文化中心的政权,半岛南部为百济和新罗所统治。朝鲜半岛在真正意义上进入了三国鼎立的时期。

自汉武帝设立四郡至乐浪、带方被高句丽攻占为止的420余年间,朝鲜半岛北部一直在中原政权的直接管辖之下。这期间郡县曾几经变化,但乐浪郡始终存在,而且在过半的时期内为唯一的中原郡县。

郡县机构的设立加强了内地政治制度对西北朝鲜地区的辐射,在客观上促进了汉朝腹地与朝鲜半岛之间的经济文化交流。当时,不仅有汉人官吏前往四郡任职,而且也有很多内地商贾前往朝鲜四郡经商,还有不少农民前往朝鲜四郡落户开垦。大量内地移民的迁入则带来了先进的生产方式和文化,使得以乐浪郡为中心的大同江下游地区逐渐成为汉人与汉文化在朝鲜半岛的中心分布区域,也成为汉文化向半岛南部、日本列岛传播的重要中转站。

乐浪时期,汉王朝在朝鲜半岛的文化影响是非常广泛的,这在已经发现的城址和墓葬及其随葬品等方面都有清楚地反映。考古学家把这种文化现象称为"乐浪文化"。其实,所谓"乐浪文化",就是汉文化。

---

〔1〕 王符撰,汪继培笺:《潜夫论笺校正》,三秦出版社1999年版。

在乐浪土城出土了汉式云纹瓦当,"乐浪礼官"、"乐浪富贵"等文字瓦当,还发现有"乐浪太守章"、"乐浪大尹章",以及乐浪郡所辖朝鲜等23县的令、长、丞、尉的官印封泥。这不仅证明了这里曾是乐浪郡治所在地,受中原王朝委派的汉人官吏在这里进行治理,同时也证明了汉文化在乐浪的流布。

在乐浪墓葬中,发现有大量丰富多彩的随葬品。有博山炉、奁、洗、壶、鼎、铜镜、铜印、汉孝文庙铜钟等,其中铜镜就有星云镜、规矩镜、内行花纹镜、盘龙镜、四乳涡纹镜、四乳草叶纹镜等多种;漆器有案、盘、杯、碗、盂、壶、勺、枕、箧等,还有武器、马具、陶器、布帛、金属服饰品、玉石器、货币等。这些出土文物大部分属于公元以后的后汉到魏晋时期的物品。据朝鲜史学界有些人的调查,这里发现的文字砖共有十几种,其中可考年代者共有11种,其上限为公元182年,下限为353年,未发现刻有公元前年代的文字砖。[1] 这可能证明朝鲜发现的汉式古坟和它的遗物主要在公元2世纪末到4世纪中叶期间形成的,是在一千六七百年以前传入朝鲜的。而这时期正是乐浪文化时期。

这些文物中数量多而最被人重视的是漆器,有盘、碗、盂、壶、勺、枕、案、箧等日常用具,大部分都是黑地红花,或红地黑花,并有淡黄、淡绿色点缀。花纹有云龙,有人物,图案变化多样,构思巧妙,表现出高度发展的工艺水平。有的漆器上有元始(西汉平帝时期年号)、永平(西晋惠帝时期年号)等年号铭文,是1世纪至3世纪末期的东西。有些漆器带有地名,如"蜀郡西工"、"广汉工官"等,证明它是我国四川地区的产品。从中可看到距今一千六七百年以前的乐浪文化时期,甚至比它更遥远的古代,中国西南部劳动人民所创造的精致的工艺品已经传播到朝鲜半岛,这是中韩(朝)人民文化交流史上值得注意的一点。有些漆器上面还绘有神仙龙虎,是汉代盛行的图像,它和高句丽古坟壁画中的四神像(青龙、白虎、玄

---

〔1〕 吉林大学边疆考古研究中心:《乐浪文化:以墓葬为中心的考古学研究》,科学出版社2007年版。

武、朱雀）很相似，而后者在笔法上超过前者，很富于我国六朝时期艺术的风格。这也充分说明古代中韩（朝）两国人民之间存在文化交流。

汉人官吏前往四郡任职，很多内地商贾前往朝鲜四郡经商，还有不少农民前往朝鲜四郡落户开垦，大量内地移民的迁入使半岛的生活习俗发生了极大的变化。

在服饰领域，乐浪时期对朝鲜半岛的服饰影响与箕子时期、卫满时期又有不同，箕子带去的是殷商服饰文化，卫满输入的是胡地服饰文化，而乐浪时期中原向朝鲜半岛输入的是褒衣博袍的汉魏服饰文化。这种文化从武帝灭掉卫满朝鲜，设置四郡时便开始影响朝鲜半岛。《后汉书·卷八五·东夷列传》"高句骊"条："武帝灭朝鲜，以高句骊为县，使属玄菟，赐鼓吹伎人。"《三国志·魏志·卷三〇·魏书·乌丸鲜卑东夷传》"高句丽"条也记载：

> 汉时赐鼓吹伎人，常从玄菟郡受朝服衣帻，高句丽令主其名籍。后稍骄恣，不复诣郡，于东界筑小城，置朝服衣帻其中，岁时来取之。今胡犹名此城为帻沟漊。沟漊者，句丽名城也。

说明自设四郡开始，高句丽作为一个地方政权，属玄菟郡管辖，接收汉朝朝服衣帻，虽然后来不服玄菟郡管制，但仍年年接受汉朝的朝服衣帻。可见高句丽上层人物对精美的汉服衣帻的喜爱。从高句丽对汉服的喜爱，可以推测当时其他郡县对汉服的青睐。

反映乐浪时期汉魏服饰文化对朝鲜半岛的影响的还有大量的古墓壁画。平壤地区出土的公元4世纪中叶及以后的高句丽古墓壁画中人物形象普遍着汉魏服饰（具体见第二章第二节（一）"中原汉服饰对平壤地区高句丽服饰的影响"）。安岳三号墓中的男子主要服饰有两种，其中一种就是：头戴进贤冠或笼冠，身着交领宽身袍服。女子服饰则为上襦下裙。这些都是典型的汉魏服饰。平壤地区在1—4世纪，在汉乐浪郡管辖范围之内，4世纪中叶古墓壁画的汉服形象，正是乐浪汉服饰文化的有力佐证。

第二章 高句丽、百济与新罗

魏晋南北朝时期，朝鲜半岛进入三国活跃发展时期，即北方的高句丽（前37—668年）和南方的百济（前18—660年）、新罗（前57—935年）。自三国时代开始，几乎每一个王朝的国王都曾接受过当时中国封建朝廷的册封，使节往来，不绝于途。中国文化源源不断地传至三国，而中国人也开始了解韩（朝）文化。中国佛教也在三国时期传入朝鲜半岛。

一、高句丽与中国的文化交流

高句丽既是族名，又是地名。高句丽族出自涉貊族，又名貊族，分布于辽东之东，扶余之南，沃沮之西，是先秦时期我国东北地区的一个古老民族。商代时，涉貊居住在山东半岛一带。周灭商后，涉貊被周人所迫往东北方向迁移，形成后来的扶余、高句丽、沃沮等民族。同属涉貊族系的扶余、沃沮、东涉等族群，以及许多非涉貊族系的古朝鲜人、汉人、鲜卑人、肃慎人、契丹人逐渐融入，构成了后来的高句丽族。

汉武帝时，设置四郡，以高句丽为县，使属玄菟郡。汉元帝建昭二年（前37年），扶余贵族朱蒙逃亡到高句丽人聚居的浑江流域卒本川建立政权，国号高句丽。汉平帝元始三年（3年），高句丽第2代王琉璃明王迁都国内城（今吉林集安）。北魏始光四年（427年），高句丽第20代王长寿王迁都平壤（今朝鲜平壤）。唐总章元年（668年）被唐罗联军所灭。

高句丽政权自建立开始，一直不断地对外扩张，至第19代王广开天王时占领了整个朝鲜半岛北部,并继续向半岛南部扩张,跨过大同江直抵汉江北岸。至第 20 代王长寿王时迁都平壤,高句丽的政治、经济、文化中心遂由辽东移至朝鲜半岛,直至灭亡。

高句丽自立国到灭亡,长达 700 年,历经了中国西汉末、东汉、魏晋南北朝、隋朝和唐初。高句丽历史前期 460 多年的时间,其政治、经济、文化中心一直在中国辽东集安,它不但是中国东北一个古老的民族,与中国有着悠久的民族关系,而且与中国有着密切的政治联系和广泛的文化交流。

在公元 9 年(始建国元年),王莽篡汉,改高句丽王为侯,公元 12 年,命高句丽出兵讨伐匈奴,遭到拒绝,王莽改高句丽为"下句丽",将玉玺改为章,结果引发了战争。公元 32 年(建武八年),"高句骊遣使朝贡,光武复其王号"[1]119 年,高句丽与东汉时战时和,约有 9 次规模较大的冲突事件。至魏晋南北朝时期,中原的分裂与动乱给高句丽提供了扩张的良机,高句丽拥兵西进,占有辽东,即《宋书·东夷·高句丽传》所说:"今治汉之辽东郡"。

历史上的高句丽只是中国中原王朝的一个"藩臣",这从金富轼《三国史记》记载中可见:高句丽多次遣使中原王朝,皆以求取中国王权(包括五胡十六国、北朝)的封号为荣耀。譬如:高句丽全盛时期的广开土王高谈德在永乐九年(399 年)"遣使入燕朝贡";十七年再遣使入燕叙宗族,与慕容氏联络感情。其子长寿王即位当年(412 年),就遣使"入晋,奉表,献赭白马,安帝封王为高句丽王、乐安郡公";在位第 13 年,遣使如魏贡;在此之后,几乎年年向北魏王权遣使纳贡,获得车骑大将军、领护东夷校尉、辽东郡开国公、高句丽王等封号;在位第 50 年,长寿王"遣使入宋朝贡",被刘宋孝武皇帝册封为车骑大将军、开府仪同三司;在位第 68 年,南齐太祖册封长寿王为骠骑大将军,长寿王遣使入朝谢恩,但使节船只被北魏军俘

---

〔1〕《后汉书·卷八五·东夷列传》,中华书局 1965 年版。

获,魏高祖下诏责备长寿王"远通篡贼,岂是藩臣守节之义"。[1]

高句丽与中国文化交流是多方面的。

首先是中国官制文化传入高句丽。高句丽立国之初,便受到中国政治文化的影响,借用汉晋官制中的"主簿"等概念。第3代国王太武神王年间,设置相当于中原相国或丞相的官位,叫作"辅":八年拜乙豆智为右辅,委以军国大事;十年,拜乙豆智为左辅,松屋居为右辅。至第8代高句丽王新大王伯固在位的第2年,"拜苔夫为国相……改左右辅为国相,始于此"[2]。秦汉朝廷的相国或丞相,被高句丽王廷改称为国相,居百官之首。就国王称谓而言,高句丽国王的称谓,自始祖东明圣王开始,基本上采用了汉字语义明确的雅称王号。

第二是中国儒家学术思想传入高句丽。据《三国史记·高句丽本纪第二·太武神王》记载,太武神王十一年(28年),汉辽东太守率兵来伐,王问战守之策,右辅松屋居进言,"臣闻恃德者昌,恃力者亡。今中国荒俭,贼盗蜂起,而兵出无名,此非君臣定策",力主据城抗击。其中"德昌力亡"的理念,来自《论语》。儒家的治国之道,竟成了抵抗汉人的精神武器和指导政治实践的理念。儒学传入高句丽的年代应该在此之前,也有可能在乐浪文化时期。魏晋以后,高句丽已建立起儒学教育机构,小兽林王二年(372年),高句丽就仿效中国的太学制度,"立大学,教育子弟"[3],学习《诗经》《尚书》《周易》《礼记》《春秋》这些儒家经典。

第三是中国佛教传入高句丽。佛教经西域传入中国,经过中国儒道思想的洗礼,形成了具有中国特色的佛教。中国佛教传入高句丽大约是在小兽林王即位第2年(372年),《三国史记·高句丽本纪第六·小兽林

---

〔1〕 金富轼著,孙文范校勘:《三国史记·高句丽本纪第六·长寿王》(校勘本),吉林文史出版社2003年版。

〔2〕 金富轼著,孙文范校勘:《三国史记·高句丽本纪第四·新大王》(校勘本),吉林文史出版社2003年版。

〔3〕 金富轼著,孙文范校勘:《三国史记·高句丽本纪第六·小兽林王》(校勘本),吉林文史出版社2003年版。

王》对此有记载，"二年夏六月，秦王符坚遣使及浮屠顺道送佛像、经文。王遣使回谢，以供方物"，"四年，僧阿道来"。《三国遗事》载：

> 前秦符坚遣使及僧顺道，送佛像经文。又四年甲戌，阿道来自晋，明年乙亥二月，创肖门寺以置顺道，又创伊弗兰寺以置阿道，此高丽佛法之始。[1]

高句丽王权对佛教的传入持欢迎态度，第18代国王故国壤王九年（391年）三月，下教崇信佛法求福[2]，佛教在高句丽进一步得以发展。至第19代国王广开土王即位的第2年（393年），"创九寺于平壤"[3]。

进入唐代，唐朝与高句丽政治关系日趋紧张。尽管如此，但是文化关系始终保持良好的状态。据史料记载，高句丽荣留王七年（624年）春二月，"王遣使如唐，请班历"。高祖册封其为上柱国、辽东郡公、高句丽国王，"命道士以天尊像及道法，住为之讲老子，王及国人听之。冬十二月，遣使入唐朝贺"[4]。同时政治关系与文化关系并行不悖，互相促进。"八年，王遣人入唐，求学佛老教法"，高祖爽快地予以答应。[5]"二十三年春二月，遣世子桓权入唐朝贡，太宗劳慰，赐赍之特厚。王遣子弟入唐，请入国学。"[6]即使是对唐持强硬立场的盖苏文，也注重发展唐丽文化关系。《三国史记》记录了宝藏王二年（643年）三月盖苏文与高句丽王关于如何发展唐丽关系的一段历史：

---

〔1〕　一然著，权锡焕、陈蒲清注译：《三国遗事·卷第三·兴法·顺道肇丽》，岳麓书社2009年版。

〔2〕　金富轼著，孙文范校勘：《三国史记·高句丽本纪第六·故国壤王》（校勘本），吉林文史出版社2003年版。

〔3〕　金富轼著，孙文范校勘：《三国史记·高句丽本纪第六·广开土王》（校勘本），吉林文史出版社2003年版。

〔4〕　金富轼著，孙文范校勘：《三国史记·高句丽本纪第八·荣留王》（校勘本），吉林文史出版社2003年版。

〔5〕　金富轼著，孙文范校勘：《三国史记·高句丽本纪第八·荣留王》（校勘本），吉林文史出版社2003年版。

〔6〕　金富轼著，孙文范校勘：《三国史记·高句丽本纪第八·荣留王》（校勘本），吉林文史出版社2003年版。

苏文告王曰:三教譬如鼎足,阙一不可。今儒释并兴而道教未盛,非所谓备天下之道术者也。伏请遣使于唐,求道教以示国人。大王深然之,奉表陈请太宗遣道士叔达等八人,兼赐《道德经》。王喜,取僧寺馆之。[1]

高句丽文化对唐代也有影响,唐廷"凡大宴会,则设十部伎于庭",其中第五部即为"高丽伎"[2]。《三国史记·杂志第一·祭祀·乐》对高句丽乐有一段说明:

乐工人紫罗帽,饰以鸟羽,黄大袖,紫罗带,大口裤,赤皮靴,五色缁绳;舞者四人,椎髻于后,以绛抹额,饰以金珰,二人黄裙襦,赤黄裤,二人赤黄裙襦裤,极长其袖,乌皮靴,双双并立而舞。

伴奏的乐器有筝、箜篌、五弦琴、笙、笛、箫、腰鼓、齐鼓等,乐曲在武周时辑有 25 曲。[3] 高句丽的医书《老师方》、名贵药材高丽参等也受到唐人的重视与喜爱。

二、高句丽服饰文化主要源流

高句丽源自中国东北地区一个古老的民族,高句丽服饰文化与中国服饰文化有着深厚的渊源,中国服饰文化对高句丽服饰文化有着深远的影响。

如上所述,高句丽民族因素极为复杂,其祖先濊貊族在商代时居住于山东半岛一带,周灭商后,迁徙到东北地区,分化成扶余、高句丽、沃沮等多个濊貊民族的支系,以后历经变迁,又与非濊貊族系的古朝鲜人、汉人、

---

[1] 金富轼著,孙文范校勘:《三国史记·高句丽本纪第九·宝藏王》(校勘本),吉林文史出版社 2003 年版。

[2] 李隆基著,李林甫注:《大唐六典·太常寺》,三秦出版社 1991 年版。

[3] 金富轼著,孙文范校勘:《三国史记·杂志第一·祭祀·乐》(校勘本),吉林文史出版社2003 年版。

鲜卑人、肃慎人、契丹人逐渐融合,构成了后来的高句丽族。

与此同时,高句丽民族地域的不断扩张也使这一民族的文化具有多元化的特点。高句丽政权于公元前 37 年由扶余族朱蒙在高句丽人聚居的浑江流域卒本川建立,公元 3 年第 2 代王琉璃明王迁都国内城(今吉林集安),以后一直不断地对外扩张,至第 19 代国王广开土王时就已经占领了辽东、玄菟的大部分地区,并继续向朝鲜半岛的南部扩张,跨过大同江直抵汉江北岸,公元 427 年第 20 代王长寿王迁都平壤。若以迁都平壤为分水岭分为前后两期的话,那么前期的政治、经济、文化中心是我国东北地区的吉林集安,后期的政治、经济、文化中心为朝鲜平壤。东北地区在古代是我国少数民族聚居之地,其服饰属于胡服体系,因此东北地区的高句丽居民服饰具有明显的胡服特征,诸如裤褶服、鸟羽冠等。平壤地区经箕氏朝鲜、卫满朝鲜和乐浪文化时期,深受汉文化的影响,"平壤附近是汉代文化原封移植的地区"[1],因此,平壤地区的高句丽居民服饰具有明显的中原汉服饰的文化特征。

中原汉服饰和东北民族胡服是高句丽服饰文化两大主要源流。

(一)中原汉服饰对平壤地区高句丽服饰的影响

高句丽(公元前 37—668 年)自立国到灭亡,长达 700 年,历经了中国西汉末、东汉、魏晋南北朝、隋朝和唐初。在这 700 年间,高句丽与中国在政治、经济、文化上都保持着密切的联系。在服饰文化上,根据文献资料对高句丽服饰的描述和对高句丽壁画墓中服饰形象的分析,高句丽时期,中原汉服饰在高句丽广为流布,对高句丽服饰的影响颇为深远。

汉服饰之所以在高句丽境内,尤其是平壤地区及周边流布,这是有诸多原因的。

一是深远的历史影响。从箕子入朝到汉四郡设置,中国服饰文化对韩(朝)的服饰文化影响由来已久。箕子朝鲜时期,"衣冠制度,悉同乎中

---

[1] 李京子:《我国的上古服饰——以高句丽古墓壁画为中心》,《东北亚历史与考古信息》1996 年第 2 期。

国"。西汉时期,朝廷在朝鲜半岛北方设置汉四郡,汉人官吏前往四郡任职,内地商贾前往朝鲜四郡经商,还有不少农民前往朝鲜四郡落户开垦。先进的中国汉、魏、六朝文化,包括服饰文化习俗,依靠政治力量的推动和移民的传播,被原封不动地搬用,从而扎根在古朝鲜半岛的北部,而且波及半岛南部及隔海相望的日本。到了高句丽时期,先进的乐浪汉文化又大量被高句丽所留存和吸收,与高句丽原有文化融汇在一起,对以后的韩(朝)文化产生了深远的影响。

二是以中原政权赏赐的形式对高句丽王、高句丽权贵,甚至投降的高级将领进行赏赐,其中就有汉人的衣冠朝服。

早在高句丽初期,作为一个地方政权,高句丽受汉玄菟郡管辖,接受汉朝服衣帻,后来因其逐渐强大而不服玄菟郡管制,但仍然年年接受汉朝服衣帻。对此《三国志·卷三〇·魏书·乌丸鲜卑东夷传》"高句丽"条有记载:汉武帝时,以高句丽为县,属玄菟郡,"赐鼓吹伎人,常从玄菟郡受朝服衣帻,高句丽令主其名籍。后稍骄恣,不复诣郡,于东界筑小城,置朝服衣帻其中,岁时来取之。今胡犹名此城为帻沟溇。沟溇者,句丽名城也。"[1]

南北朝时期,北魏孝文帝太和十六年(492年),派遣大鸿胪册封文咨明王为"使持节、都督辽海诸军事、征东将军、领护东夷中郎将、辽东郡开国公、高句丽王",并"赐衣冠服物车旗之饰"[2]。梁武帝普通元年(520年),派江法盛等人出使高句丽,册封安臧王宁东将军等职,并授予衣冠剑佩,而使团行至光州海中不幸被北魏擒获,押解京师。[3]北魏孝武帝初年(532年),下诏册封安原王延为"使持节、散骑常侍、车骑大将军、领护东夷校尉、辽东郡开国公、高句丽王",又"赐衣冠服物车旗之饰"[4]。

隋唐时期,隋文帝开皇十年(590年),遣使拜婴阳王为"上开府、仪同

〔1〕 陈寿:《三国志·卷三〇·魏书·乌丸鲜卑东夷传》,中华书局1959年版,第843页。
〔2〕 魏收:《魏书·卷二百·高句丽列传》,中华书局2000年版,第1499页。
〔3〕 魏收:《魏书·卷二百·高句丽列传》,中华书局2000年版,第1499页。
〔4〕 魏收:《魏书·卷二百·高句丽列传》,中华书局2000年版,第1499页。

三司,袭爵辽东郡公,赐衣一袭"[1]。唐太宗贞观十九年(645年)六月,伐辽东,攻白岩城。"城主孙伐音请降,遂受降。帝以白岩城为岩州,以孙伐音为中大夫、守岩州刺史、上轻车都尉,赐帛一百匹,马一匹,衣袭金带一。同谋而降者,并赐戎秩及诸衣物焉。"[2]中原王朝赏赐给高句丽王及高句丽中上层权贵的这些冠帽服饰,不但体现了高句丽人的审美要求,更是意味着一种政治需求。这些服饰不同于普通服饰,它们多被用于祭祀、朝会、盛典等正式场合。赐予者以此方式向天下昭示对方的臣子地位;被赐予者谦卑地接受赏赐,表示臣服,亦将这身服饰作为征伐及号令周邻地区弱小势力的法器。

三是民众避乱求生自发性的人口迁徙和军事征伐掠夺人口被动型的乔迁安置,使移民成为汉服饰文化传播的最直接的方式。从晚商时期箕子入朝,以后又有燕人卫满东走出塞,到汉四郡设立的乐浪文化时期,朝鲜境内的平壤地区一直是汉人聚居的地方。其间还有几次移民潮,包括:战国末期燕、齐、赵等国百姓为避战乱逃往朝鲜半岛;秦统一中国后百姓为躲避秦王朝的苦役而东逃至朝鲜半岛;秦末农民起义后,燕、齐、赵民避地朝鲜;汉初平定燕王叛乱中,燕民为避战火而逃往朝鲜半岛。大批汉人的到来,不仅给当地带来了先进的技术,同时也将汉人的风俗习惯传入此地。譬如箕子入朝,使"诗、书、礼、乐、医、巫、阴阳、卜筮之流"传入朝鲜;"施八条之教",教百姓"崇信让,笃儒术",形成"中国之风教";采用殷田制,"画野分田,宜效宗国";教民以"田蚕织作",传播百工技艺;"衣冠制度,悉通乎中国"。《后汉书·卷八五·东夷列传》有云:"或冠弁衣锦,器用俎豆。所谓中国失礼,求之四夷者也。"[3]正是如此,汉服作为汉文化的一个重要因素,在东夷地区广为流传,并对当地服饰文化产生了极大的影响。

---

[1] 魏征:《隋书·卷八一·东夷列传·高丽》,中华书局2000年版,第1219页。
[2] 王钦若:《册府元龟·卷一六四·帝王部·招怀第二》,中华书局1989年版,第368页。
[3] 范晔:《后汉书·卷八五·东夷传》,中华书局2000年版,第1899页。

汉服由来可追溯到三皇五帝时期，史载黄帝垂衣裳而天下治，汉服初具雏形。后经周代规范制式，汉朝整肃衣冠制度，汉服渐趋完善并普及。其基本形制是上衣下裳（裙）制和上下连属的深衣服制。魏晋南北朝时期，北方民族频繁南下，他们穿着的上衣下裤式袴褶一度成为中原地区，乃至南方王朝的主导服饰。受其影响，上衣下裳（裙）渐变为女性的主流服饰，男子不再穿着此式服装，而改为穿裤装，外罩交领长袍。隋唐时期，源于西域服饰的圆领袍逐渐成为汉服主体，男子在作为内衣的襦裤之外套上圆领袍，该式装扮一直流行到明代。

从文献资料和高句丽壁画墓看，这种汉服饰对高句丽集安地区的影响不大，虽然集安地区也有汉人居住，但毕竟是少数；同时，尽管集安地区的壁画墓中也有这种汉服饰出现，但着此装者少有凡夫俗子，而是跣足坐榻、乘龙驾凤，或是立于莲台之上的仙人。而平壤地区则不同，此地区出土的壁画墓中汉服形象数量众多，而且汉服式样亦非常丰富：从首服看，有帻、弁、笼冠、进贤冠，还有从鲜卑帽演变而来的平顶软脚帽（中国服饰史中亦称软脚幞头）等，身衣有袍服、襦裙、袿衣等，女子还有丰富的髻式，有撷子髻、鬟髻、双髻、花钗大髻等。从整体来看，这些汉服与同期汉文化区内人们所穿着的汉服在形制、款式上差别都不大。

从各部分来看，首服有帻、骨苏（苏骨）、笼冠、进贤冠、软脚帽。

帻，在中国服饰史上由来已久。根据中国服饰史的相关介绍，帻，初为裹头之巾，用以压发或覆盖发髻。商代就出现了。春秋战国时，庶民不戴冠，发髻上裹以巾。发展到汉代，已出现了平上帻和介帻。平上帻顶部平展，介帻顶部隆起如屋顶状，故又名屋帻。西汉末，帻已为贵贱均用，只是贵者另有冠加于帻之上。魏晋时期，帻已和帽子类似，使用时戴上即可，无须系裹，帻的式样仍为介帻和平上帻两种，介帻供文吏使用，平上帻供武官使用。《晋书·卷二五·舆服志》云："帻者，古贱人不冠者之服也。汉元帝额有壮发，始引帻服之。王莽顶秃，又加其屋也。《汉注》曰，冠进贤者宜长耳，今介帻也。冠惠文者宜短耳，今平上帻也。始时各随所宜，遂因冠为别。介帻服文吏，平上帻服武官也。"这一记载明确指出中原的帻是有长耳或短耳的，文吏着长耳介帻，武将戴短耳平上帻。高句丽帻"无余"、"无后"，应该就是指没有长、短耳之饰。

一些文献资料对高句丽首服"帻"有过简单的描述，《三国志·卷三〇·乌丸鲜卑东夷传》"高句丽"条、《后汉书·卷八五·东夷列传》"高句骊"条、《梁书·卷五四·诸夷列传》"高句骊"条：大加、主簿头着帻，如帻而无余。《翰苑》注引梁元帝《职贡图序》：高句丽男子"贵者冠帻而无后，以金银为鹿耳，加之帻上，贱者冠析（折）风"。《通典·卷一八六·边防二·东夷·高句丽》："大加、主簿皆着帻，如冠帻而无后。其小加着折风，形如弁。"根据这些记载，在高句丽，帻为大加主簿等地位尊贵者所服，其形制似中原之帻，但"无余"、"无后"。

这种首服在高句丽集安地区和平壤地区的古墓壁画中都有出现。在平壤地区的壁画中，如图 2-2-1 安岳三号墓前室西壁西侧门口左右帐下督：黑色平巾帻，短襦裤；图 2-2-2 平壤驿前二室墓前室右壁帐下男子：黑色平巾帻；图 2-2-3 德兴里壁画墓中间通路西壁上段南侧男子：黑色平巾帻，短襦裤；图 2-2-4 药水里壁画墓前室北壁左侧帐下侍从、南壁右侧出行图中马上仪卫：平巾帻，短襦裤；图 2-2-5 水山里壁画墓东部跪拜男子：黑色平巾帻，黄色宽袖长袍；东岩里壁画墓前室壁画残片：红色帻冠，短襦裤；安岳 2 号墓东壁下部男子：黑色平巾帻，袍服。

在集安地区的壁画中，如图 2-2-6 舞踊墓宴饮图中男主人，头戴白色平顶的帻；图 2-2-7 舞踊墓藻井上跪坐的男子，头上戴的是黑色尖顶的帻；图 2-2-8 长川一号、二号墓门卒所戴的也是白色平顶的帻，同为平顶帻，但其形状还是有所区别的。

从壁画墓的形象资料看，有顶部平整的平巾帻，有顶部隆起的尖顶帻，与汉服中的介帻相似。在高句丽，着帻的不仅有贵族，如宴饮图中的男主人和藻井上跪坐的男人，而且还有普通的下层人物，如门卒、侍从、仪卫等。着帻者服饰搭配与身份、场合有关，地位低的往往头上戴帻，身着襦裤；地位高者往往与袍服搭配。

图 2-2-1　　　　图 2-2-2　　　　　　　图 2-2-4

图 2-2-3　　　　图 2-2-5　　　　　　　图 2-2-6

图 2-2-7　　　　　　　　　图 2-2-8

骨苏（苏骨），这是文献资料记载中对高句丽人所戴的冠的称谓，《北史·高丽传》："贵者，其冠曰苏骨，多用紫罗为之，饰以金银。"据郑春颖研究，"骨苏（苏骨）"为高句丽本族语言直译。[1] 被称为"骨苏"的冠往往用

---

〔1〕 郑春颖：《高句丽遗存所见服饰研究》，吉林大学博士学位论文，2011 年。

"罗"作为材料,在《北史》的记载中,"罗"以紫色为主,在《隋书》和新旧《唐书》的记载中,"罗"的色彩有多种,并以此来区分等级,且都插上两支鸟羽,并以金银装饰。《周书·卷四九·异域列传·高丽》:

> 其冠曰骨苏,多以紫罗为之,杂以金银为饰。其有官品者,又插二鸟羽于其上,以显异之。

《隋书·卷八一·东夷列传·高丽》:

> 人皆皮冠,使人加插鸟羽。贵者冠用紫罗,饰以金银。

《旧唐书·卷一九九·东夷列传·高丽》:

> 衣裳服饰,唯王五彩,以白罗为冠,白皮小带,其冠及带,咸以金饰。官之贵者,则青罗为冠,次以绯罗,插二鸟羽,及金银为饰,衫筒袖,裤大口,白韦带,黄韦履。

《新唐书·卷二三六·东夷列传·高丽》载:

> 王服五采,以白罗制冠,革带皆金扣。大臣青罗冠,次绛罗,珥两鸟羽,金银杂扣,衫筒袖,裤大口,白韦带,黄韦履。

"骨苏"这种冠的形制如何,文献中没有加以具体描述。从文献记载中,我们只能知道高句丽冠制作的材料为罗,因此我们暂且又称之为"罗冠";罗分不同的颜色,以区别官位的高低;冠及冠带饰有金银,冠体上插有二鸟羽。插二鸟羽,这与折风相同。所以有人认为,骨苏(苏骨)就是折风,在先称之为折风,后又称之为骨苏(苏骨),也有人认为,骨苏与帻、罗冠其实就是一种首服在不同历史时期的不同称谓。[1] 然而这些都只是推测,没有有力的证据。

平壤地区高句丽古墓壁画中有两种冠帽大量出现,它们与中原进贤冠和笼冠极为相似。平壤地区在古朝鲜时期一直在汉文化影响之中,尤

---

〔1〕 郑春颖:《高句丽遗存所见服饰研究》,吉林大学博士学位论文,2011年。

其是乐浪四郡时期，汉代官员在此任职，汉人商贾在此经商，大量移民在此定居，随着大量汉人的到来，汉代文化原封移植至此。平壤地区高句丽古墓中出土的头戴进贤冠或笼冠的人物多为墓主人，一般都着汉式褒衣博袍，从其服饰看，生前应该属于地位尊贵者。这其中可能有不少是在乐浪任职的汉代官员，因此，他们着汉服，戴进贤冠、笼冠是自然的。

　　进贤冠，简称进贤，在中原为文官的主要冠饰。此冠由介帻和展筒两部分构成，以梁的多少表明官阶品位。此冠在汉时初创，经魏晋南北朝、隋、唐、宋，直至明代，一直沿用，但不同朝代梁数及规定有所不同。据《后汉书·卷一二〇·舆服志下》记载，其形状"前高七寸，后高三寸，长八寸"，有五梁、三梁、二梁、一梁之别（图2-2-9）。

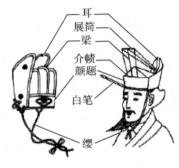

图 2-2-9

　　在朝鲜境内平壤地区的壁画墓中，也发现了大量的头戴类似中原进贤冠的人物形象。图2-2-10安岳三号墓西侧室西壁墓主人身边的记室、省事、门下拜：黑色进贤冠，袍服；图2-2-11安岳三号墓前室南壁东面上段持幡仪卫：黑色进

图 2-2-10

贤冠，袍服；图2-2-12德兴里壁画墓前室西壁十三郡太守图中太守和通事吏：皆戴黑色进贤冠，着红色袍服；图2-2-13药水里壁画墓前室西壁近臣坐像：黑色进贤冠。还有德兴里壁画墓前室南壁右侧属吏图中两男子：黑色进贤冠，红色袍服；德兴里壁画墓前室东壁出行图属吏：黑色进贤冠，袍服；伏狮里壁画墓墓室右壁行列图中墓主人：进贤冠。这些人物图像头上所戴的冠帽形制大致相近：黑色，内为黑色介帻，后面为两竖直的冠耳，高耸着并向前弯曲，介帻上似覆有展筒，高度仅及冠耳中段，展筒分几梁描绘不清。这种形制与中原的进贤冠相近。

　　上述壁画中提到的头戴类似中原进贤冠的人物多为文官，如安岳三号墓所绘有记事、省事、门下拜等官员；德兴里壁画墓所绘有通事吏、别驾、御史、侍中、太守等。

图 2-2-11　　　　　　图 2-2-12　　　　　　图 2-2-13

记事，是记事史或记事督的简称，专管记录、簿书等办公事宜。门下拜，掌各种杂事。省事，系掌诵读文书的下级属员。通事吏，又称门下通事，是郡府门下掌传达通报的属吏。别驾，是别驾从事、别驾从事史的简称，为汉魏六朝地方州部佐吏。御史，是侍御史的简称，掌受公卿奏事，举劾按章等分曹治事，还奉命监国，督察巡视州郡。侍中，侍卫皇帝左右，管理门下众事。其官品多在六品之下，禄秩不超千石。按照《晋书·卷二五·舆服志》记载："三公及封郡公、县公、郡侯、县侯、乡亭侯，则冠三梁。卿、大夫、八座、尚书，关中内侯、二千石及千石以上，则冠两梁。中书郎、秘书丞郎、著作郎、尚书丞郎、太子洗马舍人、六百石以下至于令史、门郎、小史、并冠一梁。"[1]他们所戴进贤冠都应为一梁。

太守与内史是郡的长官，总管行政、财赋、刑狱各务。禄秩多为二千石。按照前引《晋书·卷二五·舆服志》的标准，千石以上禄秩的官员，应该戴二梁进贤冠。《宋书·卷一八·礼志五》亦载："郡国太守、相、内史，银章，青绶。朝服，进贤两梁冠。"但壁画中的梁数分辨不清。

笼冠。也叫武冠、武弁、大冠、繁冠、建冠、赵惠文王冠等。《后汉书·卷一二〇·舆服志下》释为：环缨无蕤，以青系为绲，加双鹖尾，竖左右，平上帻。侍中、中常侍加黄金珰，附蝉为文，貂尾为饰。以为武官所冠。笼冠这一称谓，相较武冠、武弁等称谓，出现较晚，它主要流行于两晋南北朝

〔1〕 房玄龄等：《晋书·卷二五·舆服志》，中华书局 2000 年版，第 496 页。

至隋唐时期。这种冠式内衬巾帻，外罩笼状硬壳。硬壳顶面水平，呈长椭圆形。左右两侧向下弧曲，在两鬓处形成下垂的双耳。两晋时期，笼冠整体近方形，高度适中，两耳长度大致在耳朵的中上部（图 2-2-14）。南北朝时期，整体呈长方形，顶部略收敛，垂耳变长完全遮蔽双耳（图 2-2-15）。隋唐时期，冠体渐趋变短，回归至方形，两侧线条由弧曲向平直发展，垂耳长短皆有（图 2-2-16）。平壤地区高句丽古墓壁画中人物所戴的笼冠与《续汉书·舆服志下》所记载的笼冠是有区别的，但与两晋以后的笼冠是相似的。

图 2-2-14　　　　　　图 2-2-15　　　　　　图 2-2-16

　　图 2-2-17 安岳三号墓西侧室西壁墓主人：笼冠，袍服；图 2-2-18 台城里一号墓右侧室墓主人：笼冠，袍服；图 2-2-19 水山里壁画墓墓室西壁上栏墓主人：笼冠，褒衣博袍；图 2-2-20 八清里壁画墓前室右壁、前室左壁行列图第二列墓主人：笼冠；图 2-2-21 双楹冢后室后壁墓主人：笼冠，褒衣博袍；图 2-2-22 平壤驿前二室墓前室北壁击鼓乐手、图 2-2-23 安岳三号墓回廊北壁和东壁出行图马上吹奏乐手、图 2-2-24 安岳三号墓回廊北壁和东壁出行图马上摇铃乐手均为头戴笼冠的人物形象。还有德兴里壁画墓前室北壁西侧墓主人：笼冠，袍服；药水里壁画墓后室北壁、前室北壁左侧墓主人：笼冠，袍服。这些人物所戴的笼冠形制是有区别的，有的整体呈正方形，冠顶平齐，冠耳下垂至双耳上部；有的整体呈长方形，冠顶水平呈椭圆形，冠耳较长下垂至双耳下部。

图 2-2-17　　　　　　图 2-2-18　　　　　　图 2-2-19

图 2-2-20　　　　　　　图 2-2-21　　　　　　　图 2-2-22

图 2-2-23　　　　　　　　　　图 2-2-24

身衣有袍服、襦裙、袿衣等。

袍服在中国服饰史上由来已久，而且随着社会的发展，服饰的不断改进，袍服的形制也在不断变化。两周时期袍服已相当普遍，《诗经·秦风·无衣》云："岂曰无衣，与子同袍。"袍最初被当作内衣，穿着时必须加罩衣。《礼记·丧大记》云"袍必有表"讲的就是这意思。交领、右衽、长可掩履，这是中原袍服的主要特征。两周时期非常流行的深衣，其实也是属于袍服系列，深衣衣与裳相连，衣袖宽大，衣长下垂到足踝部，其领、袖、襟、裾等部位皆镶以彩色边缘。但深衣一般为曲裾，袍服有曲裾也有直裾。深衣在当时颇受欢迎，不仅士以上的统治者穿着，庶人也喜欢以此作为一种吉服穿着。

秦汉时代，文人的服装承袭了战国时期儒服的基本样式，高冠、方领、衣袖宽大的袍服尤为普及，汉代画像资料中文人形象均是头戴高冠，长袍博袖，腰间束带，举止儒雅。而且此时的袍服呈现出多样款式，譬如禅衣、襜褕也是袍制服装。禅衣是一种没有里子的袍衣，《急就篇》颜师古注云：

"禅衣似深衣而裦大,亦以其无里,故称为禅衣。"可知禅衣无里子,而且要比深衣肥大。

到了魏晋时期,尤其是东晋末年十六国晚期之时,随着生产的发展、经济的开发,士大夫生活优裕,衣服的款式越来越趋向于博大,加上玄学清谈风气的影响,士人追求自由奔放、自然飘逸的境界,更助长了这种倾向。《晋书·卷二七·五行志上》记载:"晋末皆冠小而衣裳博大,风流相放,與台成

图 2-2-25

俗。"南朝宋孝武帝刘骏即位时,周朗上书说当时服装"一袖之大,足断为两,一裙之长,可分为二"[1]。宋武帝即位之初,即是东晋灭亡之时。这种裦衣博带的服饰,正好体现了士族追求舒适的潇洒风度(图 2-2-25)。

高句丽平壤地区的古墓壁画中身着袍服的形象相当普遍。图 2-2-17 安岳三号墓西侧室西壁墓主人、图 2-2-18 台城里一号墓右侧室墓主人、图 2-2-19 水山里壁画墓墓室西壁上栏墓主人、图 2-2-20 八清里壁画墓前室右壁与前室左壁行列图第二列墓主人、图 2-2-21 双楹冢后室后壁墓主人、图 2-2-26 德兴里壁画墓前室北壁西侧墓主人、图 2-2-30 药水里壁画墓后室北壁与前室北壁左侧墓主人,皆为头戴笼冠、身着袍服的形象。图 2-2-10 安岳三号墓西侧室西壁墓主人身边的记室省事门下拜、图 2-2-11 安岳三号墓前室南壁东面上段持幡仪卫、图 2-2-12 德兴里壁画墓前室西壁十三郡太守图中太守和通事吏、图 2-2-13 药水里壁画墓前室西壁近臣坐像、图 2-2-27 德兴里壁画墓前室南壁右侧属吏图中两男子、图 2-2-28 德兴里壁画墓前室东壁出行图属吏,其服饰形象均为头戴进贤冠,身着袍服。另外还有一些戴平巾帻着袍服的形象,如图 2-2-29 水山里壁画墓东部跪拜男子。还有个别女子着袍服的形象,如图 2-2-31 安岳三号墓西侧

[1] 沈约:《宋书·卷八二·周朗列传》,中华书局 1974 年版。

室西壁小史,梳环髻,着袍服;图 2-2-32 药水里壁画墓后室北壁夫人:梳花钗大髻,着袍服。平壤地区之所以出现如此普遍的中原汉服形象,这与乐浪文化的影响是分不开的。

图 2-2-26　　　　图 2-2-27　　　　图 2-2-28　　　　图 2-2-29

襦裙也是传统汉装。上衣下裳是古代华夏男女的主要服式,古代的"裳"即今天的"裙"。"裳"是当时男女遮蔽下体的主要服装,有上下相连的,如袍服,包括深衣;也有上下分离的。根据现有的研究资料,江陵马砖1 号楚墓出土的战国丝织品中有绢裙[1],这说明在战国时期就有了裙服。到了汉代,上襦下裙的组合成了女子常见的穿着,中上层社会的女子着丝裙,布衣之家的女子着布裙。

图 2-2-30　　　　　　　　图 2-2-31　　　　图 2-2-32

魏晋时期,男子的服饰日益丰富,以袍服作为礼服,以襦、衫作为常

---

〔1〕《江陵马砖 1 号墓出土的战国丝织品》,《文物》1982 年第 10 期。

服，下身着裤，裤外再以裙笼之。如果裤外不加裙，只能私居，不允许出入公共场合。三国时，祢衡击鼓骂曹，最后竟解裙裸身以辱曹操。实际上祢衡并非真正的裸身，裙里还有裤，但在当时解掉裙子以裤示人等同裸身，这是大不敬之行为。因为当时裤褶服流行未久，习惯了上衣下裳深衣博袍的华夏男子还不能彻底摆脱传统思想。至于

图 2-2-33

女子，裙与衫、襦相配，已是最常见的穿着，如古词《艳歌罗敷行》云："缃绮为下裙，紫绮为上襦。"〔1〕《孔雀东南飞》云："妾有绣腰襦，葳蕤自生光"，"著我绣夹裙，事事四五通"〔2〕。这种着装在传世的魏晋南北朝时期的古画及出土的壁画、陶俑、画像石中都可见到，如《女史箴图》中的贵妇人（图 2-2-33），洛阳北魏元邵墓、太原北齐娄睿墓、山西矿坡北齐张肃墓、临淄北朝崔氏墓出土的女侍俑等。

魏晋时期的妇女服装承继汉代遗俗并吸收少数民族服饰的特点，在传统基础上有所发展，款式多上俭下丰，衣袖宽松，衣身部分紧身合体，裙多间色折裥裙，裙长曳地，下宽松。这种裙式，在敦煌大量流行于西魏以后。莫高窟第 268 窟一女供养人所穿长裙，下摆外撒略呈喇叭形。此类裙式在河南密县打虎亭汉墓壁画中出现，一女上身穿宽袖短襦，下体穿长裙。〔3〕《后汉书·卷一〇三·五行志》载："献帝建安中，男子之衣，好为长躬而下甚短，女子好为长裙而上甚短。"〔4〕妇女裙装的款式，在其裁剪、设计、配色上都具特征。裙子和襦袄相配，是中土服饰制度的基本形式，与袍衫等服饰兼容并蓄，流行于各个时期。

〔1〕 沈约：《宋书·卷二一·乐志三》引，中华书局 1974 年版。

〔2〕 《玉台新咏》卷一，上海书店 1988 年版。

〔3〕 高春明：《中国服饰名物考》，上海文化出版社 2001 年版，第 606 页。

〔4〕 范晔：《后汉书·卷一〇三·五行志一》，中华书局 1965 年版，第 3273 页。

图 2-2-34

衫襦配间色折裥长裙的女子服饰，在敦煌莫高窟西魏、北周壁画中，也随处可见。西魏第 285 窟沙弥守戒自杀因缘中的少女身着交领对襟宽袖短襦，下着曳地长裙，束腰，系帛带，梳双环髻，留有蝉鬓，活脱脱一位南朝贵妇形象；同窟北壁说法图佛座下面排列着 7 铺男女供养人，除了东起第七铺女子着袿衣外，其余 6 铺女供养人多着交领大袖襦，襦衫红黑有别，束腰，系帛带，腰下衣带飘扬，下系间色条纹曳地长裙（图 2-2-34）。

集安地区古墓壁画中的女子服饰普遍为上着长襦，下着百褶裙子，裙内着裤。图 2-2-35 角觚墓主室后壁墓主夫人头戴白色巾帼，着黑色长襦，下着白色百褶长裙；妾身头戴白色巾帼，着白底黑点纹长襦，下身着白色百褶长裙。图 2-2-36 角觚墓主室后壁侍女上身着棕地黑点纹长襦，下着百褶裙，因裙身较短，隐约可见裙内着肥筩裤。图 2-2-37 舞踊墓主室左壁舞女头梳髻，身着白底黑点纹窄长袖长襦，下着白色百褶裙，裙内着黄色肥筩裤。图 2-2-38 舞踊墓主室左壁进肴女子头梳髻，身着黄底黑点纹窄袖长襦，下身着裙，裙内着黄色肥筩裤。图 2-2-39 通沟十二号墓南室左壁车辕后女子身着点纹长襦，袖口较宽松，下着百褶长裙。图 2-2-40 麻线沟一号墓墓室东壁侍童后女子头梳垂髻，着窄袖长襦，披肩，下着百褶裙，裙内着肥筩裤。图 2-2-41 长川二号墓墓室北扇石扉背面女子上身着黄色黑花黑方点长襦，下着长裙，内有肥筩裤。图 2-2-42 三室墓第一室左壁出行图中夫人，头戴黄色巾帼，上着长襦，下着百褶裙。图 2-2-43 长川一号墓前室南壁第一栏后部三女子，上身均着窄袖长襦，下着百褶裙。

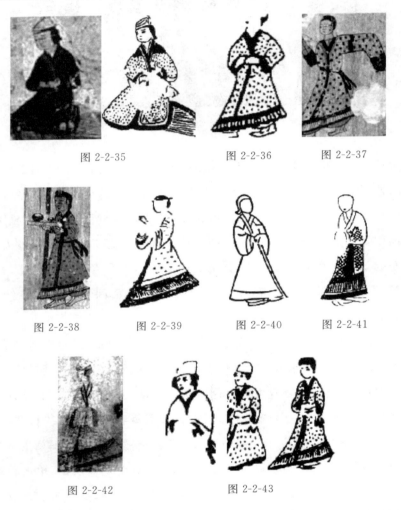

图 2-2-35　　　　　　　图 2-2-36　　　　　图 2-2-37

图 2-2-38　　　　图 2-2-39　　　　图 2-2-40　　　图 2-2-41

图 2-2-42　　　　　　图 2-2-43

平壤地区女子服饰普遍为上襦下裙，与集安地区明显的差别是襦身较短，长及臀部，而集安地区壁画中女子长襦均在膝盖以下，所以也有人认为集安地区女子的服饰是长袍。图 2-2-44 安岳三号墓西侧室南壁左侧打伞女侍，头梳撷子髻，上着红色宽长袖襦衫，下着浅褐色裙。图 2-2-45

安岳三号墓西侧室南壁右侧持香炉女侍，头梳环髻，上着红色宽长袖襦衫，下着浅褐色裙。

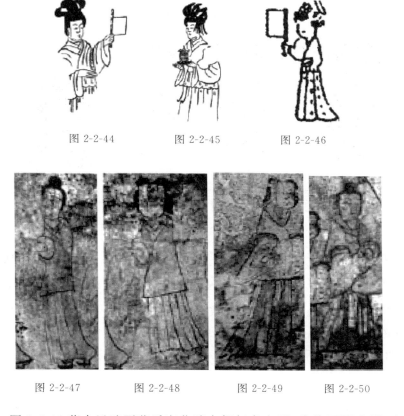

图 2-2-44　　　　图 2-2-45　　　　图 2-2-46

图 2-2-47　　　　图 2-2-48　　　　图 2-2-49　　　　图 2-2-50

图 2-2-46 药水里壁画墓后室北壁右侧打扇女子，头梳不聊生髻，上穿黄色短襦，下着百褶裙。图 2-2-47 德兴里壁画墓后室北壁右侧侍女，头梳顶髻，上着朱红色短襦，下着双色百褶裙，裙内着束口肥筩裤。图 2-2-48 药水里壁画墓后室北壁右侧持巾女子，上身着右衽襦裙，下着百褶裙。图 2-2-49 德兴里壁画墓中间通道东壁车旁人，上着宽长袖黄色短襦，帔帛，下着红黄相间百褶裙，裙内着肥筩裤。图 2-2-50 德兴里壁画墓中间通道东壁车旁侍女，头梳顶髻，上穿黄色宽长袖短襦，帔帛，下着红黄相间百褶裙，裙内着肥筩裤。图 2-2-51 水山里壁画墓西壁上栏夫人头梳云髻，饰面

襦,上身黑色短襦,下着三色间裙;侍女头梳双髻,上着浅褐色短襦,下着白色百褶裙。图 2-2-51 双楹冢墓道东壁女子,头梳云髻,饰以发带,妆有面靥,上着短襦,下身为白色百褶裙。图 2-2-53 双楹冢后室左壁礼供图左四女子,上着黑色短襦,下身为白色百褶裙。

图 2-2-51　　　　　　图 2-2-52　　　　　图 2-2-53

袿衣,《释名·释衣服》云:"妇人上服曰袿。其下垂者,上广下狭,如刀圭也。"这里所说的上服是指上等服装,可见袿衣是贵族妇女的服饰。关于袿衣的形制,《释名》所作解释过于简洁,另有一些补充资料,如《汉书·卷四五·江充传》云:江充"衣纱縠禅衣,曲裾后垂交输,冠禅缅步摇冠,飞翮之缨"去见皇上。何谓"交输"?颜师古注引如淳曰:"交输,割正幅,使一头狭若燕尾,垂之两旁,见于后,是《礼记·深衣》'续(续)衽钩边'。贾逵谓之'衣圭'。"又引苏林曰:"交输,如今新妇袍上挂全幅缯角割,名曰交输裁也。"另司马相如《子虚赋》有"蜚鸼垂髾"句,颜师古注:"襳,袿衣之长带也。髾谓燕尾之属。皆衣上之假饰。"从补充资料看,江充所着的曲裾后垂交输禅衣不是当时男子的常服,而是上层女子的袿衣样式。袿衣有一个十分明显的特征:上宽下窄,与古时刀圭币相像,又与燕尾相仿,袿衣上缀以数条长带,名之曰"襳",走起路来,随风飘动,如燕子轻舞,煞是迷人,故有美妙的形容——华带飞髾。莫高窟北朝壁画中有着袿衣的女子形象,西魏第 285 窟北壁佛座下东起第七铺女供养人头梳双环髻,身着袿衣,有一种"华袿飞扬"、飘飘若仙的感觉(图 2-2-54)。

平壤地区古墓壁画中女子服饰也有袿衣裙，但很少见。如安岳三号墓回廊北壁出行图中持麾女子，头梳环髻，下着白底红点纹裙，上身所着服装有古时刀圭币之形状，又似燕尾，应是袿衣，只是因图像不完整，不见数条长带随风飘动的样子。

图 2-2-54

集安地区的古墓壁画中也可见汉服形象，但很少，只有舞踊墓、五盔坟四号墓、五盔坟五号墓、四神墓4座壁画墓出现汉服形象，并且，穿着汉服的人物都不是凡夫俗子，而是跣足坐榻、乘龙驾凤，或立于莲台之上的仙人。如舞踊墓主室左壁天井上绘有2位坐在榻上的男子：一人头戴尖顶帽，身穿领部加襈的朱红色长袍；另一人，亦戴尖顶帽，手持纸笔，身穿领部加襈的宽袖黄色长袍。这两件袍服式样与汉服传统袍服相似，但两人所戴尖顶帽非汉服系统中儒士所戴冠帽。五盔坟四号墓东壁、北壁、西壁绘有6位莲上居士，他们头顶漆纱笼冠，身穿红、绿、赭等各色宽袖袍服，腰系绶带、腹前垂芾，手持团扇，足登笏头履。此六人通身装扮与当时汉族士大夫形象别无两样。五盔坟五号墓与四神墓绘有身穿冕服的帝王形象，冕服形制仅存其形，细节刻画多有偏差，冕前后垂旒数量、袍服上的图案、芾的尺寸都不符合礼法规定。

从整体来看，平壤地区的服饰一方面深受汉族服饰影响，有身份有地位的男子皆头戴笼冠或进贤冠，身穿褒衣博袍；另一方面随着高句丽势力向南扩张，高句丽本民族的服饰也被带到了平壤地区，因此短襦裤仍是平壤地区普通男子，尤其是地位低下者的服饰。平壤地区的女子服饰前期主要有两种形式：一是袍服，二是上襦下裙。这两种服式都是深受汉族服饰影响的，与集安地区女子长襦裙内着肥筩裤有较大的区别。平壤地区的女子服饰后期也出现了长襦裙，这是因为受到高句丽民族服饰影响的缘故。

(二)高句丽民族传统服饰——东北游牧民族服饰

高句丽源自我国东北地区的一个古老民族,而且因为长期与东北其他游牧民族生活在相同的自然环境里,它们的民族特征、生活方式、习俗,包括服饰文化有太多相同或相似之处。高句丽民族传统服饰具有十分鲜明的东北游牧民族服饰特征。

考察集安地区高句丽古墓壁画服饰,无论地位高低、贫富贵贱,男子服饰形制基本相同:首服主要有两种,一是折风加插鸟羽或雉尾,二是帻冠。身衣上身为短襦,下身为肥筩裤。根据生活场景的不同,这种上下形制的服饰局部会有所变化,如舞者多穿窄长袖,侍者为中、短袖,狩猎者袖口紧小,便于拉弓射箭。墓主人的服装相对于一般男子的服装似乎较为宽松一些。女子一般上身着窄袖长襦,下身着裙(依据身份地位裙身长短有别),裙内着肥筩裤。地位较高的女子头戴巾帼,一般女子不戴冠帽。其中男子服饰中饰以鸟羽的折风与襦裤属于典型的游牧民族服饰。

折风。在高句丽,折风这种首服在公元3世纪就已存在,一直流行到公元6世纪中期。[1] 文献资料对此多有记载。《三国志·卷三〇·乌丸鲜卑东夷传》"高句丽"条、《后汉书·卷八五·东夷列传》"高句骊"条和《梁书·卷五四·诸夷列传》"高句骊"条记载了高句丽民族形成、国家建立之初至公元3世纪中后期服饰的基本情况,其中对首服的描述为"大加、主簿头着帻,如帻而无余,小加著折风,形如弁"。《魏书·卷一〇〇·高句丽列传》所载服饰内容主要来自北魏世祖遣员外散骑侍郎李敖出使平壤时的见闻,反映的是5世纪中期高句丽服饰的基本情况,其中关于首服的有:

> 头着折风,其形如弁,旁插鸟羽,贵贱有差。

《南齐书·卷五八·东南夷列传》"高丽"条记载:

> 高丽俗服穷袴,冠折风一梁,谓之帻……使人在京师,中书

---

〔1〕 郑春颖:《高句丽遗存所见服饰研究》,吉林大学博士学位论文,2011年。

郎王融戏之曰:"服之不衷,身之灾也。头上定是何物?"答曰:
"古弁之遗像。"

《南齐书》反映的是 5 世纪后期至 6 世纪初期高句丽服饰的基本情况。唐张楚金《翰苑》注引梁元帝《职贡图序》:

> 高骊妇人衣白,而男子衣结锦,饰以金银。贵者冠帻而无后,以金银为鹿耳,加之帻上,贱者冠折风。穿耳以金环,上白衣衫,下白长袴,腰有银带,左佩砺而右佩五子刀,足履豆礼鞜。

反映的是 6 世纪中期高句丽服饰的情况。

从上述文献资料,折风起初是部落贵族小加的专属首服,大约到 5 世纪的时候,逐渐普及,成为"贱者"之服,这贱者可能是低级官吏,或普通百姓。而且从集安到平壤,随着高句丽势力向南扩张和政治、经济、文化中心的南移,折风这一首服普及到了高句丽的南北东西。在高句丽集安、平壤古墓出土的壁画中,有大量头戴折风的形象。

在集安地区,通沟十二号墓甬道右壁骑马狩猎人头冠折风,身着铠甲,正拉弓射箭(图 2-2-55);麻线沟一号墓北侧室东壁持鹰人头戴折风,手持鹰,上着右衽短襦,下着裤(图 2-2-56);长川一号墓前室北壁右上部打伞人头冠折风,身着直领左衽短襦裤,手中持伞(图 2-2-57),同墓前室北壁左上部持物男子头冠折风,身着窄长袖束腰短襦,下着瘦腿裤(图 2-2-58);舞踊墓中也有头戴折风的男子形象(图 2-2-59)。

图 2-2-55   图 2-2-56   图 2-2-57   图 2-2-58

在平壤地区,前期由于长期受汉文化的影响,男子首服多进贤冠、笼冠;后期因为高句丽势力向南扩张,中心南移,因此在后期的古墓壁画上除了进贤冠、笼冠等以外,也出现了折风。如铠马冢墓室左侧第一持送左三男子,头冠折风,身着直领合衽中袖加襈红色短襦,腰系红带,下着白色瘦腿裤子(图 2-2-60);同墓左侧第一持送武士(左一男子)头冠黑色折风,红色圆缨饰,红色上襦,白色腰带,黄色肥筩裤(图 2-2-61)。

图 2-2-59　　　　　图 2-2-60　　图 2-2-61　　　　图 2-2-62

关于折风形制,文献资料中提到"形如弁"、"古弁之遗像";"旁插鸟羽,贵贱有差"。由此可知,折风形状如中原的弁,但与弁有别;插有鸟羽,并以此来区别贵贱。

关于中原弁的形制,《释名·释首饰》有如下描述:"弁,如两手相合拚时也。"《后汉书·卷一二○·舆服志下》:"皮弁长七寸,高四寸,制如覆杯。"从这些描述中大略可知弁的形状:如两手相合,又如倒扣的杯子。图 2-2-62 为聂崇义《三礼图》中戴皮弁的形象。

高句丽的折风形状似中原汉代的弁,但并不是弁,它是一种简便的冠帽,下有黑色的台带,台带用于包裹额头的上部,上有高高耸起的装饰之物,台带两边饰有带子,并系于颚下。

在折风之上插鸟羽也是一大特色,中国史书关于高句丽服饰的记载中多有提到其冠帽加插鸟羽之状:有的插在折风上(《魏书·卷一○○·高句丽列传》:"头着折风,其形如弁,旁插鸟羽,贵贱有差。");有的装饰在骨苏上(《周书·卷四九·异域列传上·高丽》:"其冠曰骨苏,多以紫罗为之,杂以金银为饰。其有官品者,又插二鸟羽于其上,以显异之。");有的饰于皮冠(《隋书·卷八一·东夷列传·高丽》:"人皆皮冠,使人加插鸟羽。");有的饰于罗冠(《旧唐书·卷一九九·东夷列传·高丽》:"官之贵者,则青罗为冠,次以绯罗,插二鸟羽,及金银为饰。")。这里我们不去考证折风、骨苏、罗冠等是否是同一种首服因不同时期、不同地域或不同的记述者而被赋予的不同名称,我们只肯定一点:加插鸟羽装饰冠帽,并以之区别贵贱是高句丽民族服饰的重要特征。

这种特征也鲜明地反映在高句丽古墓壁画中。在集安地区出土的壁画形象中,频繁地出现插有鸟羽的折风。图2-2-63集安舞踊墓主室后壁持刀男侍头冠折风,上着直领左衽短襦,下穿白底黑竖点纹肥筩裤,脚着白色中腰鞋;图2-2-64集安舞踊墓主室左壁两舞者一冠折风,上插长长的鸟羽;图2-2-65集安舞踊墓主室右壁骑马狩猎者中左右两位狩猎者皆头冠折风,上插鸟羽;图2-2-66集安长川一号墓前室北壁右上部宾客的折风上加插鸟羽;图2-2-67集安长川一号墓前室南壁第一栏两位男子头戴白色帻冠,冠上插鸟羽。

图2-2-63　　图2-2-64　　　　　　　图2-2-65

如前所述,在平壤地区,男子前期首服多进贤冠与笼冠,折风多出现于后期的古墓壁画中,插有鸟羽的折风主要也为后期所见,如后期的双楹塚古墓壁画。图2-2-68为双冢冢墓道西壁骑马男子,其头上所戴为折风,上插鸟羽;图2-2-69也是双楹冢墓道西壁壁画,该男侍头戴折风,上插鸟羽。

图2-2-66　　　　图2-2-67　　　　　　图2-2-68　　图2-2-69

　　但是从上述所举壁画形象看,戴加插鸟羽的折风者多为侍者、舞者、狩猎者等,似乎地位并不高,倒是与着装环境有很大关系。这与史料记载的"有官品者"插鸟羽以别贵贱不相符。

　　这种饰有鸟羽的折风,抑或插有鸟羽的其他冠帽,在中国境内,尤其是敦煌壁画,还有丝路上其他地区的壁画中频繁地出现。唐章怀太子李贤墓道东壁的客使人物图中有头冠上插二鸟羽的朝鲜半岛使节图像(图 2-2-70)[1];苏联乌兹别克斯坦共和国发掘古撒马尔罕城址 1 号室壁画中,绘制两外国使节头冠上插有二鸟羽,也是朝鲜半岛某国使节的服饰(图 2-2-71)[2];西安唐长安城道政坊附近出土的《都管七国六瓣银盒》七组图之一组中有 4 人头戴两根鸟羽,长衣广袖,足穿韦履,图案边缘题"高丽国"(图 2-2-72)[3];我国传世名画南朝萧梁的肖像画家萧绎绘制的《职贡图卷》自右向左数第 3 幅是"百济国使"图,图中使者头戴鸟羽冠(图 2-2-73)。在敦煌莫高窟中有不少头冠上插有二鸟羽的朝鲜半岛人物形象:初唐第 220 窟《维摩诘经变》和初唐第 335 窟《维摩诘经变》各国王子图中都有头冠上插二鸟羽的人物形象(图 2-2-74、图 2-2-75);盛唐第 194 窟南壁《维摩诘经变》各国国王、王子听法图中有一王子头冠插二羽毛,冠整体呈"山"字形(图 2-2-76);晚唐第 138 窟东壁北侧《维摩诘经变》各国王子听法图中,有一王子头冠似乎插有二羽毛;藏于巴黎吉美博物馆的敦煌莫高窟藏经洞第 17 窟中的五代纸画《维摩诘经变》中赞普身后的一位王子,头上也戴插有二羽毛的冠(图 2-2-77)。

---

　　[1] 1976 年,日本学者穴泽咊光、马日顺认为"大概是新罗大使",而据《隋书·新罗传》、《旧唐书·新罗传》等史书记载:其风俗、刑政、衣服,与高丽、百济同。服色尚素。

　　[2] 苏联乌兹别克科学研究所调查团学者阿利巴乌姆依据人物服饰和插有鸟羽的冠,结合《旧唐书·东夷传》和高句丽墓葬壁画图像考古资料,断定此二使节为朝鲜半岛人物。

　　[3] 张达宏,王长启:《西安市文管会收藏的几件珍贵文物》,《考古与文物》1984 年第 4 期。

图 2-2-70　　　图 2-2-71　　　　　　图 2-2-72　　　　　图 2-2-73

图 2-2-74　　　　　图 2-2-75　　　　　图 2-2-76　　　　图 2-2-77

　　以上壁画中人物的帽式与平壤地区双楹墓中人物的帽式几乎完全一样，都是属于朝鲜半岛三国时代的鸟羽冠，或者说插鸟羽的折风。在中国境内和丝路上的壁画中发现朝鲜半岛人物形象，正好说明在丝绸之路上忙碌来往的各国王子、使节、僧人、商人中的确不乏朝鲜半岛三国人物的踪影，反映了韩（朝）历史上与中西亚、中国的文化交流情况。

　　有学者通过史料和图像对朝鲜半岛人物头冠特点进行了分析，认为高句丽人物头冠的特点是，有官品者冠两边加二长羽毛；新罗人物头冠两边加二短羽毛；百济人物头冠两边加二翅，似为雉鸡翎。[1] 此结论是否正确，笔者不敢妄加揣测。但可以肯定，从高句丽古墓壁画、敦煌壁画、丝路上其他遗址出土的图像看，同为鸟羽冠，鸟羽的长短、粗细、安插的位置等是有区别的。

　　特别要说明的是：在冠帽上插鸟羽并非高句丽民族专属，相对于中原服饰而言，鸟羽冠应该属于胡服系统，是北方少数民族和西域民族，尤其

---

〔1〕 杨森：《敦煌壁画中的高句丽、新罗、百济人形象》，《社会科学战线》2011年第2期。

是游牧民族的首服。这种首服在先秦时期就影响中原。

战国时期赵武灵王引进胡服，除了引进裤褶、靴子、革带外，还效仿北方少数民族的冠帽，在上面或插鹖尾，或施貂尾。蔡邕《独断》引太傅胡公说曰："赵武灵王效胡服，始施貂蝉之饰。秦灭赵，以其君冠赐侍中。"《后汉书·卷一二〇·舆服志下》亦引胡广言："赵武灵王效胡服，以金珰饰首，前插貂尾，为贵职。秦灭赵，以其君冠赐近臣。"又曰："武冠，俗谓之大冠，环缨无蕤，以青系为绲，加双鹖尾，为鹖冠云。鹖者，勇雉也，其斗对一死乃止，故赵武灵王以表武士。"从这一记载看，这种冠可能是武将或勇猛的武士之冠，其样式为上有一圈缨子但不下垂，用青丝绳作带子，左右插着两根鹖的翎子，以勇猛好斗的鹖的翎子来装饰武冠用来象征武士的勇敢精神。

在敦煌莫高窟壁画中，也有一些头戴鸟羽冠的画像。中唐第158窟北壁《涅槃经变》各国王子中，有一位头冠旁插的是3根羽毛（图2-2-78），沙武田推测该窟为粟特人安氏所凿的家庙，若是这样，那么，该经变中的各国王子理应都是丝绸之路沿线的各个国家的王子[1]；中唐第159窟东壁南侧《维摩诘经变》各国国王、王子听法图中有一王子头戴插7根羽毛的头冠（图2-2-79）；中唐第231窟东壁《维摩诘经变》各国王子听法图中一王子头冠上插5根羽毛（图2-2-80）；晚唐第9窟北壁西侧《维摩诘经变》听法各国国王、王子中有一位头冠上也插3根羽毛（图2-2-81）。在榆林窟中，也有头戴鸟羽冠的形如五代第32窟西壁《梵网经变》南侧下方第三组"西域王子"中有一位头冠上插3根羽毛的王子的图像。他们似乎都属于西域（包括西亚、中亚等国）人。

另外，以鸟羽饰冠帽，可能与北方民族的鸟图腾也是有关系的。高句丽民族的始祖是东北的涉貊族，有研究者认为：高句丽民族的图腾与其他北方民族一样，也为鸟类[2]，而从《三国史记》、《三国遗事》中的神

---

〔1〕 沙武田：《敦煌吐蕃译经三藏法师法成功德窟考》，2008年敦煌吐蕃文化学术研讨会论文。
〔2〕 尹国有：《高句丽墓室壁画中的鸟图腾》，《艺圃》1996年第3、4期。

雀、白乌、白鹊、三足乌、鸿雁等，以及古墓壁画中随处可见的朱雀、三足鸟等等，都能说明鸟类在高句丽这一民族原始崇拜中具有相当重要的意义。

图 2-2-78　　　图 2-2-79　　　图 2-2-80　　　图 2-2-81

我们不妨做这样的推测：鸟羽冠自崇尚鸟类的北方民族兴起，在中原被赵武灵王效仿，后来秦灭赵，以此冠赐近臣，得以流行，《后汉书·卷一二○·舆服志下》中称"武冠"、"大冠"、"武弁大冠"、"赵惠文冠"，至三国时仍然流行。在高句丽，被称为折风的鸟羽冠在中国东北集安地区、辽东等地流行，随着高句丽势力的扩张，直到 5 世纪左右，才从集安地区传入平壤地区，这一点从双楹墓壁画中发现折风可证。

襦裤。上着短襦，下着肥筒裤，这与鲜卑民族的裤褶服又是何其的相似。

鲜卑族的先祖与高句丽一样，原来也是东北地区一个古老的民族。他们的生产形式、生活方式相同，都是以狩猎和游牧为主。《后汉书·卷九○·乌桓鲜卑列传》中说乌桓"俗善骑射，弋猎禽兽为事，随水草放牧，居无常处"，而鲜卑族的"言语习俗与乌桓同"[1]。《辽史·卷三二·营卫志中》载："大漠之间，多寒多风，畜牧畋渔以食，皮毛以衣，转徙随时，车马为家，此天时地利所以限南北也。"[2]鲜卑民族在漠北时，游牧射猎、转徙流动、居无恒处的游牧生活，与文献记载中的契丹、女真等北方游牧民族的生产形式和生活方式及其居住环境何其相似。为了适应和战胜大漠南

---

〔1〕 范晔：《后汉书·卷九○·乌桓鲜卑列传》，中华书局 1965 年版。
〔2〕 脱脱：《辽史·卷三二·营卫志中》，中华书局 1974 年版。

北冬季漫长、严寒多雪的自然环境,服饰必须以保暖御寒、防雪防风为主;为了便于游牧射猎和战争的需要,服饰又必须以轻便紧身、适于骑射为要。因此,鲜卑族的服饰非常注重实用、方便,不讲究制度和礼仪,有着与汉民族完全不同的鲜明的特征。

辫发戴帽、垂裙覆带是鲜卑民族首服的主要特征。这是因为鲜卑族生活的北地冬季严寒漫长,往往朔风凛冽,雪霰交加,而"垂裙覆带"的鲜卑帽(图 2-2-82)具有遮蔽风沙与修饰仪容的双重功能。

裤褶服(图 2-2-83),是鲜卑族人的典型服饰。出于狩猎和游牧的需要,鲜卑民族的服式早就形成了方便实用的上衣下裤即上下分制的特点。

图 2-2-82

图 2-2-83

褶,其实是一种袍,汉代史游谓:"褶谓重衣之最在上者也,其形若袍,短身而广袖,一曰左衽之袍也。"[1]周锡保说"褶"是"短身的袍","比襦略长的上衣"[2]。"褶"的形制与"袍"相似,只是比袍短,一般长及膝盖,而且较窄小,这与游牧民族的生活方式有直接的关系。另外,"襟"的掩向有别,汉人的袍服衣襟为右掩,称为"右衽袍",游牧民族的袍服衣襟向左掩,故称之为"左衽之袍"或"左衽袍"。左衽是古代少数民族服装与中原一带右衽袍服的一个显著区别。

鲜卑民族所服之裤,是指合裆长裤,这种裤式源于北方少数民族,也

〔1〕 史游:《急就篇》,商务印书馆 1936 年版。
〔2〕 周锡保:《中国古代服饰史》,中国戏剧出版社 1984 年版,第 130 页。

跟北方游牧民族的游牧生活直接相关。其制大多做成合裆,故又称"合裤"。战国时赵武灵王引进胡服,其中就有改中原汉人的下裳为长裤一项。中原汉人也有裤子,但通常无裤裆,只有两只裤脚,上端连在一起,用带系在腰间,名曰"袴"。《释名》曰:"跨也。两股各跨别也。"自赵武灵王将胡服引进中国后,这种合裆长裤连同"褶衣"一起传入中原,也为汉族所接受,至魏晋已广为流行。而且形制变得十分宽大,尤其是两裤管,大多做得宽松,一般上身服朱衣而下身着白裤,俗称"大口裤",与大口裤配套的上衣多为短衣,叫"褶",褶和长裤穿在一起称"裤褶"。

这种上身短衣下身为裤的着装在 4 世纪中叶至 6 世纪中叶集安地区高句丽古墓壁画中随处可见。前文图 2-2-63 舞踊墓主室后壁持刀男侍着黄底褐点纹左衽短襦,裤为白底黑竖点纹肥筲裤,图 2-2-64 舞踊墓主室左壁男舞者为长袖短襦肥筲裤,图 2-2-65 舞踊墓主室右壁骑马狩猎人身着左衽短襦,系白色腰带,下身着肥筲裤,膝盖以下裹扎行縢。图 2-2-84 舞踊墓主室后壁墓主人上身穿黑色直领、左衽短襦,腰系白色带子,下身着白底红方格碎点纹肥筲裤。图 2-2-85 麻线沟一号墓墓室南壁东端对舞图男子上身均着窄长袖短襦,腰系带,下着肥筲裤。图 2-2-86 通沟十二号墓南室前壁墓门右侧舞蹈者身着窄长袖黄底点纹短襦,腰系带子,下着青地点纹肥筲裤。图 2-2-87 通沟十二号墓南室左壁拉车男仆身着点纹短襦,腰系带子,下着青地点纹窄腿裤。图 2-2-88 长川一号墓前室北壁树下舞者长窄袖绿地黑点纹短襦,腰系带,下着黄地黑底肥筲裤。图 2-2-89 长川一号墓前室中部放鹰人上着黄底黑底纹短襦,下着绿地黑点瘦腿裤。图 2-2-90 长川一号墓前室南壁第二栏左 3 位男子均身着短襦,下着肥筲裤。图 2-2-91 长川一号墓前室南壁第三栏左四进看男侍上身着黄底黑点纹合衽短襦袄,下身着白底黑点纹肥筲裤。图 2-2-92 长川一号墓前室北壁左上部男子着合衽窄长袖白底绿菱格纹短襦,束腰,下着白底红斜方格阔肥筲裤,裤口肥大不紧扎。图 2-2-93 长川一号墓前室北壁左上部持物男子上着窄长袖短襦,束腰,下着瘦腿裤。

图 2-2-84　　　　图 2-2-85　　　　图 2-2-86　　　　图 2-2-87　图 2-2-88

图 2-2-89　　　　　图 2-2-90　　　　　图 2-2-91　图 2-2-92　图 2-2-93

　　壁画中的男子无论地位高低、贫富贵贱，服饰形制基本相同：上身为短襦，下身为裤装。根据生活场景的不同，这种上下形制的服饰局部会有所变化：衣袖有长短之别，袖口有窄宽之分。一般舞者多穿窄长袖；侍者为中、短袖；狩猎者袖口紧小，便于拉弓射箭；墓主人的服装相对于一般男子的服装似乎较为宽松一些。裤子多肥筩裤，也有一些着紧身裤。着肥筩裤者裤口大多扎进，呈灯笼状，也有不束口任其散开的。

　　无论局部怎么变化，但其上襦下裤、腰系带子的形式与鲜卑族的裤褶服是相同的。这与北方民族尤其是游牧民族的生活方式是密切相关的。

三、百济：中日文化交流的前导与桥梁

　　百济又称南扶余，是古代扶余人南下在朝鲜半岛西南部原马韩地区建立起来的国家。百济是高句丽创始者朱蒙的第三个儿子温祚王于公元

前 18 年在汉江南岸（今韩国河南市）创建的。百济的鼎盛时期疆土包括西朝鲜（除了平安北道和平安南道）的绝大部分。最北曾到平壤。百济是海上的强国，通过海路与中国和日本进行政治和贸易往来，积极地接受并传播中国文化，成为中日文化交流的前导与桥梁。[1] 660 年，百济被唐罗联军灭亡。

百济在中国史籍中亦称伯济，东汉时已是散居于朝鲜半岛南部的三韩中辰韩十二国中较著名的一国。三韩中的辰韩亦称为秦韩，原为秦代因避苦役而逃亡朝鲜半岛的中国移民，两汉时臣服于马韩。据中国史籍记载，新莽时期和东汉初年，三韩与中国政府已有往来，并曾接受中国的封赏，隶属于乐浪郡并向东汉四时朝谒，其中尤以辰韩与中国的联系最为密切。至东汉末灵帝时，又有大批中国流民因避乱而流亡到三韩。这些都为百济与中国的友好往来和文化交流奠定了良好的基础。

大约于中国西晋后期到东晋时期，百济不仅统一了辰韩诸国，而且击败了马韩，完全占有了今天韩国的忠清南道和全罗南、北道，并建国都于汉城，成为雄踞于汉江流域的大国，与高句丽、新罗并驾齐驱，形成了鼎立之势，尤其在近肖古王时代，百济完全统一了辰韩和马韩，并开始和东晋通使友好，于东晋咸安二年（372 年）春正月辛丑"遣使贡方物"于晋[2]；同年六月，东晋"遣使拜百济王余句（即近肖古王）为镇东将军领乐浪太守。"[3]由于与东晋王朝的通使，百济接受了汉文化的影响，终于在东晋宁康二年（374 年）结束了无文字记载的时代，立高兴为博士，开始以汉字为官方文字撰修百济国史《书记》[4]，足见汉文化已在百济有了相当重大的影响。东晋义熙十二年（416 年）晋安帝册封百济腆支王为"使持节、都督百济诸军事、镇东将军、百济王"，百济与中国间建立起更加牢固的友好关系。

刘宋以后，百济与中国的关系更为密切。宋武帝即位时，进一步加封

---

〔1〕 范毓周：《六朝时期中国与百济的友好往来与文化交流》，《江苏社会科学》1994 年第 5 期。
〔2〕 房玄龄等：《晋书·卷九·简文帝纪》，中华书局 2000 年版。
〔3〕 房玄龄等：《晋书·卷九·简文帝纪》，中华书局 2000 年版。
〔4〕 翦伯赞：《中外历史年表》，中华书局 1985 年版，第 192 页。

余映为镇东大将军[1]宋少帝时,百济王久尔辛王又遣使至刘宋贡献方物[2]。元嘉二年(425年),宋文帝遣使前往百济宣旨慰劳久尔辛王,册封久尔辛王为"使持节、都督百济诸军事、镇东大将军、百济王",以表彰百济王"累叶忠顺,越海效诚"[3]。其后,刘宋历代帝王对百济封赏不断,而百济也"每岁遣使奉表,献方物"[4]。可以说,百济与中国的友好往来和文化交流一直如绵如缕,赓续未断。

萧齐代宋以后,百济虽然由于高句丽南侵和王朝内部动乱,已处于外扰内困的局面,但是仍未中断与中国南朝的友好往来,尤其在东城王时期,不仅与中国南朝的萧齐王朝频繁交往,而且结下了空前亲密的关系。

萧梁时期,中国文化对于百济已有极深的影响,这可以从百济武宁王和他的王妃合葬的墓葬得到很好的说明。该墓的砖筑墓室结构与中国南朝的砖筑墓完全一致,甚至连墓砖纹饰也全同于中国南京地区的六朝有纹墓砖。该墓出土的方格规矩神兽纹青铜镜,其镜背纹饰为阳刻四兽一仙人,并有一圈铭文,铜镜虽为百济制作,但完全是中国六朝的款识纹样。该墓有中国烧铸的青瓷器,显然是从中国南朝带回的。墓中并有以汉文书刻的墓志两方,均石质,书法风格与20世纪70年代在中国镇江发现的齐、梁间《刘岱墓志》书风约略近似。[5] 圣王时代,百济与中国南朝往来频繁,曾"累遣使献方物",并向梁武帝请求派佛教典籍《涅槃》经义、儒家经典《毛诗》博士和工匠、画师等到百济传播中国文化和技艺,这一请求获得梁武帝的允准。[6] 这是六朝时期中国与百济间著名的大规模友好往来与文化交流活动。

陈虽立国时间不长,但在其统治期间,中国与百济间的友好往来和文

---

〔1〕 李延寿:《南史·卷七九·夷貊列传下》,中华书局1975年版。
〔2〕 李延寿:《南史·卷七九·夷貊列传下》,中华书局1975年版。
〔3〕 沈约:《宋书·卷九七·夷蛮列传·百济国》,中华书局1974年版。
〔4〕 沈约:《宋书·卷九七·夷蛮列传·百济国》,中华书局1974年版。
〔5〕 镇江市博物馆:《刘岱墓志简述》,《文物》1977年第6期。
〔6〕 姚思廉:《梁书·卷五四·诸夷列传》,中华书局1973年版。

化交流却也颇为频繁。至陈后主至德三年（585年），隋灭陈，中国历史由六朝转入隋唐，百济也逐渐走向衰落，朝鲜半岛南部与中国的友好往来与文化交流的主角也渐由新罗取而代之。

在与中国的友好往来中，百济大量引进中国文化，接受汉文化的影响。首先是对中国儒家文化的吸收。早在近肖古王在位时期（346—375年），百济在使用汉字撰修百济国史《书记》的同时，就已开始仿照东晋王朝设立博士制度。由于博士制度的设立，中国的儒家经典和其他文化典籍以及医药、卜筮、占相之术在百济社会广为流行。故《周书·卷四九·异域列传·百济》记载，百济的青年"俗重骑射，兼爱文史，其秀异者颇解属文，又解阴阳五行，亦解医药、卜筮、占相之术"。《隋书·卷八一·东夷列传·百济》也记载：百济在保留着"尚骑射"风气的同时，其民"读书史，能吏事，亦知医药"；"有僧尼，多寺塔"；"行宋元嘉历，以建寅月为岁首"；"婚娶之礼，略同于华，丧制如高丽"……总之，经过六朝时期中国与百济的多次友好往来和文化交流，中国的儒家典籍《诗经》、《尚书》、《易经》、《礼记》和《春秋》等，以及诸子、史书中所蕴含的思想已成为百济文化的重要组成部分。譬如在官制的设置上，就体现了儒学思想，突出"德"的意识，四品官以下的官职中，带"德"字者占有6个：德率四品、将德七品、施德八品、固德九品、季德十品、对德十一品，不同品级，冠带颜色相异。而且百济的这种"官冠文化"还影响了日本，7世纪初圣德太子推行的"冠位十二阶"以大小德、仁、礼、信、义、智等构成十二级官阶，并分别以佩戴紫青、赤、黄、白、黑等不同颜色来区别品级。

其次，是中国佛教及佛教艺术对百济的影响。中国佛教正式传入百济是在枕流王初年，据《三国遗事·卷第三·兴法第三·难陀辟济》记载："《百济本纪》云：第十五枕流王即位甲申（东晋孝武帝太元九年），胡僧摩罗难陀至自晋，迎置宫中礼敬。明年乙酉，创佛寺于新都汉山州，度僧十人。此百济佛法之始也。"佛教自传入百济起，就一直受到统治者的重视，以圣王一朝为例，就多次以佛教的传扬为外交武器，与中国、印度、日本建立关系。圣王4次使梁，求取封号，并请《涅槃》经义、《毛诗》博士，以及工匠、画师等；同时充分利用佛教的外交功效加强了与倭国的关系；圣王朝高僧谦益还涉海远赴中天竺学梵5年，回来后，圣王将其安置在兴轮寺，召集名僧协助其翻译律部经书72卷，足见百济君臣对佛教的热忱。随着中国佛教传入百济，中国的佛教艺术也传入到百济。以佛雕艺术为例，1936年韩国扶余军守里废寺出土了一尊观音菩萨铜立像（现藏首尔国立中央博物馆），该立像高约11.5厘米，身着天衣，成斜十字叉形交错身前，衣襟两侧左右仲展形如燕翅，显然与中国六朝时期的佛雕艺术形式特征相似，尤其是立像的面庞圆而温和，极富人情味，因被称作"百济的微笑"。这种"百济的微笑"也导源于六朝时期的中国佛雕艺术，它与南朝时期中国成都万佛寺中国佛像以及其他南方佛雕的风格艺术是完全一致的，其间的源流关系是非常清楚的。

政治上的密切往来，思想文化上受到的深刻影响，必然影响到社会风俗和生活习俗上。中国服饰文化对百济有无影响，虽然文献资料没有翔实的记载，也没有研究者凭借出土实物等考古资料对此进行研究，但是根据文献中直接或间接的寥寥文字还是能够推测一二的。

《魏书·卷一○○·百济列传》：

其衣服饮食与高句丽同。

《魏书·卷一○○·高句丽列传》载：

其官名有谒奢、太奢、大兄、小兄之号。头着折风，其形如弁，旁插鸟羽，贵贱有差。立则反拱，跪拜曳一脚，行步如走。

《北史·卷九四·百济列传》载：

其饮食衣服，与高丽略同。若朝拜祭祀，其冠两厢加翘，戎事则不。拜谒之礼，以两手据地为礼。

《北史·卷九四·高丽列传》载：

人皆头着折风，形如弁，士人加插二鸟羽。贵者，其冠曰苏骨，多用紫罗为之，饰以金银。服大袖衫、大口袴、素皮带、黄革履。

《周书·卷四九·异域列传·百济》：

其衣服，男子略同于高丽。若朝拜祭祀，其冠两厢加翅，戎事则不。拜谒之礼，以两手据地为敬。

《周书·卷四九·异域列传·高丽》载：

丈夫衣同袖衫、大口袴、白韦带、黄革履。其冠曰骨苏，多以紫罗为之，杂以金银为饰。其有官品者，又插二鸟羽于其上，以显异之。

南朝萧梁的肖像画大家萧绎绘制的《职贡图卷》（宋摹本）"百济国使"左侧文字也载有：

言语衣服略同高丽，行不张拱，拜不申足。以帽为冠，襦白（曰）复衫，袴曰（白）裤。其言参诸夏，亦秦韩之遗俗。

《隋书·卷八一·东夷列传·百济》载：

其衣服与高丽略同。

《隋书·卷八一·东夷列传·高丽》载：

（高丽）人皆皮冠，使人加插鸟羽。贵者冠用紫罗，饰以金银。服大袖衫，大口袴、素皮带、黄革履。

《旧唐书·卷一九九上·东夷列传·百济》载：

其王服大袖紫袍，青锦袴，乌罗冠。金花为饰，素皮带，乌革履。官人尽绯为衣，银花饰冠。庶人不得衣绯紫。

《魏书》、《周书》、《北史》、《隋书》、《职贡图卷》都将百济服饰与高句丽服饰进行对比，指出百济服饰与"高丽略同"或与"高句丽同"。而高句丽服饰与华夏服饰有着深厚而悠久的渊源关系，高句丽服饰主要有两个来源：一是汉服体系，一是中国东北少数民族胡服体系（本章《高句丽服饰文化主要源流》对此已作了具体的阐述），由此可见，百济的服饰文化与政治、经济、宗教等一样，也是深受中国服饰文化影响的，或者是通过直接与中国交往而接受中国服饰文化，或者是通过高句丽间接接受中国服饰文化的影响。

百济在与中国进行文化交流的同时，在中日文化交流中起到了积极的中介或桥梁作用。

日本古代文化是在不断吸取先进的大陆汉文化的基础上逐渐形成并得以持续发展的。在日本吸取大陆汉文化的历史过程中，朝鲜一直起着桥梁和窗口的作用[1]，而韩（朝）三国时代与日本进行文化交流最为频繁的当推百济。

首先是儒学东传。儒学渊源于中国。百济近肖古王在位时期，开始仿照东晋王朝设立博士制度，将中国的儒家经典和其他文化典籍引入百济，使得中国儒学在百济流播，并留下深远的影响。不仅如此，中国儒学进入百济以后，百济根据自身的立场和需要对之加以摄取并使之得以发展，从而形成具有韩（朝）文化特色的儒学，并传入日本。

《古事记》（成书于712年，日本第一部文学和史学著作）记载：

> 品陀和气命（应神天皇）在轻岛的明宫治理天下。……百济王照古王遣阿知吉师献牡马一匹、牝马一匹。……天皇又命百济国贡献贤人。于是，百济国又派遣和迩吉师献《论语》十卷、《千字文》一卷。

《日本书纪》（成书于公元720年，日本第一部正史）也记载：

> （应神天皇）十五年秋八月壬戌朔卯，百济王遣阿直岐贡良马二匹。……阿直岐亦能读经典，即太子菟道稚郎子师焉。……皇问阿直岐曰："如胜汝博士亦有耶？"对曰："有王仁者

---

〔1〕 王明星：《日本古代文化的朝鲜渊源》，《日本问题研究》1996年第3期。

是秀也。"……乃征王仁也。十六年春二月,王仁来之,则太子菟道稚郎子师之,习诸典籍于王仁,莫不通达。

两则史料记载的应该是同一件事。即日本应神天皇十六年(285 年),百济人王仁(和迩吉师)应邀携儒学经典《论语》《千字文》赴日,为日本太子菟道稚郎讲授儒学经典。一般认为此为儒学东传日本的标志。

又据《日本书纪》记载:日本继体天皇七年(513 年)六月,百济派五经博士段杨尔赴日讲学,3 年后(516 年),又派五经博士高茂前往日本接替段杨尔讲学。钦明天皇五年(554 年)百济又派五经博士王柳贵代替此前派往日本讲学的马丁安。自日本应神天王时代开始,应日本政府邀请,百济不断派五经博士赴日讲学,至继体、钦明天皇时代(6 世纪),逐渐形成了一种百济五经博士轮番赴日讲授儒学经典的制度。

其次是佛教由百济传入日本。佛教自印度传入中国后,为了适应本土文化,得以顺利传播,很快便出现了"援儒入佛"的倾向,形成了中国特色的佛教。中国佛教在百济枕流王初年由来自东晋的胡僧摩罗难陀传入百济以后,又结合本土世俗特色,形成了具有韩(朝)文化特色的佛教,而后将这种"韩(朝)佛教"传入日本。

据《日本书纪》记载:钦明天皇十三年(552 年)十月,百济王首次进献金铜释迦佛像一尊和经论、幡盖等物,并上表赞颂弘布佛教大法的功德:"诸法中最为殊胜,难解难入,周公孔子尚不能知","能生无量无边福德果报","祈愿依情无所乏"。钦明天皇听后十分欢喜,便将佛家等物授予苏我宿祢稻目,让他行礼拜。此次事件标志着佛教正式传入日本。在威德王时,百济至少 4 次遣使输出佛教,将戒律、观音信仰带到日本,继续发挥佛教传播桥梁的重要作用。

四、新罗与大唐服饰文化交流

新罗地处半岛东南,北有高句丽,西有百济,南疆经常受到倭国的侵略。为了争得与高句丽、百济同等的地位,新罗积极与中原王权交好,争取加入封贡体制。381 年,新罗随高句丽遣使前秦,521 年随百济遣使南梁,564 年,新罗真兴王自行遣使北齐,565 年武成帝册封真兴王为"使持节、东夷校尉、乐浪郡公、新罗王"[1],此后,新罗还几次向南陈献方物。

隋朝统一,三国竞相遣使隋都,接受册封,至炀帝即位,应新罗之请,用兵高句丽,高句丽退守鸭绿江以南地区。唐朝时期,新罗与唐结成联盟,讨伐百济、高句丽。660 年,攻灭百济,置熊津都督府;668 年,平定高句丽,在平壤置安东都护府。高句丽、百济既灭,唐罗共同的敌人消失,于是,因领土归属等问题两国便产生了矛盾,而且矛盾日益加剧,联盟破裂,夺土之战愈演愈烈,至 676 年,唐将安东都护府和熊津都督府迁至辽东,两国遂以大同江为界,恢复和平之势。689 年,渤海国崛起,对新罗形成威胁,唐罗关系密切,共同对付渤海国,一如当年联手对付高句丽。

新罗虽然因地处半岛东南部,有高句丽和百济的阻隔,因之与中国王权交往较晚,但在三国竞争发展中,新罗能后来居上,其重要原因之一,便是新罗君臣能够在最短的时间内,成功地引进中国先进文化。在不足百年的时间里,新罗从一个"无文字,刻木为信"[2]的落后国家发展成为一个"文字、甲兵同于中国"[3]的较为先进的国家。文化和军事的发展是新罗统一半岛成就霸业的根本原因。

首先值得一提的是东汉魏晋南北朝时期儒学和佛学的引入。儒学中的礼、德、仁浸润于新罗的政治生活中,第 22 代智证王在位第四年(503年),"群臣上言:'始祖创业以来,国名未定,或称斯卢,或言新罗。臣等以为,新者,德业日新;罗者,网罗四方之义,则其为国号宜矣。又观自古有国家者,皆称帝称王。自我始祖立国,至今二十二世,但称方言未正尊号。

---

〔1〕 李百药:《北齐书·卷七·武成纪》,中华书局 1972 年版。

〔2〕 姚思廉:《梁书·卷五四·诸夷列传·东夷》,中华书局 1973 年版。

〔3〕 魏征:《隋书·卷八一·东夷列传·新罗》,中华书局 2000 年版。

今群臣一意,谨上号新罗国王。'王允之。"[1]可见儒学思想已深入新罗君臣治国意识之中。至真兴王即位(540年),儒学的浸润扩展到国史的编纂,"有臣奏曰:'国史者,记君臣之善恶,示褒贬于万代,不有修撰,后代何观?'王深然之,于是命修撰国史。"[2]儒家劝恶扬善的史观被引入到国史的修撰之中。

新罗王权自23代国王法兴王以后一直弘扬佛法。法兴王金元宗(513—540年)即位后,佛教在新罗得以兴旺发展,法兴王"一心向佛,至末年祝发,被僧衣,自号法云,以终其身。王妃亦效之为尼,住永兴寺。"[3]在其统治期间,建成了兴轮寺、皇龙寺等寺庙,许人出家为僧尼奉佛;南朝梁、陈等遣使与僧送佛舍利、经卷等。至其侄深麦夫真兴王(540—576年)、真兴王之子真智王(576—579年)诸朝,佛事兴隆,佛教在新罗成为精神生活的主流。真兴王时,一边接纳外国高僧入境传道,一边派遣本国高僧外出求法,双管齐下,弘扬佛法成为制度化,佛教在新罗进一步繁荣发展,以至于在三国中后来居上。

进入唐代,新罗更是注重全方位与唐代发展关系。在儒学、语言文字、天文历法、医学、文学、美术等领域均有广泛而密切的交流。在政治制度上仿唐中书省设执事省,下辖六部,地方上推行州、郡、县制。经济制度仿唐均田制实行丁田制、租庸调法和户籍制。教育制度仿唐设立国学,讲授中草药、经、史、儒学,仿唐科举制设立读书出身科,以学业成绩授官。在诗歌散文、传奇小说、天文历法、阴阳数术、医学、雕刻建筑、器物制作等方面,都深受唐代文化的影响。

自唐贞观中期至五代中期的300多年里,新罗先后派遣过2000多名

〔1〕　金富轼著,孙文范校勘:《三国史记·新罗本纪第四·智证麻立干》(校勘本),吉林文史出版社2003年版。

〔2〕　金富轼著,孙文范校勘:《三国史记·新罗本纪第四·真兴王》(校勘本),吉林文史出版社2003年版。

〔3〕　金富轼著,孙文范校勘:《三国史记·新罗本纪第四·法兴王》(校勘本),吉林文史出版社2003年版。

留唐学生,全面学习中国的政治制度、文化思想、典章礼仪、文学艺术、天文历法。中韩(朝)史籍中记载仅因中国科举进士及第的留唐学生就有 90 人,如崔利贞、朴季业等。这些留学生多为王室贵胄子弟又深受中国文化熏染,他们学成归国后,把中国文化渗透到整个社会,对促进中韩(朝)文化交流做出了重大贡献。

新罗与中国的交往以唐朝为盛,尤其是统一新罗时期(668—935 年),与唐朝在政治、文化等各个方面不断交流,其中就包括服饰文化。唐时中国汉服饰对新罗的影响途径除了遣唐使、留学生等的传播外,还有一种重要途径:唐王朝赏赐新罗君臣服饰、衣料及各种器物。从文武王五年(665年)开始,经圣德王、孝成王、元圣王,到景文王五年(865 年)为止,新罗上至国王、王妃、王子、王公贵族,下及大使、宰相大臣等,都从唐朝获赏大量的服饰和衣料,这些服饰自然是唐朝当时的服饰:唐高宗永徽二年(文武王五年,665 年),赐文武王紫衣一袭、腰带一条、彩绫罗 100 匹,绢 200 匹。唐玄宗开元十二年(圣德王二十二年,724 年),赐圣德王锦袍、金带、彩素2000 匹;开元十九年(圣德王二十九年,731 年),赐大使紫袍、锦细带,绫、彩各 500 匹,帛 2500 匹;开元二十二年(圣德王三十二年,734 年),赐圣德王紫罗绣袍、金银钿器物、瑞文锦、五彩罗;开元二十三年(圣德王三十三年,735 年),赐使臣绯襕袍、平漫银带、绢 60 匹;开元二十八年(孝成王二年,739 年),赐王弟绿袍、银带。唐德宗贞元三年(元圣王二年,787 年),赐元圣王罗、锦、绫、彩 30 匹,衣服 1 副;赐王妃锦、凌、彩、罗 20 匹,押金绿绣罗裙衣 1 副;赐大宰相衣服 1 副;赐小宰相衣服 1 副。唐懿宗咸通七年(景文王五年,866 年),赐景文王锦、彩 500 匹,衣服 2 袭,金银器;赐王妃锦、彩 50 匹,衣服 1 袭,银器;赐王太子锦、彩 40 匹,衣服 1 袭,银器;赐大宰相锦、彩 30 匹,衣服 1 袭,银器;赐小宰相锦、彩 20 匹,衣服 1 袭,银器。[1]

在中国服饰文化影响下,统一新罗的服饰逐渐大唐化。当然,这是有

---

〔1〕 金富轼著,孙文范校勘:《三国史记·杂志·色服》(校勘本),吉林文史出版社 2003 年版。

一个历史演变过程的。

统一前的新罗固有服饰是与高句丽、百济服饰略同的。《隋书·卷八一·东夷列传·新罗》载：

> 其风俗、刑政、衣服与高丽、百济同。服色尚素。

《旧唐书·卷一九九上·东夷列传·新罗》载：

> 其风俗、刑法、衣服与高丽、百济略同，而朝服尚白。

从服饰制度看，新罗的公服制度制定于法兴王七年（520 年），正值中国南北朝时期；法兴王十年对公服制度作了改进[1]，即根据十七等官爵高低不同，对服色、冠及笏板作了区分。具体为：1～5 等服紫色衣，6～9 等服绯色衣，10～11 等为青色衣服，12～17 等为黄色衣服；2～3 等戴锦冠，4～5 等戴绯冠。1～9 等均可持象牙笏板。此时中国的公服制度已传入新罗，法兴王的四色公服制度受中国公服制度的影响，并模仿了中国公服制度，但并非原原本本地沿袭，此时期新罗的公服制度具有新罗固有服饰与中国服饰制度混合阶段的特征。

到了中国唐代，新罗正式采用中国的公服制度。真德女王二年（唐太宗贞观二十二年，648 年）派遣金春秋赴唐请兵，并向唐太宗请求章服，第二年（649 年）春正月便"始服唐朝衣冠"[2]。

中国严格的公服制度，始于北魏孝文帝时，史载太和十年（486 年），"始制五等公服"。《资治通鉴·卷一三六·齐纪二》"齐武帝永明四年"条载："夏，四月，辛酉朔，魏始制五等公服；甲子，初以法服、御辇祀西郊。"胡注云："公服，朝廷之服；五等，朱、紫、绯、绿、青。法服，衮冕以见郊庙之服。"[3]

自北魏确定五等公服，其后制度繁多。通常以冠服款式、质料、数量、

---

〔1〕 金富轼著，孙文范校勘：《三国史记·杂志·色服》（校勘本），吉林文史出版社 2003 年版。

〔2〕 金富轼著，孙文范校勘：《三国史记·卷五·新罗本纪第五·真德王》（校勘本），吉林文史出版社 2003 年版。

〔3〕 司马光：《资治通鉴·卷一三六·齐纪二》"齐武帝永明四年"条，中华书局 1956 年版。

颜色及纹样等辨别等级。隋朝建立之初,隋文帝杨坚就深感舆服制度对建立和巩固新政权的政治统治秩序的必要性,便着手建立隋朝自己的服色制度。到了隋炀帝之时,更是将常服服色也纳入了制度,规定"五品已上,皆着紫袍,六品已下,兼用绯、绿。"[1]入唐以后,统治者在隋代的基础上,对百官常服的服色制度作了一定的调整,使之进一步完善。唐高祖武德四年(621年)规定三品以上常服为紫色,五品以上为朱色,六品以下为黄色[2]。贞观四年(630年),进一步规定三品以上服紫,五品以上服绯,六、七品服绿,八、九品服青,仍以黄色为通用色[3]。

新罗在真德女王三年"始服唐朝衣冠",采用唐朝公服制度,接受唐代服饰文化。文武王四年(唐高宗永徽元年,664年),规定妇女服饰也依从唐制,以致在服饰方面处于完全服属的境地。新罗统一以后,圣德王代(702—736年),恰逢唐玄宗在位,赐予新罗很多官服,使得新罗王廷盛行唐制。这样,从法兴王制定公服制度开始,到真德王采用中国服制,再到文武王妇人服饰依从唐制,以及后来玄宗在位时的大量赏赐,新罗服饰制度完全大唐化了。韩(朝)的服饰制度从新罗时期采用唐制开始,一直到1900年朝鲜王朝末(官服依从西洋制度为止)的1300年间,服饰都是效法中国制度的。

从服装款式看,新罗男女服饰,尤其是上层阶级的服饰也体现出完全唐化的倾向。这一点从庆州龙江洞出土的土俑服饰形象可以得到证明。

在庆州地区龙江洞石室古坟出土的土俑风行于统一新罗时代。统一新罗时代的俑,是受到中国殉葬制度的影响而制作的,为唐朝及中亚一带人形的殉葬代用品。土俑多为中国式的官吏及宫女形象,男女土俑不仅服饰,而且面容也完全是唐人的模样。[4]

---

〔1〕 魏征:《隋书·卷一二·礼仪志七》,中华书局 1982 年版。

〔2〕 刘昫:《旧唐书·卷四五·舆服志》,中华书局 1975 年版。

〔3〕 司马光:《资治通鉴·卷一九三·唐纪九》"贞观四年"条,中华书局 1956 年版。

〔4〕 高富子著,拜根兴、王霞译:《庆州龙江洞出土的土俑服饰考》,《考古与文物》2010 年第 4 期。

男俑 15 件，其中 6 件高 16.5～20.5 厘米，头戴幞头、身穿团领宽松襕袍、手执笏板，端庄地站立在墓主寝床西南侧。从服饰看这些应是文官俑。另 9 件高 13.8～14.4 厘米，头戴巾子，身着团领缺骻袍，下着裤，腰系带。相比上述 6 件土俑宽松的服装，此 9 件土俑的服装比较窄小，可能是官位较低的，或者是武官俑（图 2-4-1 文官俑、图 2-4-2 武官俑、图 2-4-3 西域文官俑）。从这 15 件土俑的服装看，完全是唐人的服装：头戴幞头，身着圆领缺骻袍或襕衫，腰系革带，脚着靴子，这是唐代男子典型的服饰。

图 2-4-1　　　　　　　图 2-4-2　　　　　　　图 2-4-3

其中幞头是受鲜卑帽直接影响的产物，渊源于北魏，创制于北周，定型于隋，盛行于唐，历宋、元、明，直到清初被满式冠帽取代。在这漫长的历史过程中，幞头的样式由单一渐趋繁复，先是出现了垫在幞头里的"巾子"，巾子形制不同，便裹出各种不同式样的幞头，什么"平头小样巾"、"高头巾子"、"魏王踏"、"陆颂踏"、"英王踏样"（图 2-4-4）、"尖巾子"、"大巾子"等等名目繁多。

幞头脚也经历了一系列变化，由垂脚（软脚）到长脚罗幞头，硬脚、翘脚幞头，直脚幞头，展脚幞头等，名品日新。幞头及其变体，在中国通行了整整 1000 余年，是自隋唐至明清男装的独特标志。

新罗人的幞头，从法兴王十年（523 年）制定百官四色公服制度开始，到兴德王九年（834 年）发布服饰禁制时，新罗冠帽全为幞头，可见此时已全部

图 2-4-4

依从唐制。龙江洞土俑的冠帽分幞头和巾 2 种形式。除佩巾的 2 个俑外，其中 5 个俑为戴幞头的高官，其余的均为戴幞头、穿短缺骻袍的下层武人。

圆领缺骻袍是最具代表性、最为流行的唐代男装。缺骻袍是在旧式鲜卑外衣的基础上参照西域胡服改革而成的一种北朝服装：圆领，衣侧开衩，衩口最初较低，后渐高，直抵骻部，故以"缺骻"命名。较之汉魏的褒博衣冠，缺骻袍具有简单便利的特点，所以很快就成了百官士庶最常用的服装。襕衫起源于北周，北周武帝保定四年（564 年），宇文邕下令，在袍身近膝处加襕，[1]所以又称襕衫或襕袍。至唐代唐制规定："服袍者下加襕，绯、紫、绿皆视其品，庶人以白。"[2]襕的颜色不同以区别官员的等级。

从形态和色彩来看，土俑的袍服可分 2 类。高官品或文官穿团领襕袍，低官品或武官穿长而窄、侧开衩至骻的缺骻袍。颜色有红、白 2 种。关于袍的颜色，新罗法兴王七年（520 年）制定百官公服之时，确定了紫、绯、青、黄 4 色。另一方面，唐武德四年（621 年）规定三品以上服紫，五品以上服朱，六、七品服绿，八、九品服青。新罗真德王三年（649 年）采用唐朝四色公服制度，只是服色和唐朝还稍有差异。随着和唐朝交流的加强，圣德王在位期间（702—736 年）向唐献纳 40 余次，而文武王五年（665

〔1〕 魏征：《隋书·卷一一·礼仪志六》，中华书局 1982 年版。
〔2〕 欧阳修：《新唐书·卷二四·车服志》，中华书局 1986 年版。

年),唐朝赠文武王紫袍一袭。唐玄宗时期,新罗获得更多的唐朝官服,如圣德王二十二年(724 年)新罗王获授锦袍,使臣金端竭丹获赏绯襕袍;圣德王二十九年新罗王族金志满获赏紫袍。圣德王三十二年(734 年),圣德王获授紫罗绣袍;景德王二年(743 年),王弟入唐获赏绿袍。显然,这是依据唐朝制度,新罗王及王族获授与三品等级相当的紫袍,大臣获授相当于五品以上的绯袍,王族远支获授与六七品相当的绿袍。

革带,在唐代指鞢躞带,鞢躞带是唐代男子袍服不可缺少的组成部分。唐人李肇曾列出了"天下无贵贱通用"的几件物品,其中有"丝布为衣,麻布为囊,毡帽为盖,革皮为带"〔1〕,所谓"革皮为带"指的就是鞢躞带。带上佩弓剑、帉帨、鞶囊、刀砺之类,所谓"鞢躞七事"。唐制规定,文官一品以下革带应佩手巾、算袋、刀子、砺石,武官五品以上有佩刀、刀子、磨石、针筒、火石等物〔2〕。规定虽然清清楚楚,但是在唐代的图像和壁画等形象资料上却不易见到蹀躞七事之具。初唐《凌烟阁功臣像》和《步辇图》中的官员只佩香囊和鱼袋,韦泂墓石椁线雕人物还有在革带上佩刀子的。敦煌莫高窟壁画中,着圆领袍服系革带的很普遍,但明显可见鞢躞带和七事之具的很少。

龙江洞土俑所束带不甚清楚,但作为束腰的基本功能还是可以看出的。常见带下垂挂佩饰之情况,龙江洞土俑中的两件高品级土俑带下垂挂砺石和手绢形的佩饰,此均和唐代府兵随身七事有关。

在唐朝,乌皮六合靴与折上巾(幞头)相组合,成为"贵贱通用"的服装。〔3〕唐太宗时,马周建议缩短靴靿,并加靴毡,于是作为胡服的靴子就堂皇地进入了庙堂之上。诗人李白在皇宫大殿上"引足令高力士脱靴"〔4〕便是一个明证。

幞头靴袍(缺胯袍或襕衫)在莫高窟唐代壁画世俗人物和供养人图像

---

〔1〕 李肇:《唐国史补·卷下·货贿通用物》,上海古籍出版社 1979 年版。

〔2〕 刘昫:《旧唐书·卷四五·舆服志》,中华书局 1975 年版。

〔3〕 刘昫:《旧唐书·卷四五·舆服志》,中华书局 1975 年版。

〔4〕 刘昫:《旧唐书·卷一九〇下·文苑列传下·李白》,中华书局 1975 年版。

中十分普遍。初唐第 217 窟南壁东侧《法华经变·序品》东侧法师品中部有一单层圆塔,塔前跪拜或站立的世俗人物多着土红色圆领长袍,膝盖下部有一道横襕,应为襕袍,头戴白色尖顶蕃帽,腰系革带(图 2-4-5)。初唐第 323 窟南壁中央上部画《东晋扬都金像出渚缘》的故事,画中存 2 位纤夫和迎佛僧俗人众,其中迎佛的世俗人物着圆领袍服,戴幞头。盛唐第 33 窟南壁东侧《弥勒经变》中的婚嫁场面,画面中的宴饮者多着圆领袍服,似戴幞头或尖顶蕃帽。盛唐第 45 窟南壁东侧观音经变中观音立像的东边有几组现身说法图,人物所着衣冠皆为世俗人物服饰,其中男性形象(除比丘、婆罗门外)皆着幞头靴袍,幞头为软脚幞头,袍身较长,缺骻,而且上身较宽博(图 2-4-6)。盛唐第 45 窟南壁西侧《观音经变》中《商人遇盗》图中的商人和强盗都着圆领缺骻袍,其中强盗头戴幞头,手握长剑,从山谷冲出,拦在商人面前;商人头戴尖顶蕃帽,身着圆领袍服,后跟着骡队,一副战战兢兢的神态。同窟海船遇难中的求宝人所着也均为幞头靴袍。盛唐第 103 窟南壁《起塔供经》中的世俗人物均着幞头靴袍,幞头为软脚。晚唐第 85 窟窟顶东披《楞伽经变》中的《尸毗王本生故事画》,画中人物服饰已完全汉化,其中尸毗王,裸身,但头上戴介帻,双手合十坐于胡床上;站在秤旁的掌秤人着圆领团花缺骻长袍;跪在尸毗王脚边的割肉者着红色圆领长袍正在割尸毗王身上的肉。中唐第 360 窟东壁南侧下部《维摩诘经变·方便品》描绘有在酒肆中一边宴饮一边欣赏舞蹈的场面,宴饮者皆着圆领袍服,头戴幞头。中唐第 468 窟北壁西侧《十二大愿》中之第十一愿,画中院内有佛殿,中居佛、菩萨,廊庑内坐数僧人,院内案上摆设食物,数人捧盘来往送食,其中送食者皆着圆领缺骻袍,有戴幞头,也有戴白色尖顶蕃帽的。中唐第 205 窟西壁《弥勒经变》中《耕获图》,其中打场的农夫也着圆领缺骻袍,衣袖挽起,双脚前后分开。

文献资料中没有关于新罗女性服饰的具体记载,但有提到:文武王四年(唐高宗永徽元年,664 年),规定妇女服饰也依从唐制。从庆州龙江洞发掘的女俑形象也可见新罗女子服饰唐风化的程度。

图 2-4-5　　　　　　　　　　　　图 2-4-6

　　庆州龙江洞中发掘的土俑中有女俑 13 件,高 11.7～17.2 厘米,和男俑相比,女俑较为矮小。从女佣服饰看,其品级有高低之别。高品级者衣着宽松(图 2-4-7),低品级者衣着相对较为窄小(图 2-4-8)。但不管哪种,款式基本相似,上襦下裙,领子为低开方领,裙腰高至腋下,将上衣切入裙身内,裙长曳地盖住鞋子,而且宽松有余。从高品级女俑背面形象看,似乎还有一条帔帛轻轻地搭于肩臂上。从女俑总体形象看,人物体态丰盈,着装雍容,与唐代女性颇为相像。

图 2-4-7　　　　　　　　　　　　图 2-4-8

　　体态丰盈,着装雍容,衫襦、裙装、帔帛相配套,这是唐代女子服饰的典型特征。

　　唐代前期女子所着衫襦很短,襦的领口变化很多,有圆的、方的、斜的、直的、“U”字形的,还有鸡心领等,这些领大多较低,因此着装时半露粉胸。莫高窟唐代壁画中着这种露胸装的女子形象着实不少。初唐第329窟东壁南侧《说法图》中的女供养人上身着大圆领紧身襦衫，领口很低，可见乳沟；盛唐第445窟《女剃度》中的女子所着服装上衣领口均较低，有圆领的，有鸡心领的；盛唐第45窟南壁《观音经变求女得女》中的女子上衣为大"V"字领，露出雪白的胸脯；盛唐第31窟顶东坡《戏玩木偶》中的母亲着"U"字形袒领。至中晚唐时，着袒胸装的女子仍然不少。中

图 2-4-9

唐第468窟西壁龛下女供养人所着为长"V"字领，微露胸脯；中唐第236窟东壁门僧斋中添灯油的妇女着"U"字形袒领，中唐第21窟南壁《患病得医》中树旁的妇女、中唐第474窟西龛北壁《宴饮图》中的妇女皆着鸡心形袒领；晚唐第9窟戏鹦鹉的女供养人（图2-4-9）、同窟东壁南侧下部第五身贵族女供养人身边一侍女，所着服装皆为"U"字形为长圆领，领口极低，半露粉胸；晚唐第138窟童子及侍女中的侍女着鸡心形袒领；晚唐第156窟前室顶栏车中的母亲着"U"字形袒领，同窟西坡伴娘中的女性着鸡心形袒领；晚唐第9窟西壁《良医授药》中扶持病人的妇女着鸡心形袒领；晚唐

图 2-4-10

第12窟东壁门上女供养人，上身着襦衫，肩披帛巾，襦衫领口为低鸡心领，属于唐代流行的袒领。这种领型在唐代画家周昉的《簪花仕女图》、张萱的《捣练图》（图2-4-10）中也能看到。

在唐代女装中，裙始终是最重要的服装。初唐，在时兴条纹裙的同时，出现了单色裙，敦煌莫高窟第375窟南壁下部女供养人、第329窟东壁南侧下部女供养人、第209窟西壁南侧上部未提希王后及其侍从等，所着都为窄袖小衫、肩披长帛，下身着高腰长裙，裙式与十六国、隋时流行的条纹裙相同，褾长曳地，但没有条纹，为鲜明亮丽的单色裙。

到了开元时期，裙子的图案有了明显的创新。吐鲁番阿斯塔那北区

105 墓所出的晕裥彩条提花锦裙以黄、白、绿、粉红、茶褐五色丝线为经,织成晕裥条纹,其上又用金黄色纬线织出蒂形小花。随即兴起的宝相花纹锦、花鸟纹锦等,又被运用到女子裙装上,于是,唐代女裙在鲜明亮丽的单色裙的基础上走向了色彩浓艳、图案丰富的世界。

莫高窟唐代壁画中,色彩浓艳的女子裙装占据了不少画面,既有单色裙,也有花裙。盛唐第 217 窟西壁龛顶《说法图》中释迦成道之后回迦毗罗卫城时,在门口迎接释迦的姨母等人所着的裙装色彩极为丰富:画中上面一位女子穿红色襦衫,披绿罗长帛,着绛色长裙;画面右侧一位披绿色长帛,着红色长裙;画面下部一位穿绛色襦衫,系绿色长裙。盛唐第 130 窟《都督夫人礼佛图》中,都督夫人与其女儿十一娘、十三娘的服饰更是绚丽:都督夫人梳抛家髻,头簪鲜花,插小梳,着碧罗花衫,袖大尺余,外套"V"形领袒胸绛地花半臂,肩披白罗花帔,下着红地石榴花裙,脚着高跷的云头履;女十一娘梳抛家髻,头簪鲜花,插小梳,着鲜红襦衫,外套"V"形领袒胸白地花半臂,肩披白色长帔,下着碧罗花裙,脚着云头履;女十三娘头梳双髻,簪鲜花,着白地花襦衫,外套"V"形领袒胸碧罗花半臂,肩披碧罗长帔,下着黄色郁金裙,脚着云头履(图 2-4-11)。3 位女子的裙装足以说明了唐代女裙的艳丽。

图 2-4-11

唐代女子裙装除了艳丽之外,还有几个特点:一是裙腰提得极高,都督夫人与其女儿的裙腰已经可以掩住胸部。二是裙身极长,图中几位女子的裙裾都拖在地上,正如孟浩然诗云:"坐时衣带萦纤草,行即裙裾扫落梅。"三是裙身丰肥多为褶裥裙,这是与十六国、隋代流行的条纹裙明显不同之处,大概与唐人崇尚丰肥之美有直接关联。几位女子体态丰盈,显得雍容华贵。龙江洞出土女俑的服饰形象与都督夫人礼佛图中女子服饰形象是何等的相似。

"从高品级女俑背面形象看,似乎还有一条帔帛轻轻地搭于肩臂上",若真是如此,帔帛也应是受到唐代女子服饰的影响。在唐代,女子不仅喜欢用帔帛,而且施帔的方法多姿多彩。帔帛质地轻柔、飘逸,在裙衫之外十分随意地搭在双臂上,长长地垂挂着,并随披着方式的不同而呈现出纷繁的姿态。

总之,将龙江洞出土女俑的服饰及形象与唐代女子的服饰及形象对照看,新罗女子几乎和盛唐妇女不差毫厘;无论是脸部表情,还是丰腴的体态风采,以及宽松有余的衣服,都酷似盛唐时代的妇女。

第三章 高 丽

一、宋、辽、金时期与高丽的文化交流

高丽立国于 918 年,为王建所创,至 1392 年,李成桂建立朝鲜朝,历经了近 5 个世纪。与此同时,中国经历了宋、辽、金、元多个王朝。

高丽建国之时,正是中国五代十国与契丹政权纷起的时代。太祖王建继承新罗的外交关系,与中国北方的梁、唐、晋、汉、周进行遣使往来的同时,又推行北进政策,与东进的契丹发生了激烈的冲突。至宋立国之后,东亚群雄并立的局面逐渐演变为以宋、契丹、高丽为主的三方共存状态。在这 3 个国家中,契丹的势力最强,给宋和高丽带来很大的压力。统和十一年(993 年)、二十八年(1010 年)和开泰三年(1014 年),契丹 3 次进攻高丽。在这过程中,高丽为了求得稳定和发展,不得不向辽遣使纳贡,早在统和十一年(993 年),高丽王成宗便遣使朝贡,辽圣宗也"诏取女真国鸭绿江东数百里地赐之"[1]。开泰九年(1020 年)又"遣李作仁奉表如契丹,请称藩纳贡如故"。到了 12 世纪初,女真族在东北迅速崛起,并于 1115 年建立金国。1125 年,金灭辽,国势强盛,"高丽以事辽旧礼称臣于金"[2]。高丽虽然向辽、金纳贡称臣,接受封号,但华夷之别始终分明,高丽君臣在文化心理上对辽、金等北方王权持蔑视和抵制的态度。高祖王

---

〔1〕 脱脱:《辽史·卷一一五·二国外纪·高丽》,中华书局 1974 年版。
〔2〕 脱脱:《金史·卷一三五·外国列传下·高丽》,中华书局 1975 年版。

建在临终前亲授"训要十条"中明确提出："契丹是禽兽之国,风俗不同,言语亦异。衣冠制度,慎勿效焉。"[1]

然而,对于冠冕之国宋王朝,高丽太祖王建的态度是截然不同的,"惟我东方旧慕唐风,文物礼乐悉遵其制。殊方异土人性各异,不必苟同。"[2]虽然不主张"悉尊其制",认为"不必苟同",但也并不反对,言语间隐藏着一种向往之情。事实也是如此,在962—992年的30年间,高丽向宋朝派遣使团26次,宋朝也向高丽派遣使团10次。其后虽然因契丹辽的阻隔和两国之间因利益冲突不能达成共识,而致交往中断,但是在宋代,中国佛儒道文化对高丽的影响和高丽文化对中国宋代的反馈却是一直没有中断过的。

高丽历代国王都推崇儒学。太祖设置国学;光宗依唐制开设科举;睿宗设养贤库,教育和取士皆以儒学为基础。11世纪初,以崔冲为首的大儒开办私学,为高丽培养了不少儒学人才,崔冲也因此被称为"海东孔子"。高丽时期韩(朝)上至国王,下至闾巷儿童,所受教育无不以儒家经典为主。佛教在韩(朝)发展到高丽王朝时期也进入黄金时代。高丽国王都笃信佛教,王子和王族争当僧侣,不少僧侣被尊为王师、国师,担任国王顾问。高丽王朝各种制度、思想文化深受佛教的影响。而且高丽佛教带有极浓厚的忠君爱国思想。太祖明确指出佛教是护国的根本:"我国家大业,必资诸佛护卫之力。"道教在整个高丽时代也备受历代国王的崇信,建立道观,培养道士,建立道士制度,频繁举行斋醮仪式,道教成为高丽宗教生活中不可缺少的重要内容。

文化的交流是双向的。高丽王朝在接受中国文化以后,经过积淀、创新,使之具有本土文化特色,并形成了文化交流中不可忽略的对中国大陆的文化逆向输出。

以佛学为例。中国佛教经唐代"会昌法难"后,遭到了毁灭性的打击。

---

〔1〕 郑麟趾:《高丽史·卷二·太祖世家二》,朝鲜科学院1957年版。
〔2〕 郑麟趾:《高丽史·卷二·太祖世家二》,朝鲜科学院1957年版。

唐朝灭亡后,五代十国频繁更替,佛教典籍进一步被毁或散佚。自此中国佛教由盛转衰。作为当时的两大宗派天台宗和华严宗,则面临着一个弘法无典的局面,前者更陷入了后继无人的境地。960 年,高丽高僧谛观自高丽传来天台经疏,"悉付于(寂)师教门",以此为契机,宋佛教天台宗开始走上"中兴"之路。谛观在宋期间,还撰写天台宗的启蒙名籍《天台四教仪》两卷。而高丽义通投依螺溪门下,又使天台宗得以连宗接代。968 年,义通至四明(今浙江宁波)任传教院首任主持。此后,义通在宝云禅寺敷扬佛教天台宗教观 20 年,其弟子众多,升堂受业者不可胜计。义通和其弟子知礼、遵式对宋佛教天台宗影响极大。

在中国佚书的回传方面,高丽对中国文化的发展做出了贡献。高丽政府非常重视搜集、翻刻中国典籍,在其收藏的书籍中,有些是中国早已散佚的古书或异本。935 年,中国四明沙门子麟前往高丽求天台教籍,所得甚丰。960 年,吴越王也遣使到高丽求取佛籍,次年,高丽王令高僧谛观送来《智论疏》、《华严古目》、《五百门》等教乘。高僧义天入宋求法,给宋丽佛籍带来一个大流通、大交流。中国唐朝以前的佛经,因遭受唐末、五代兵灾洗劫,至宋初已佚亡甚多,但在高丽却依然保存着不少隋唐时期传入的佛籍,随着义天入宋,不少佚经又得以重返中土。1091 年,高丽宣宗曾应宋哲宗之请求,将高丽所收藏的中韩两国的好书开列书目送与宋朝,共计 128 种之多。这些古籍的回流,对增补中国文献的内容贡献颇大。

特别值得一提的是,在错综复杂的政治、经济、文化交往过程中,宋、辽、金、渤海统治下的各族不少民众迁移到高丽,形成了络绎不绝的民间经济、文化交流。

辽、宋、金时期,中国移民通过多种渠道前往高丽。移民在高丽定居之后,或为士、农,或为工、商,将中国的一些先进技术和制度文化传播于高丽,为高丽的发展做出了贡献。

以农业和手工业者为例。在宋、辽、金时期,有大量汉、靺鞨、契丹、女真、奚等各族农业和手工业者涌入高丽。这些移民在高丽定居后逐步展开了自己的小农生活,并像高丽课户一样承担国家的租税和贡赋。在耕种的同时,还从事一些家庭小手工业。也有些移民完全以手工业为生。1101 年,擅于织毡的女真毡工古舍毛等 6 人投归高丽。像这种明确记载的手工业者移民甚少,大部分都是混杂在移民群体或是俘虏中迁入的。尤其是俘虏中的工技,对高丽的手工业贡献颇大。史载"契丹降虏数万人,其工伎十有一,择其精巧者,留于王府。比年器服益工"[1]。可见,由于契丹工匠的努力,高丽的手工业技术日益进步,特别是丝织业最能代表契丹移民的这种技术贡献。12 世纪 20 年代,到访高丽的宋使徐兢在记述其见闻的《宣和奉使高丽图经》中曾提到,高丽初期不善蚕桑,因此要从宋商处购买。不过,在契丹战俘的辛勤劳作下,先进的丝织技术得以推广,从而使高丽也能够织造文罗、花绫、紧丝和锦罽等精美的丝织品。

契丹的中京道灵河(今大凌河)流域,地生桑麻,辽朝统治者便把一些善于织纤的人安置在那里。辽世宗的时候又进一步俘掠以丝织闻名的河北定州,将这些民户也安置在灵河流域。从此以后,灵河沿岸便以"工织纤,多技巧"[2]声名远播,而契丹也被赞为"锦绣组绮,精绝天下"[3]。这些先进的技术随着契丹移民也同时流入高丽。他们在生产中积极发挥自己的聪明才智,将契丹的织造技艺传播到高丽,从而使高丽的丝织技术日臻完善,染色水平也有了大的飞跃。总之,中国移民迁移到高丽,推动了高丽经济、文化交流,促成了不同民族之间的融合。

二、元丽"舅甥之好"及两国人员往来

元朝与高丽间的实质性接触,是从蒙古出兵高丽消灭契丹余部起。

---

〔1〕 徐兢:《宣和奉使高丽图经》卷十九"工技"条,《天禄琳琅丛书》,故宫博物院,1931 年影印版。

〔2〕 脱脱:《辽史·卷三九·地理志三·中京道》"宜州"条,中华书局 1974 年版,第 487 页。

〔3〕 江少虞:《宋朝事实类苑·卷二二·官政治绩二》"四京本末"条,上海古籍出版社 1981 年版,第 217 页。

蒙古太祖十一年(1216年)契丹族因为抵御不了蒙古的频繁进攻而大规模侵入高丽。1218年十二月,蒙古军队联合东夏国军,借口追击契丹,进入高丽。第二年,在蒙古、东夏和高丽的联合攻击下,契丹人终于被歼灭。蒙古元帅哈真同高丽军首领赵冲订立盟约,称"两国永结兄弟,万世子孙无忘今日"[1]。两国初步建立了外交关系,开始使节往来。

太祖二十年(高丽高宗十二年,1225年),蒙古受贡使著古与等10人在归国途中遇害,蒙古怀疑为高丽所为,"自是连七岁绝信使矣"[2]。蒙古太宗三年(高丽高宗十八年,1231年),蒙古以"著古与事件"为由,命撒礼塔为统帅出兵高丽,开始了对高丽的征服,并在高丽京、府、县等重要地区设72达鲁花赤,对其进行监控。高丽国王为了避免蒙古的再次入侵,于蒙古太宗四年(高丽高宗十九年,1232年)在武臣崔瑀的挟持下避乱江华岛,同时又射杀了蒙古设在高丽的达鲁花赤。高丽的这些抵抗举措引起了蒙古的再次进攻。从1231年到1259年蒙古汗国七征高丽,使高丽人民遭受了惨重的灾难;而蒙古军队长期征战以及屡遭高丽人民的顽强抵抗,所受损失也十分巨大。

为谋求和平发展,双方都在努力。蒙古宪宗八年(高丽高宗四十五年,1258年)三月,高丽国权臣崔瑀被诛杀,政治实权重新回到国王手中,高宗开始调整内政外交对策,打算接受蒙古提出的太子朝觐的条件,并准备迁出江华岛,向蒙古汗国求得和解。同年十二月,高丽遣使臣向蒙古请示:"本国所以未尽事大之诚,徒以权臣擅权,不乐内属故尔。今崔瑀已死,即欲出水就陆,以听上国之命。"[3]蒙古宪宗九年(高宗四十六年,1259年)四月,高丽太子王倎奉表如蒙古,途中获悉宪宗驾崩以及忽必烈与阿里不哥争夺汗位等情况,遂"奉币谒道",率先去拜见忽必烈。忽必烈大为惊喜:"高丽万里之国,唐太宗亲征而不能服。今世子自来此,天意

---

〔1〕 金宗瑞:《高丽史·卷一〇三·金就砺传》,朝鲜科学院1957年版。
〔2〕 刘子敏等:《中国正史中的朝鲜史料》(第二卷),延边大学出版社1996年版,第221页。
〔3〕 郑麟趾:《高丽史·卷二四·高宗世家三》,朝鲜科学院1957年版。

也。"〔1〕1260年，忽必烈登上皇位，他"信用儒术"，积极主张"祖述变通"。〔2〕对高丽问题，他毅然改变前任诸位大汗的战争征服、武力统治等强硬手段，改用文德恩信的政策，不仅停止战争，而且施以一系列怀柔手段。元世祖即位之时，正值高丽高宗已经去世，皇位空缺，忽必烈一方面派人护送王倎回国继位，是为元宗；一方面改变了以前对高丽的高压政策，主动宣布从高丽撤军。元世祖对高丽的这种友好政策，为元朝与高丽政治关系的稳定和发展奠定了基础。元朝与高丽的关系也随之进入了友好交往时期。

高丽元宗王倎是第一位入元的太子，以后又有7位太子入元为质并归国继位，他们是忠烈王、忠宣王、忠肃王、忠惠王、忠穆王、忠定王、恭愍王。

高丽元宗继位后基本同元朝保持了比较和平的关系。高丽每年主动遣使者到蒙古献方物，蒙古也给予相应的回赐，并且帮高丽平定叛乱，维护王权的稳定。高丽元宗认识到为了加强王权，避免权臣干政，必须取得蒙古的大力支持和援助。为了进一步改善、巩固与蒙古的友好关系，元宗想到了通过与蒙古联姻来巩固两国关系的有效途径，并于元世祖至元七年（高丽元宗十一年，1270年）向忽必烈提出为世子请婚的请求："小邦请婚大朝，是为求好之缘……望许降公主于世子，克成婚姤之礼，则小邦万世永依供职惟谨。"〔3〕元至元九年（高丽元宗十三年，1272年），元世祖答应了高丽王的请求，将其女忽都鲁揭里迷失（后封齐国公主）许嫁给高丽入元世子王愖，并于1274年完婚。蒙古公主进入高丽，高丽百姓相为贺庆，说："不图百年锋镝之余，复见太平之期。"〔4〕高丽史臣郑麟趾也评价说："自是世结舅甥之好，使东方之民享百年升平之乐，亦可尚也。"〔5〕可

---

〔1〕 郑麟趾：《高丽史·卷二五·元宗世家一》，朝鲜科学院1957年版。
〔2〕 宋濂：《元史·卷四·世祖本纪一》，中华书局1974年版。
〔3〕 郑麟趾：《高丽史·卷二六·元宗世家二》，朝鲜科学院1957年版。
〔4〕 金宗瑞：《高丽史节要·卷一九·元宗十五年》，明文堂1991年版，第358页。
〔5〕 金宗瑞：《高丽史节要·卷一九·元宗十五年》，明文堂1991年版，第358页。

见高丽国内上至百官,下至普通百姓对蒙古公主嫁入高丽都十分重视,意识到蒙古公主的到来将迎来两国和平友好往来的新时期。

自此以后,元丽结成了100多年的"舅甥之好"联姻关系,忠烈王及以后的忠宣王、忠肃王、忠惠王、恭愍王5位国王均娶蒙古皇帝及宗王的公主。在这种关系维系下,两国始终保持着稳定的外交关系,没有发生过直接冲突。这种和平稳定的政治环境为两国的人员往来提供了条件。

元丽"舅甥之好"促进高丽各阶层人士频繁来元。

首先是高丽国王及从臣频繁来元。从忠烈王(1275—1308年)到恭愍王(1352—1374年),历任高丽国王都频繁往来于两国之间。他们主要以陪同公主省亲、朝觐等形式来到元朝,受到元朝的友好礼遇。以忠烈王为例,他是来元次数最多的高丽王,根据《高丽史》和《高丽史节要》所载,终其一生来元次数达16次之多。忠烈王每次入元不仅携带护卫人员,而且很多大臣也随其一同前往,少时几十人、数百人,多时上千人。这些从臣很多都是高丽的重要官员,并具有很高的学识。如元至元二十六年(高丽忠烈王十五年,1289年)随忠烈王来元的安珦,是高丽第一个朱子学的传播者。他崇尚儒学,潜心研究朱子学。像安珦这样的学者来到元朝,同元朝的臣僚、学者接触往来,不仅进一步加深了两国的友好关系,同时也促进了两国文化等方面的交流。

其次是大量的高丽女性进入元朝。元至元十二年(高丽忠烈王元年,1275年),元朝想在"舅甥之好"关系的基础上进一步扩大与高丽的通婚关系,在给高丽的国书中称"尔国诸王娶同姓何理也,既与我为一家,自宜与之通婚,不然岂为一家之义哉"[1]。高丽也应元朝的要求主动向元朝进献女性。在两国姻亲关系的历史上,元朝索要和高丽主动进献女性多达50余次。《元史》中对这部分进入元朝的高丽女性的记载很少,而《高丽史》和《高丽史节要》中则做了详细的记述。

这些被索要或进献入元的女性,有的被选充宫女、侍女,有的则被送

---

〔1〕 郑麟趾:《高丽史·卷二九·忠烈王世家一》,朝鲜科学院1957年版。

给亲王、贵族或宰执。他们不少人成为皇帝、太子、亲王、宰执等人的妃嫔或妻妾。在入元的高丽女性中，受到元朝皇室宠幸的有 2 位。第一位是忠宣王时赞成事金深的女儿，入元后起蒙古名为达麻实里，起初为仁宗偏妃，后得到仁宗宠爱。第二位是高丽人奇子敖的女儿，蒙古名叫完者忽都，她本是元徽政院使秃满迭儿选来的宫女，服侍顺帝，因为日见宠幸，所以在顺帝答纳失里皇后被伯颜鸩杀后，被立为第二皇后。

除此以外，进入元朝的高丽女子，还有多种渠道。有的是在元帝国同高丽王国交战时为躲避战乱而随同家人进入中土，或者随同经商或求学的家人进入元朝，或者投奔在元朝的亲朋或好友，逐渐与中国本土居民融合。

韩（朝）女性大规模向中国流动，这在中国与朝鲜半岛交往史上还是第一次。元朝宫廷和一些官宦之家大量使用高丽侍女，到了元朝后期甚至出现了"京师达官贵人必得高丽女然后为名家"、"北人女使，必得高丽女孩童。家童必得黑厮。不如此，谓之不成仕宦"[1]的现象，这也从一个侧面反映出元丽政治关系的特殊性。同时一些高丽女子由于嫁给元朝的上层统治者而获得了较为尊贵的地位并能在元丽政治关系中发挥一定的作用。这些高丽童女，或成为宫女，或成为王公贵族的嫔妃，并在蒙古风俗习惯影响下日益融合于蒙古人当中。她们除少数得以返回故土外，绝大多数都老死于元。蒙古人与高丽人之间的种族融合不仅局限于蒙古和高丽上层人物当中，普通的高丽人和蒙古人也因军事、经济和文化交流等原因而互相融合。如公元 1254 年，蒙哥大汗的将领火儿赤率领的"蒙兵所掳男女无虑二十万六千八百人"[2]。这些高丽人进入蒙古后，不再见于记载，说明他们已逐渐同化于蒙古人中间。

元丽"舅甥之好"也使元人频繁进入高丽。自元至元十一年（高丽元宗十五年，1274 年），元世祖女齐国大长公主下嫁高丽忠烈王开始，有元一

---

〔1〕 车吉心总主编，罗炳良主编：《中华野史·辽夏金元卷》，泰山出版社 2000 年版，第 846 页。
〔2〕 韩国学文献研究所：《高丽史》（上），亚细亚文化社 1990 年版，第 488 页。

代共有 7 位公主下嫁高丽国王。元朝公主下嫁高丽受到元廷的重视,每位公主出嫁时元朝都会派大量的护卫人员护送来到高丽。而作为统治民族的蒙古公主嫁入风俗和文化异于本民族的国度,必然需要携带大量的媵人,即陪嫁人员。随同蒙古公主来到高丽的陪嫁人员和护卫人员,是元人进入高丽的重要组成部分。随从公主来到高丽的人员有的被授予较高的官职,在高丽享有较高的地位。这些人时常来往于高丽和元朝之间,对两国政治、文化的交流起了重要作用。

至于两国互派的使节,更是不胜枚举。据《高丽史》统计,仅自高丽忠烈王元年(元至元十二年,1275 年)到高丽忠烈王二十年(元至元三十一年,1294 年),高丽派往元的使节就达 140 余次,元朝派往高丽的使节达 80 余次。往来于两国之间的使节也是元与高丽两国人员往来的重要组成部分。使节出使除了具有政治使命外,也往往带入和带回大量的物品,所以两国使节的频繁往来不仅促进双方的政治友好,而且也促进了双方经济、文化的交流。

三、中国服饰文化对高丽服饰的影响

高丽王朝时期,服饰变化发展的过程始终伴随着同时期中国历朝各代服饰对它的影响。依据高丽王朝服饰发展的特点,我们将其分为 3 个阶段。第一阶段,受中国唐、宋(辽金)时期服饰的影响,以唐宋服饰体制为中心所呈现出来的服饰特色;第二阶段,元朝兴起时,受中国元朝服饰的影响,由此所呈现出来的蒙古族服饰特色;第三阶段,元朝灭亡之后,明王朝兴起,受中国明朝服饰的影响,继而产生的新的服饰特点。

高丽服饰受中国唐、宋(辽、金)服饰的影响。

高丽王朝建国初期,各项制度主要沿袭新罗旧制,服饰也不例外。而新罗服饰受唐代服饰影响极深,具有大唐化特点。因此,高丽王朝初期对新罗服饰的继承,实质上间接地接受了唐朝服饰的影响。

中国宋朝兴起之时，正是高丽第 4 代王光宗时期，光宗对宋朝采取亲善政策，并遵循其历代帝王既定礼仪秩序，加强王权，制定了奴婢按检制、科举制等。光宗十二年（宋建隆元年，960 年）三月，又制定了四色公服制度，将服色分为紫、丹、绯、绿四色，并据此将官员分为 4 个官阶，以服色区分等级。此制度主要采用中国唐朝时期的章服制度，《唐书·车服志》载"三品以上服紫，五品以上服绯，七品以上服绿，九品以上服碧色"[1]。由此可知，高丽光宗代的四色公服制度是继新罗法兴王四色公服依唐制度制定 50 年之后，对唐朝时期服制的又一次变通。

在高丽王朝第 4 代光宗到第 17 代仁宗五六十年间，由于与宋、辽、金特殊的地域关系和政治关系，高丽服饰受中国影响的主要形式是赐服。

宋、辽、金都曾赐予高丽服饰，辽、金等主要赐予高丽王冕服，而宋朝所赐服饰形制为最多。高丽第 11 代王文宗时期，宋神宗三十二年（1078年）六月，神宗赐衣二对、各金银叶装七匣盛一对、紫花罗夹公服一领、浅色花罗汗衫一领、红花罗绣夹三襜一条、红花罗绣夹包肚一条、红花罗绣勒帛一条、白绵绫夹裤一腰、靴一俩、红透背袋盛红罗绣夹複一条、腰带两条、各红透背袋盛红罗绣複一条、金镀银厘盛一条。[2]

如前所述，高丽由于"事大慕华"思想的影响，主要崇尚中国宋朝时期的先进文化，而对契丹等少数民族则视为"禽兽之国"，抱着一种排斥心理，对其"衣冠制度"，坚持"慎勿效仿"的态度。虽然如此，但对辽、金所赐衣冠还是接受的，一则为了政治需要而采取表面敷衍的手段，二则因为辽、金上层统治阶层的服饰也是早就接受汉制形式，因此其赐予给高丽的冠服实质上就是汉服衣冠。

高丽服饰受蒙古族发式衣冠的影响。

高丽自太子王倎入元开始，以后又有 7 位太子入元为质，并归国继位，他们是忠烈王、忠宣王、忠肃王、忠惠王、忠穆王、忠定王、恭愍王。自

---

〔1〕 欧阳修：《新唐书·卷二四·车服志》，中华书局 2003 年版。

〔2〕 柳喜卿：《韩国服饰史研究》，梨花女子大学出版部 1983 年版，第 139 页。

忠烈王开始,高丽又先后有 5 位国王与元皇室联姻,尚蒙古公主,成为元王朝的驸马。他们经常带大批随从入元朝觐,在元滞留短则数月,多则经年乃至数年。蒙古公主入高丽时,也带去大批怯怜口,即公主的私属人户。由于高丽统治者和蒙古王公贵族接触频繁,关系密切,甚至长期在元居住,深染蒙古习俗。因此,有元一代蒙古族服饰文化对高丽统治集团,进而对平民百姓产生过很大影响。

蒙古族发式、衣冠服饰由高丽忠烈王首先效仿、提倡,随后在高丽境内开始盛行。高丽元宗十二年(元至元八年,1271 年),当时身为世子的忠烈王王愖来到元朝作秃鲁花(即质子)。他在作质子期间便深受蒙古习俗的熏染,改留蒙古发式,穿蒙古服装。元宗十三年(元至元九年,1272 年),王愖以"辫发胡服"的装束回到高丽。这里的"辫发"即指蒙古发式,"胡服"指蒙古服装。高丽元宗十五年(元至元十一年,1274 年)十月,齐国大长公主下嫁高丽,忠烈王"辫发胡服"出迎公主,允许同行的只有已经开剃的大将军朴球等。可见当时蒙古发式在高丽还不被普遍接受,也可知忠烈王对蒙古发式的喜爱,以及提倡蒙古发式和服饰的决心,他以身示范,希望朝臣效仿。同年十二月,高丽大臣宋松礼、郑子屿等认识到蒙古发式已成为流行趋势,于是开剃,朝臣亦纷纷效仿。高丽忠烈王四年(元至元十五年,1278 年),忠烈王命境内开剃,"时自宰相至下僚无不开剃,唯禁内学馆不剃",但不久,学生也改剃蒙古发式,"左承旨朴恒呼执事官谕之,于是学生皆剃"。[1]

蒙古族男子的发式究竟如何? 根据史书记载,蒙古族男子的发型和我国北方的鲜卑、契丹、女真等族相似,有髡发习俗:剃去一部分头发,而另一部分保留。但各族的剃法不同。蒙古族发式蒙古语谓之为"怯仇儿","蒙古之俗,剃顶至额,方其形,留发其中,谓之'怯仇儿'"[2],蒙古族

---

〔1〕 郑麟趾:《高丽史·卷七二·舆服志》,朝鲜科学院 1957 年版。

〔2〕 郑麟趾:《高丽史·卷二八·忠烈王世家一》,朝鲜科学院 1957 年版。

男子盛行这种名为"怯仇儿"的发式[1]。一些文献记载可以帮我们进一步弄清楚蒙古发式。南宋李志常在其《长春真人西游记》中曰：

> 男子结发垂两耳。[2]

南宋使者赵珙的《蒙鞑备录》曰：

> 上自成吉思汗，下及国人，皆剃婆焦，如中国小儿留三搭头，在囟门者，稍长则剪之，在两下者，总小角垂于肩上。[3]

郑思肖《心史·大义略叙》记载：

> 鞑主剃三搭辫发，顶笠穿靴……云三搭者，环剃去顶上一弯头发，留当前发剪短散垂，却折两旁发，绾两髻，悬加左右衣袄上，曰"不狼儿"。言左右垂髻，碍于回视，不能狼顾；或合辫为一，直拖垂衣背。[4]

加宾尼对蒙古男人发式描述甚详：

> 在头顶上，他们像教士一样把头发剃光，剃出一块光秃的圆顶，作为一条通常的规则，他们全都从一个耳朵到另一个耳朵把头发剃去三指宽，而这样剃去的地方就同上述光秃圆顶连接起来。在前额上面，他们也都同样地把头发剃去二指宽，但是，在这剃去二指宽的地方和光秃圆顶之间的头发，他们就允许它生长，直至长到他们的眉毛那里；由于他们从前额两边剪去的头发较多，而在前额中央剪去的头发较少，他们就使得中央的头发较长；其余的头发，他们允许它生长，像妇女那样；他们把它编成两

---

〔1〕 郑麟趾：《高丽史·卷二八·忠烈王世家一》，朝鲜科学院 1957 年版。
〔2〕 李志常：《长春真人西游记》，中华书局 1985 年版，第 71 页。
〔3〕 赵珙：《蒙鞑备录》，载《王国维遗书》（第 13 册），上海古籍出版社 1983 年版，第 61 页。
〔4〕 郑思肖著，陈福康校点：《心史·大义略叙》，上海古籍出版社 1991 年版，第 181—182 页。

条辫子，每个耳朵后面各一条。[1]

鲁不鲁乞在《东游记》中写道：

> 男人们在头顶上把头发剃光一方块，并从这个方块前面的左右两角继续往下剃，经过头部两侧，直至鬓角。他们也把两侧鬓角和颈后（剃至颈窝顶部）的头发剃光，此外，并把前额直至前额骨顶部的头发剃光，在前额骨那里，留一簇头发，下垂直至眉毛。头部两侧和后面，他们留着头发，把这些头发在头的周围编成辫子，下垂至耳。[2]

加宾尼、鲁不鲁乞描述得虽然不是很清楚，但大致的式样还是可以揣摩得出的。

壁画图像资料也是了解蒙古发式的一条渠道。敦煌元代壁画供养男子多戴笠帽，不能见其顶，但前额的光秃和耳际的小辫还是隐约可见的。如榆林窟第6窟男供养人头戴莲花瓣宝冠，耳后垂辫髻，男女主像身后两侍从均头戴笠帽，耳后垂辫髻（图3-3-1）。莫高窟第332窟主室甬道南壁下段处于尊位的第一位男供养人头戴笠帽，后垂帔巾，耳侧可见挽成几环的辫发。榆林窟第3窟甬道北壁下层第1身年轻的蒙古族官吏供养像，头戴钹笠帽，帽顶上有宝珠并饰羽毛，环形小辫垂于两肩。根据史料的记载，并参照元朝时期的一些绘画和石造像，我们可以看出元朝时期蒙古族发式主要有3种：一种即史书记载的"婆焦"、"不狼儿"，剃去头顶上的一弯头发，留前发，剪短成各种形状散垂于额前，把其他部分的头发分左右编成2条、3条或更多的小辫子，然后把小辫子折成髻垂在两肩上。加宾尼与鲁不鲁乞所见的大概也属于这种发式（图3-3-2）。另一种是环剃去顶上的一弯头发，不留前发，把其余的头发分左右编成2条、3条或更多的小

---

〔1〕 约翰·普兰诺·加宾尼：《蒙古史》，载道森编，吕浦译，周良霄注：《出使蒙古记》，中国社会科学出版社1983年版，第7页。

〔2〕 威廉·鲁不鲁乞：《东游记》，载道森编，吕浦译，周良霄注：《出使蒙古记》，中国社会科学出版社1983年版，第119页。

辫子,再把小辫子折成髻垂在两肩上,这是蒙古族早期男人发式(图 3-3-3)。还有一种是环剃去头顶上的一弯头发,留前发,剪短成各种形状散垂于额前,把其余头发拢在脑后合编成一条辫子,垂在后背,即史书中记载的"合辫为一"、"打辫儿"。

图 3-3-1

图 3-3-2　　　　　　　　　　　　图 3-3-3

　　在韩(朝)服饰史上,自新罗统一开始"袭用唐仪",冠服之制仿效唐朝,老百姓的服装式样也受到唐服影响。高丽王朝建立后,虽然对我国辽、宋、金 3 个王朝也有"朝贡"、"事大"关系,辽、宋、金统治者也多次向高丽国王赠送衣冠,但高丽并未从上到下改变本国的衣冠。但是,有元以来,尤其是元丽"舅甥"关系建立以来,情况就大不一样。《高丽史·舆服志》记载:"事元以来开剃辫发、袭胡服。"忠烈王在命境内"开剃"的同时,又命"境内服上国衣冠"[1],高丽民众穿上了蒙古式服装、戴上了蒙古式帽子。

---

〔1〕 郑麟趾:《高丽史·卷七二·舆服志》,朝鲜科学院 1957 年版。

高丽上下"皆服上国衣冠"并非是元朝干预的结果,而是高丽王仰慕大国衣冠主动仿效,竟而在全国推行的结果。元世祖曾说"衣冠从本国之俗","风俗依本国旧制,不须更改"。元至元十五年(高丽忠烈王四年,1278年),元世祖问高丽大臣康守衡"高丽服色何如",康回答说:"服鞑靼衣帽,至迎诏贺节等时以高丽服将事。"元世祖感叹说:"人谓朕禁高丽服,岂其然乎。汝国之礼何遽废哉!"[1]"鞑靼衣帽"也就是蒙古族服饰。可见高丽已经把蒙古衣冠作为日常生活服饰。

蒙古族男女均着长袍,多为窄袖,腰系帛带或皮带。莫高窟第332窟蒙古族供养人像3位主人和2位侍从所着均为交领右衽窄袖长袍,只是色彩、质地不同而已;榆林窟第4窟蒙古族供养人像中第4身为男子,亦著右衽交领窄袖长袍;榆林窟第6窟蒙古族供养人画像中有2幅夫妻修道画,画面中的男主像头戴莲花宝冠,身着交领右衽窄袖长袍(图3-3-1)。蒙古男子的袍服均为右衽、交领、窄袖。传教士鲁不鲁乞在《东游记》中写道:

> 这种长袍在前面开口,在右边扣扣子。在这件事上,鞑靼人同突厥人不同,因为突厥人的长袍在左边扣扣子,而鞑靼人则总是在右边扣扣子。[2]

女性有时在长袍外加罩半袖短衫,而且袍服比男性更长、更宽,有的甚至拖地。宋人孟珙在《蒙鞑备录》描述蒙古妇女的袍服时是这样解释的:

> "所衣如中国道服之类……又有大袖衣如中国鹤氅,宽长曳地。行则两女奴拽之。"[3]

可见女子的袍服是很宽很长的。

〔1〕 郑麟趾:《高丽史·卷二八·忠烈王世家一》,朝鲜科学院1957年版。
〔2〕 威廉·鲁不鲁乞:《东游记》,载道森编,吕浦译,周良霄注:《出使蒙古记》,中国社会科学出版社1983年版,第120页。
〔3〕 孟珙:《蒙鞑备录》,载王国维:《蒙古史料校注四种》,清华学校研究院刊行,第13页。

蒙古冠帽也具有鲜明的民族特色,"男子冬帽而夏笠,妇人顶故姑"。笠帽的基本形状为圆檐斗笠形,是用竹篾等材料制成的敞檐帽,多用于蔽日遮雨,其造型与打击乐器中的铙钹相似,所以又叫钹笠。这种圆檐斗笠形的笠帽在敦煌壁画中可见到,图 3-3-1 供养人身后的侍者所戴的便是。蒙古男子冬季戴暖帽。暖帽多用黑貂、青鼠等贵重皮毛制成,也有用金锦制成的。暖帽有皮暖帽、后带帔皮暖帽、后带帔金锦金答子帽和尖顶皮暖帽等式样。

图 3-3-4

现存台北"故宫博物院"的元世祖忽必烈像,头戴金答子暖帽,帽后垂有帔巾,耳后垂辫髻,身穿交领右衽袍。他的冠饰、发型和服装都与文献记载吻合(图 3-3-4)。

除了高丽王倡导元蒙服饰对高丽服饰带来的影响以外,元帝、皇后等的赏赐也对高丽服饰带来了一定的影响。元帝、元皇后赐予高丽王、王妃、臣下的服饰中,主要有塔子袍、金塔子、金袍、金段衣、注丝表里等,这些都是元朝特有的服饰。上述服饰中塔子袍的塔子,金袍的金,金段衣的金段,注丝表里的注丝等指的是蒙古特有的一种织金锦,元代人称之为纳石失或纳赤思,这种织锦隋朝织工已经能够织造,唐宋时期织金技术日臻成熟。

必须指出的是,在蒙古族的衣冠服饰被高丽学习、效仿之时。高丽服饰文化也以其特有的魅力影响着元朝服饰文化。随着两国"舅甥之好"关系的发展,大量的高丽女性进入元朝,并且大多进入权贵之家,一时间娶高丽女成为一种时尚;高丽服装样式也盛行于元朝,对元朝的服装文化产生了重大的影响。元代末年曾一度流行一种仿高丽式的衣服、靴帽,有文献对此记载:

　　　京师达官贵人,必得高丽女为名家……自至正以来,宫中给事令大半为高丽女,以故四方衣冠靴帽,大抵皆高丽样。[1]

高丽女性进入元朝,给元朝的服饰文化增添了新的内容。高丽样式的衣冠靴帽受到元人的喜爱。在元明时期的诗文著作中,有很多诗文对高丽服饰盛行于元朝的文化现象进行了描述。张昱《辇下曲》"绯国宫人直女工,衮裯裁得内门中。当番女伴能包袱,要学高丽顶入宫";"宫衣新尚高丽样,方领过肩半臂裁。连夜内家争借看,为曾著过御前来"[2];又杨维桢"绣靴蹋踘句丽样,罗帕垂鸾女直妆"[3]。元代陶宗仪《南村辍耕录》另有一段记载:

> 杜清碧先生本应召次钱唐,诸儒者争趋其门。燕孟初作诗嘲之,有"紫藤帽子高丽靴,处士门前当怯薛"之句,闻者传以为笑。用紫色棕藤缚帽,而治靴制高丽国样,皆一时所尚。怯薛,则内府执役者之译语也。[4]

这些文人的记载反映了"高丽样"的衣冠文化对元朝的影响,说明当时高丽鞋帽衣着流行之势,非同一般。另外元朝官服中有"高丽鸦青"的服色等级,文献记载:

> 夏之服凡十有四等,素纳石失一,聚线宝里纳石失一,枣褐浑金间丝蛤珠一,大红官素带宝里一,大红明珠答子一,桃红、蓝、绿、银褐各一,高丽鸦青云袖罗一,驼褐、茜红、白毛子各一,鸦青官素带宝里一。[5]

在元代,"高丽鸦青云袖罗"是夏季服装十四等之一。

高丽服饰受明代服饰的影响。

---

〔1〕　权衡:《庚申外史》,商务印书馆据清张氏刊本影印,第33页。

〔2〕　张昱:《宫中词》,载雇嗣立:《元诗选初集》(辛集),中华书局1987年版。

〔3〕　杨维桢:《无题效商隐体四首之四》,载雇嗣立:《元诗选初集》(辛集),中华书局1987年版。

〔4〕　陶宗仪:《南村辍耕录》,中华书局1997年版,第346页。

〔5〕　宋濂:《元史·卷七八·舆服志一》,中华书局1974年版。

到了高丽王朝末叶,元朝开始衰落。恭愍王十八年(1369年)五月,中国元朝灭亡,明朝建立,明太祖登极。《明史·舆服志》记载:"洪武二年,高丽入朝,请赐祭服制度,命制给之。"〔1〕

高丽王朝自元宗继位附属中国元朝以来,开剃辫发穿胡服近100年之久。明朝建立初期,高丽受中国宋明理学思想及其本身"事大慕华"思想的影响,意图能够得到中国明朝的承认,进而要求赐予其冠服。《高丽史·舆服志》也记载:明太祖赐予王冕服,远游冠袍,群臣陪祭冠服,比中国服饰九等,递降二等。王服相当于中国的亲王礼服,明太祖皇后赐予的王妃冠服类似于中国宋朝的命妇服,即为中国明朝的命妇服中的翟衣。

恭愍王十九年(1370年)五月,明太祖派遣尚宝司丞偰斯来赐,对王进行册封,仍封为高丽王,仪制服用许从本俗。并赐王冠服,群臣冠服,明皇后赐予高丽王妃冠服。这是明对高丽首次赐服。

高丽名义上为明藩属,但等级礼仪关系难对所有执政者有效,辛禑王即位后,在明与元之间首尾两端,明与高丽的关系有了波动。辛禑王十二年(洪武十九年,1386年),两次向明朝请赐冠服:二月,派遣政堂文学郑梦周入京师,请求赐予王便服,群臣朝服、便服,即所谓的"请衣冠表",曰:

> 仪礼制度,大开华夏之文明,慕义向风……许臣用夏变夷,遂降纶音,俾从华制,臣谨当终始唯一,益殚补衮之诚,亿万斯年,永被垂衣之治。〔2〕

八月,又派遣密直副使李薄上"再请衣冠表"和"谢恩表"。"谢恩表"曰:

> 从先臣恭愍王颛于洪武二年间准中书省咨该钦奉,圣旨颁

---

〔1〕 张廷玉:《明史·卷六七·舆服志三》,中华书局1974年版。

〔2〕 郑麟趾:《高丽史·卷一三六·列传四九·辛禑四》,朝鲜科学院1957年版。

降冕服及远游冠、绛纱袍并陪臣祭祀冠服,比中朝臣下九等递降二等。[1]

两次请愿,中国明朝都赐予王朝服、祭服,陪臣祭服。虽然辛禑王表示要"用夏变夷"、"俾从华制",而明也赐予了高丽君臣朝服、祭服,但在高丽朝服制度是否实行,并无下文。以至于次年(1387年)五月,偰长寿入明朝请愿时,朱元璋要求辛禑安分守己。时偰长寿请赐衣冠,曰高丽服饰风俗二十多年间国王朝服、祭服、陪臣祭服都分等第赐予将领,只有便服不曾改变旧有的样式,官员虽戴笠儿,但元朝百姓也戴。据此明皇帝朱元璋赐予其纱帽、团领,让他从辽阳穿戴回去。于是高丽"国人始知冠服之制"[2]。这是高丽君臣弃元衣冠、从明衣冠的开始。

明代衣冠和元朝衣冠是有很大区别的,在朱元璋看来,元是胡虏,其服装便是胡服。朱元璋以"驱除胡虏,恢复中华"[3]自居,奉汉族衣冠为正统,因此称帝后便迅速"更定制度,凡官民男女衣冠服饰,悉复中国之制"[4]。高丽对此也十分重视,就在偰长寿返国的次月,辛禑王十三年(1387年)六月,即着手改革胡服,依大明服制,制定百官冠服。明朝使者徐质见之,不禁感叹说:"不图高丽复袭中国冠带!天子闻之,岂不嘉赏。"[5]但是,改革并非一帆风顺,在高丽,亲北元与亲明势力对峙,辛禑王也并非对明完全心悦诚服,所以,有时会继续"以胡服驰骋于路"[6]。明军收复辽东后,辛禑王公然与明决裂,停"洪武"年号,令国人复着胡服,最后导致亲明大将李成桂倒戈回师,废辛禑,"复行'洪武'年号,袭大明衣冠,禁胡服"[7]。

总的看来,高丽王朝末叶,服饰主要受中国明朝的影响,宫廷中王冕

[1]　郑麟趾:《高丽史·卷一三六·列传四九·辛禑四》,朝鲜科学院1957年版。
[2]　吴晗:《朝鲜李朝实录中的中国史料》,中华书局1980年版,第75页。
[3]　《明太祖实录》卷二六,台湾"中央研究院"历史语言研究所1962年版。
[4]　《明太祖实录》卷四九,台湾"中央研究院"历史语言研究所1962年版。
[5]　吴晗:《朝鲜李朝实录中的中国史料》,中华书局1980年版,第76页。
[6]　吴晗:《朝鲜李朝实录中的中国史料》,中华书局1980年版,第77页。
[7]　吴晗:《朝鲜李朝实录中的中国史料》,中华书局1980年版,第81—82页。

服、百官朝服、便服，王妃冠服都是明朝赐予。高丽附属元朝时期，服饰主要是蒙古风俗和国俗的结合，而此时的高丽王朝服饰则是上层社会袭用明朝制度，下层社会是国俗的变容。

第四章　朝　鲜

　　洪武二十五年(1392年)，亲明大将李成桂废国王自立，建立李氏朝鲜(1392—1910年)。李氏朝鲜前后共传承27代王，500多年历史，与中国明清两朝相始终。在近6个世纪里，李氏朝鲜一直"恪勤事大之礼，深被字小之恩"，以"事大"为基本国策，处理与中国的关系。

一、李氏朝鲜的"事大"国策

　　李成桂即位之初，便一改高丽辛氏政权亲元的政策，向明朝倾斜。多次派遣使者前往南京禀告新朝建立，并请更国号。《明史》记载：

　　　　闻皇太子薨，遣使表慰，并请更国号，帝命仍古号曰朝鲜。[1]

　　请求中国皇帝赐予国号，在韩(朝)历史上，也仅此一次，说明李朝从一开始就显示其对明朝亲附的态度，对明行"事大"之礼，以"事大为重"[2]。"事大"终成为朝鲜王朝时代遵循的基本国策，构成明代中国与朝鲜之间关系的基础。

　　李成桂定下事大国策，为其后继者世代传承。虽然在洪武朝明太祖朱元璋因为高丽辛氏亲元的关系而对朝鲜地区印象不好，采取冷漠的态

---

　　〔1〕　张廷玉：《明史·卷三二○·外国列传一·朝鲜》，中华书局1974年版。
　　〔2〕　《东稗·卷九·事大》，载郑明基：《韩国野谈资料集成》第21册，启明文化社1992年版，第383页。

度,致使"事大"之策有其名而无其实,但是在建文帝时,"事大"之策已经起到了明显的作用。建文帝一改洪武朝薄待朝鲜的策略,极力优待朝鲜,允许朝鲜使用中国的礼仪典制和冠服制度。壬午二年(建文四年,1402年)二月己卯,帝遣鸿胪寺行人潘文奎来赐王冕服,其敕书曰:

> 敕朝鲜国王李芳远:日者陪臣来朝,屡以冕服为请,事下有司。稽诸古制,以为四夷之国,虽大曰子。且朝鲜本郡王爵,宜赐以五章或七章服。朕惟春秋之义,远人能自进于中国,则中国之。今朝鲜固远郡也,而能自进于礼义,不得待以子、男礼。且其地逖在海外,非特中国之宠数,则无以令其臣民。兹特命赐以亲王九章之服,遣使者往谕朕意。[1]

虽然由于建文帝在位时间短,又因靖难之役,无暇处理对外关系,明与朝鲜的关系并未得到完全改善,但这却为永乐时期双方和谐发展的关系奠定了基础。永乐皇帝朱棣锐意通四夷,积极发展与四方海外的友好往来,加强对藩属国的管辖与控制。永乐元年(1403年)十月靖难之役一结束就对礼部下诏曰:

> 帝王居中,抚驭万国,当如天地之大,无不覆载,远人来归者悉抚绥之,俾各遂所欲……自今诸番国人愿入中国者听。[2]

在这种思想指导下,明朝即向朝鲜、安南、暹罗、爪哇、琉球、日本、苏门答腊、占城等国派遣使节,宣布明成祖即位,朝鲜等国也立刻遣使向明朝表示臣服,承认明成祖的正统地位。明成祖尤其重视与朝鲜的交往,特别是迁都北京后,双方交往更为方便;而朝鲜对相关供奉也极力应承,其进贡次数与人数远远超过其他国家。史书记载李朝向明朝"贡献,岁辄四五至焉"[3]。据统计,明朝永乐年间(1402—1424年),李氏朝鲜共朝贡

---

〔1〕 吴晗:《朝鲜李朝实录中的中国史料·上编卷二·太宗恭定大王实录》,中华书局1980年版,第167—168页。

〔2〕《明太宗实录》卷二四,台湾"中央研究院"历史语言研究所1962年版。

〔3〕 张廷玉:《明史·卷三二〇·外国列传一·朝鲜》,中华书局1974年版,第8284页。

89 次,平均每年 4 次。终明朝之世,朝鲜朝贡最频繁的是洪熙(1424—1425 年)、宣德年间(1425—1435 年),11 年内,共向明朝进贡 67 次,年均 6 次之多。总之,自永乐元年开始,至崇祯十七年(1644 年)明朝灭亡,李氏朝鲜一直谨守"事大"之国策,而明朝也按照"字小"政策给予朝鲜最大优待和庇护。

有清一代,虽然沿用了明朝对朝鲜的宗藩关系,历代朝鲜国王即位、立储、吊问之时,清朝的使臣如仪前往朝鲜;每逢元旦、冬至、新君登基、帝后寿诞、立太子等重大国事之际,朝鲜也必遣使入朝致礼致意。据不完全统计,1637—1850 年,朝鲜使臣赴清 615 次,清朝使臣前往朝鲜 160 次。

但是,清统治者是以少数民族"夷"的身份取代大明入主中原的,因此,在具有"外辨华夷之别"的文化心理的朝鲜君臣看来,中国发生了华夷嬗变,"夏华"的中国已经灭亡,取而代之的是"夷狄"的世界。表面上朝鲜君臣无可奈何地接受清朝与其之间的宗藩关系,双方的官方交流礼仪如同明朝;在背地里,朝鲜君臣不忘明朝旧恩,从文化心理的优越意识出发,视清朝为"夷狄"之邦,鄙视甚至憎恨这些推翻明朝统治的满族夷人。这种尊周攘夷的文化心态始终贯彻在朝鲜后期(1637—1910 年)。正是这种文化心态,使得朝鲜长期怀着感念明朝的情感而无法认同清朝的中华正统地位。譬如在国内,长期沿用明朝崇祯年号;在冠服礼制上,继续沿用明制;等等。

二、明代对朝鲜的赐服

在中国古代,衣冠服饰被视作国家文明的重要特质,"中国有礼仪之大,故称夏;有服章之美,谓之华。华、夏一也"[1]。同时也是等级礼制的重要外在形式。下级不得僭越上级服饰;藩国不得僭越上国服制。君主赐给臣僚或藩国服饰以表安抚、恩宠和激励,使臣僚或藩国更忠心地为君

---

〔1〕 孔颖达:《春秋左传正义·卷五六·定公十年》,北京大学出版社 2000 年版。

主或宗主国服务。这种形式由来已久,明代在对外关系上频繁采用这种赐服形式。

如前所述,明与李氏朝鲜不仅属于宗藩朝贡关系,而且李氏朝鲜始终以事大之国策尊奉大明为宗主国,明朝也以"字小"之政策优待庇护朝鲜。双方关系相当密切,《明史》有言:

> 朝鲜在明虽称属国,而无异域内。[1]

不仅明朝认为"无异域内",朝鲜自己也有同样认识,《小华外史》:

> 虽称属国,而无异域内,锡赍使蕃,殆不胜书。[2]

朝鲜人崔溥亦言:

> 盖我朝鲜地虽海外,衣冠文物悉同中国,则不可以外国视也。[3]

朝鲜"衣冠文物悉同中国"一方面与韩(朝)历史有关。生活在如今韩(朝)土地上的民族有史以来就与中华民族有着血脉相亲的关系,自箕子朝鲜开始,或为中国管辖范围内,或为藩属,即使相对独立时期,诸如三国、高丽时期,也仍与中国有着千丝万缕的联系。箕子朝鲜时期,文献已有"衣冠制度,悉通中国"的记载。另一方面与明代频繁赐予朝鲜君臣各种冠服有关。

明朝对朝鲜半岛赐服始于高丽时期。李氏朝鲜建立后,李成桂确立"袭大明衣冠,禁胡服"政策,为朝鲜服饰变革指明了方向。明朝也延续赐服制度,而且由于朝鲜一心事大,对大明极其忠心,双方关系甚为密切的缘故,赐服的数量、次数相比北元更大、更多。明对李朝的赐服始于建文帝时期,延至朝鲜臣服于清、同明正式断绝宗藩关系止。赐服范围较广泛,在朝鲜新王、世子、妃册立之后,以及国王请赐之时赐予规格较高的冠

---

〔1〕 张廷玉:《明史·卷三二〇·外国列传一·朝鲜》,中华书局 1974 年版,第 8307 页。
〔2〕 吴庆元:《小华外史》卷五,(东京)朝鲜研究会 1914 年版,第 246 页。
〔3〕 崔溥撰,葛振家点注:《漂海录——中国行记》,社会科学文献出版社 1992 年版,第 74 页。

服,而且与封赠制度相配套,制定了相关的赐服制度;在朝鲜使臣例行朝贺、谢恩、朝贡等外交活动中,赐服最普遍,一般赐以金织衣、袭衣等普通衣服;还有对漂流到京的朝鲜人按身份、等级赐予冠服。

由于李成桂属于废主自立,洪武皇帝朱元璋对此颇有异议,因此未曾正式册封其为朝鲜国王,也未给予配套赐服。到了建文二年(1400年),朝鲜李芳远篡位,建文帝为拉拢朝鲜,封李芳远为朝鲜国王。时朝鲜屡请冕服,有司以为朝鲜郡王爵,应赐五章或七章服。建文四年(1402年),帝特予优待,赐亲王九章冕服,这也是明对朝鲜国王首赐冕服。冕服为最高规格的赐服,据《大明会典》记载,明朝皇帝衮冕大体延续历代形制,冕缀十二旒,玄衣纁裳,上绣十二章。朝鲜为明藩臣,其国王与明郡王等级相同,较明亲王低二等、明世子低一等,照例不该得到九章赐服,但建文帝表示"朕之于王,显宠装饰,无异吾骨肉,所以示亲爱也。王其笃慎忠孝,保乃宠命,世为东藩,以补华夏,称朕意焉"[1],于是特赐其亲王之冕服。洪武二年(1369)朱元璋也曾赐予高丽国王九章服:国王九章衮冕、七梁远游冠、绛纱袍,王妃凤冠翟衣。《明宣宗实录》记载朝鲜国王李裪向明奏请,指出:"洪武中蒙赐国王冕服九章。"[2]但洪武元年(1368)所定冠服制度,诸王冕服不分级别,皆为九章[3];而建文时期,亲王、郡王冕服已有别:亲王九章,郡王五章或七章。所以建文帝赐朝鲜国王九章冕服,视其与亲王同等级别,无疑更进一步促进了中朝之间的友谊。

朱棣即位后,对外采取空前开拓和包容政策。永乐元年(1403年),李芳远请赐冕服书籍,朱棣"嘉其能慕中国礼,赐金印、诰命、冕服九章、圭玉、珮玉,妃珠翠七翟冠、霞帔、金坠,及经籍彩币表里"[4]。在明朝开放的外交政策下,朝鲜入贡频繁,每次入贡,明朝照例赐宴,赐服及丝绢布匹等。

〔1〕 吴晗:《朝鲜李朝实录中的中国史料》,中华书局1980年版,第167页。
〔2〕 《明宣宗实录》卷四七,台湾"中央研究院"历史语言研究所1962年版。
〔3〕 《明太祖实录》卷三六,台湾"中央研究院"历史语言研究所1962年版。
〔4〕 张廷玉:《明史·卷三二〇·外国列传一·朝鲜》,中华书局1974年版。

成祖永乐十六年(1418年),李裪袭位。他仿中国,定礼仪,特别注重冠服礼仪。朝鲜各项制度,在这一时期逐渐定型,通过向明奏请,赐服种类增多。

宣宗宣德三年(1428年),李裪认为世子冠服同陪臣一等,"下与臣等无别,似未为便",请加梁数。[1]宣宗特赐世子六梁冠,等朝臣二品,此后成为定制。

宣宗宣德五年(1430年)又赐世子朝服一副,其中玉带玉环更为明一品章,可谓无上恩宠。李裪亦言"其重我世子至也"[2]。

英宗正统三年(1438年),因永乐年间未赐远游冠、绛纱袍,李裪请赐。英宗赐乌纱远游冠、玄圭、绛纱袍、玉佩、赤舄、常时视事冠服。史书记载:

> 初太宗皇帝赐本国王九章冕服,惟远游冠、绛纱袍未赐。至是,裪遣弟祉奏请,上命行在礼部制为乌纱远游冠、玄圭绛纱袍、玉佩、赤舄及常时视事冠服予之。[3]

英宗正统九年(1444年)春正月,朝鲜国王李裪以袭封,遣陪臣柳守刚等奉表及方物谢恩。英宗赐宴及金织袭衣、彩币表里等物。戊寅,朝鲜国王李裪奏:"故父恭定王冠服年久污垢不洁,乞赐新者以备服用。"英宗从之。[4]

代宗景泰元年(1450年)夏四月,李裪奏请赐世子冕服。从之。[5]

代宗景泰元年(1450年)五月丙辰,朝鲜国王李珦遣陪臣方致知等续贡马一千四百七十七匹,以备战阵之用。赐致知等宴,并钞、彩段表里、织金袭衣等物。仍命致知等赍敕并冕服、冠服、白金三百两、纻丝三十匹、罗三十匹、绢四千四百三十一匹、绵布二千九百五十四匹归赐其王及妃。[6]

〔1〕《朝鲜世宗实录》卷四二,北京图书馆出版社2008年版。
〔2〕《朝鲜世宗实录》卷五十,北京图书馆出版社2008年版。
〔3〕《明英宗实录》卷四五,台湾"中央研究院"历史语言研究所1962年版。
〔4〕《明英宗实录》卷一一二,台湾"中央研究院"历史语言研究所1962年版。
〔5〕《明英宗实录》卷一九一,台湾"中央研究院"历史语言研究所1962年版。
〔6〕《明英宗实录》卷一九二,台湾"中央研究院"历史语言研究所1962年版。

代宗景泰三年(1452年)秋七月丙辰,朝鲜国王李珦卒,明封世子弘晔为朝鲜国王,赐冕服、诰命。[1]

代宗景泰七年(1456年)二月癸卯,遣内臣封琛为朝鲜国王,妻尹氏为朝鲜国王妃,赐诰命、冕服、冠服等物。[2]

宪宗成化十年(1474年)十一月丙寅,追赠朝鲜国王李娎故所生父、世子暲为朝鲜国王,母韩氏为王妃,给赐诰命、冠服。从所请也。[3]

孝宗弘治八年(1495年)夏四月壬戌,封世子李隆为国王。并封其妻慎氏为王妃,赐其及妃诰命、冕服、冠服、彩币等件。[4]

武宗正德二年(1507年)十二月戊寅,封朝鲜晋城君李怿为朝鲜国王。遣太监李珍赍诏敕、冠服、文绮往封,并其妃尹氏皆赐之诰命焉。[5]

武宗正德十三年(1518年),皇帝所赐李朝中宗国王冠服,其物件有:珠冠一顶,大红鳖丝夹大衫一件,青丝彩绣囷金程鸡夹格子一件,青线罗彩绣困合程鸡霞被一件,绿绸花丝缀彩绣翟鸡团衫一件,红暗花丝夹袄儿一件,青暗花父丝夹裙一件,牙筋一部,金坠头一个,杂色义丝四匹,杂色罗四匹,西洋布十匹。

世宗嘉靖二十四年(1545年)五月甲戌,遣内官赍诰敕冠服,封朝鲜国王世弟李峼为王。[6]

神宗万历三十一年(1603年)正月丁亥,封朝鲜国王李昖继妃金氏,赐敕命、冠服如例。[7]

熹宗天启五年(1625年)二月丙午,遣使册封朝鲜国王李倧,颁赐诏命冕服。[8]

[1] 《明英宗实录》卷二一八,台湾"中央研究院"历史语言研究所1962年版。
[2] 《明英宗实录》卷二六三,台湾"中央研究院"历史语言研究所1962年版。
[3] 《明宪宗实录》卷一三五,台湾"中央研究院"历史语言研究所1962年版。
[4] 《明孝宗实录》卷九九,台湾"中央研究院"历史语言研究所1962年版。
[5] 《明武宗实录》卷三二,台湾"中央研究院"历史语言研究所1962年版。
[6] 《明世宗实录》卷二九九,台湾"中央研究院"历史语言研究所1962年版。
[7] 《明神宗实录》卷三八〇,台湾"中央研究院"历史语言研究所1962年版。
[8] 《明熹宗实录》卷五六,台湾"中央研究院"历史语言研究所1962年版。

还有对漂流到京者,赐以衣食,体现人道安抚。譬如孝宗弘治元年(1488年),朝鲜济州三邑推刷敬差官崔溥等43人漂流至浙江,辗转到京,得朝廷赐服。崔溥所受为:素纻丝衣1套,内红缎子圆领1件,黑绿缎子褶子1件,青缎子裉1件,靴1双,毡袜1对,绿绵布2匹;从者、吏员、军士、官奴等42人所受为:胖袄各1件,绵裤各1件,鞋各1双。[1] 不同身份与等级,赐服内容也不同。

从以上所列可知,赐服等级鲜明。对朝鲜国王及王妃等王室人员,明朝主要是给以冕服、玄圭绛纱袍、玉佩、玉带等物。而对于一般的使节则是给予一般的文武官朝服和公服,并根据他们官位的不同,也给予不同品级的冠服,这体现了明朝的等级尊卑观念。明朝政府将这种等级观念用于对外交往之中,特别是用于与朝鲜的朝贡关系之中,体现了明朝与朝鲜之间的上下等级关系。明朝对其赐以冠服,体现了明朝与朝鲜间的藩属关系;而朝鲜接受冠服,也表明了朝鲜接受与明朝间的这种藩属关系。

三、明代赐服对朝鲜服饰文化的影响

明朝对李氏朝鲜的赐服,从礼仪上来看,是大国对小国的一种恩宠,从政治上来说,是明朝笼络朝鲜的一种手段。而且事实证明,这种笼络手段的确取得了较好的效果:明与朝鲜的宗藩关系在较长历史时期内保持稳定,李氏朝鲜成为明朝最忠实的藩属。这种忠实的藩属地位促进李朝更积极地自觉接受中国文化的影响。李朝统治者极其重视"效法中华",主张"从时王之制"对仪章制度做出调整变革,以博取中国大明统治者的嘉奖。

表现在服饰文化上,明代赐服对朝鲜君臣效法明制、改造自身衣冠有相当大的影响,相比周边民族和国家,冠服礼仪受中国影响以朝鲜为最深。

---

〔1〕 葛振家:《崔溥〈飘海录〉计注》,线装书局2007年版,第155页。

首先是对李朝服饰制度的影响。

与明朝一样，李朝也以儒家思想为治国理念，以衣冠制度别上下君臣，明等级礼仪。如上文所述，明朝在赐予李朝君臣服饰之时，就十分注重君臣等级有别。对朝鲜国王及王妃等王室人员，明朝主要是给以冕服、玄圭绛纱袍、玉佩、玉带等物，而对于一般的使节则是给予一般的文武官朝服和公服，并根据他们官位的不同，也给予不同品级的冠服。这种等级分明的赐服制度对李朝服饰制度的发展有着明显的影响。譬如朝鲜国王李祹统治朝鲜期间，就积极学习中国文化，模仿中国，制定各项制度和礼仪，在服饰上，对冠服礼仪制度极其重视，多次请赐。在明宣宗宣德三年（1428 年），李祹认为世子冠服同陪臣一等，有所不便，请加梁数，于是宣宗特赐世子六梁冠，等朝臣二品，从此以后成为定制。宣德五年（1430 年）又赐世子朝服一副，其中玉带玉环更为明一品章。李祹对此感叹：“其重我世子至也。”英宗正统三年（1438 年），李祹又因为永乐年间未赐远游冠、绛纱袍而请赐。代宗景泰元年（1450 年）夏四月，李祹又奏请赐世子冕服。从朝鲜国王的不断请赐中，可以看出其对中华服饰文化的仰慕和对服饰等级制度的重视。嘉靖时期，朝鲜陪臣在议论本国冠服制度时，就主张效仿中国变革以“从时王之制”者，认为“中朝必嘉其同文同轨之化”、“仪章制度，皆效中华，中朝所以待我国异诸外国”等。[1] 明也极赞朝鲜“文物存商制，衣冠备汉仪”[2]。

李朝诗人徐居正曾说，朝鲜“为中国之番邦，故历代亲信于中国，受封爵，朝贡不绝，礼仪之道不缺，衣冠制度，悉同于中国各代之制，故曰：‘诗书礼仪之邦，仁义之国也。’”[3]徐居正之言明确指出了大明与李朝宗藩之间密切的关系，肯定了李朝之所以被称为“诗书礼仪之邦，仁义之国”的原因——衣冠制度，悉同中国。

---

〔1〕 吴晗：《朝鲜李朝实录中的中国史料》，中华书局 1980 年版，第 1230 页。

〔2〕 吴晗：《朝鲜李朝实录中的中国史料》，中华书局 1980 年版，第 1251 页。

〔3〕 徐居正：《笔苑杂记》卷一，庆熙出版社“大东野乘”缩小影印本，第 73 页。

其次,明代赐服为李氏朝鲜效法中华服饰提供了一种最直观的形式。

朝鲜君臣一直将"上国"赐服视为荣耀、身份、地位象征,"衣冠服饰,焕然一新,使我东方得免胡元之俗,复见礼乐文物之盛,诚千载盛迹也"[1]。大明对李氏朝鲜的赐服已经超越了形式上的恩宠礼遇,而与文化认同紧密相连。朝鲜君臣认定凡事务遵华制,上行下效,推而广之,逐渐使中国明朝服饰文化在朝鲜生根、成长,融入朝鲜服饰文明之中,成为其民族服饰特色的组成部分。朝鲜国王及世子冕服、王妃翟衣的沿用及改革,就是以明朝所赐章服为基础。早期李朝国王与文武官员的公服、常服皆与大明相近,甚至可以说其款式完全相同。

图 4-3-1 为《明太祖坐像》(台北"故宫博物院"所藏),所着为明代皇帝常服。明代皇帝常服于太祖洪武三年(1370 年)制定,基本款式为:乌纱折上巾、盘领窄袖袍、束带。明成祖永乐三年(1405 年)对皇帝常服又一次做了更定,规定:头戴乌纱制成的帽子,折角向上(这就是后来所谓的"翼善冠");身穿盘领、窄袖黄袍,袍身前后及两肩各织一条金盘龙;腰束玉带;脚着皮靴。图 4-3-2 为李朝国王李成桂的常服,除了服装色彩不同,冠服款式及图案可谓完全相同,甚至连神态也是极其相似。

图 4-3-1   图 4-3-2

〔1〕 洪凤汉:《增补文献备考·卷七十九·辛服》下册,明文堂 1981 年版。

图 4-3-3 为明代官员常服。常服是常朝视事的服装,明洪武三年(1370 年)制定文武官员常服:一般为头戴乌纱帽,身穿团领衫,腰间束带。腰带根据官品不同,品级不同,质地也不同。乌纱帽、盘领衫不仅是明代官吏的主要服饰,也是明代男子的主要服式,不仅官宦可用,士庶也可穿着,只是颜色有所区别。平民百姓所穿的盘领衣必须避开玄色、紫色、绿色、柳黄、姜黄及明黄等颜色,其他如蓝色、赭色等无限制,俗称"杂色盘领衣"。明初官员服饰胸前身后并无补子,至洪武二十四年,朝廷对官吏常服作了新的规定,凡文武官员,不论级别,都必须在袍服的胸前和后背缀一方补子,文官用飞禽,武官用走兽,以示区别。当时流行的《服色歌》对此做了很清楚的归纳。《文官服色歌》云:"一二仙鹤与锦鸡。三四孔雀云雁飞。五品白鹇惟一样。六七鹭鸶鸂鶒宜。八九品官并杂职,鹌鹑练雀与黄鹂。风宪衙门专执法,特加獬豸迈伦彝。"《武官服色歌》云:"公侯驸马伯,麒麟白泽裘。一二绣狮子。三四虎豹优。五品熊罴俊。六七定为彪。八九是海马,花样有犀牛。"明初的朝鲜官员常服与明代初期官员常服一样,前后身都没有方补,直到明宪宗成化年前后才全面仿效明代官员补服。图 4-3-4 为李朝官员常服,从图像上可以看出,李朝官员所穿的服装与明代官员服装相同:头戴乌纱帽,身穿团领补服,腰束革带。

图 4-3-3   图 4-3-4

清朝时期满族人入主中原,强行要求汉人剃发易服,改穿满人服饰:

小顶辫发、箭袖袍服,官员顶戴花翎。汉人在满族统治者的高压政策下不得不脱下汉装换旗袍。但清政府对朝鲜服饰并未作强行的要求,所以朝鲜后期的衣冠仍保留前明式样。但因为没有了正宗的明朝服饰做准绳,朝鲜官方服饰走上了自行演变的道路,同时因为逐渐受清朝服饰影响,服饰不再像明时那般的大气,官帽帽翅位置、大小有所变化,官袍长度变短、袖子变窄,腰带位置越来越高,补子较以前小了。如图4-3-5所示,这是李朝后期官员的肖像,从图中可以看出,到李朝后期,朝鲜官服虽然还与前期具备相同的款式,但是已经缺少了前期宽襟阔袖、大方补子的大气和雍容,而是变得拘谨、小气了。

　　第三,服饰色彩、纹样等深受中国服饰文化影响。

　　以女子圆衫为例。圆衫是朝鲜半岛李朝时期妇女广泛穿着的礼服。宫中的重要场合,如嘉礼、国庆或王室庆典时,圆衫被制定为礼服应用,到了朝鲜朝末期圆衫流入民间,成为庶民大婚时新娘的婚礼服。

　　圆衫的服色规定深受中国服色制度的影响。朝鲜朝末期高宗称帝之后,王妃称为皇后,皇后着黄圆衫,在此以前王妃的圆衫为红色,嫔

图 4-3-5

妃的为紫赤色,其他宗亲妇女的为草绿色,民间庶民的圆衫有绿色和青色两种。圆衫的服色深受中国服饰等级制度的影响。

　　在装饰纹样上,圆衫也同样成为体现贵贱等级差别的工具。根据纹样的位置,圆衫上的纹样可以区分为:袖身正面纹样与袖身后面纹样;袖身正面和后面连接处的纹样;圆衫中下板纹样,主要指圆衫下边衣襟和中间腰部及袖子以下部位的纹样。根据纹样的类型可分为:动物纹、植物纹、吉祥纹和自然纹。

　　在圆衫上使用的动物纹并不多,主要是龙纹和凤纹。龙纹象征着王

室贵族至高无上的地位，其他人不能僭越，只有皇后的黄圆衫上才可以用龙纹。在圆衫上装饰的龙纹，作为主体的龙的造型并没有多大变化，而副纹的种类繁多，比如与云纹组合的云龙纹，与"寿"字组合的双龙寿纹，与"喜"字组合的双龙喜字等。受中国古代文化的影响，朝鲜民族也把帝王比作龙，皇后比作凤凰。凤纹代表德、义、仁、信和正，因此在圆衫上应用的范围比较广泛，如王妃、嫔、公主、命妇等妇女的圆衫都可以修饰凤纹，寓意王室的妇女要具有贤良淑德的品质。

植物纹在圆衫上应用是最为常见的。莲花纹、宝相花纹、梅花纹、菊花纹、石榴花纹等，无一不与中国文化相联系。莲花有"花之君子"之称，象征着品德与纯洁，莲花纹是经由中国传入的佛教中变化得来的。宝相花纹是中国魏晋南北朝以来伴随佛教盛行的流行图案，它集中了莲花、牡丹、菊花的特征，是经过艺术处理而组合的图案。梅花纹、菊花纹和石榴纹在圆衫上也很常见。作为修饰妇女礼服的图案，这些花纹在中国文化中都具有特定的寓意。梅花能御寒而开，古人用梅花象征忠贞不衰；梅花具有五片花瓣，寓意五福，即福、禄、寿、喜、财。菊花纹寓意长寿。石榴纹则象征多子。

受中国服饰艺术影响，追求吉祥如意也成为李朝服饰文化的一大特点，吉祥纹的运用便是这一文化特征的反映。吉祥纹中吉祥文字占有很大的比例，如"寿"字、"福"字、"喜"字都是圆衫服饰纹样中常用的，还有四字成语，如"百事大吉"、"吉祥如意"、"百事如意"等。

最后，特别值得一提的是，及至今天，朝鲜传统文化中仍保留了不少明式"遗迹"。"礼失而求诸野"[1]，明代的赐服，除却政治因素，从长远的历史进程看，一定条件下起到传播和延续明服饰文化的作用。对今天明代礼仪、服制研究而言，这些保存、传播于异域的"活古董"，具有一定的参考价值。明对朝鲜政权赐服作为一项重要外交礼仪，不单是烦琐的封建等级制度的体现，在当时的历史背景下，更加深了两国政治关系，

---

〔1〕 班固：《汉书·卷三〇·艺文志》，中华书局 2007 年版。

强化了经济往来；在后来历史演变中，更对促进时代文明传播和发展起到了重要的作用。其历史影响一定程度上超越了这种特定时代政治、文化制度本身。

下 编

中日服饰文化交流

中日两国自古以来，就结下了相互影响、彼此浸润的不解之缘。日本民族的形成与中国的关系十分紧密。根据地质学研究，从远古时代至1万年前，日本与亚洲大陆是连接在一起的。日本最早的人类可能是北京人的后裔，由华北迁徙到日本南部[1]。"亚洲大陆上的原始人类，在狩猎中一边追逐着动物群，一面与动物一齐来到日本列岛上，成为日本列岛上最早的人类。"[2]

在距今4000年前至2000年前，日本列岛上最早的人类——原始日本人，不断地同渡海到日本列岛的许多人种融合混血。其中主要的有来自北方的蒙古利亚种的通古斯人、中原汉人，有来自南方浙闽一带的属于马来人种的越人、印支人等，这些带着中国血统的人或经由朝鲜半岛渡海或直接横渡东海陆续来到日本列岛，与列岛上的原始人融合，形成今天的日本民族。

日本考古发现表明，绳文时代后期（距今3000年左右）开始，中国大陆与日本列岛之间已经有了文化交流[3]。蔡凤书先生认为，公元前2500年之后，小规模集团式的大陆居民，从山东半岛出发，经过朝鲜半岛，辗转到达日本列岛的事情曾经发生过。而且，此后一直到公元前500年前后，即绳文时代后期到晚期，大约相当于中国殷商、周代，中国大陆与日本列

---

〔1〕 禹硕基:《远古时代中日交往初探》,《日本研究》1985年第2期。

〔2〕 夏应元:《相互影响两千年的中日文化交流》,载周一良主编:《中外文化交流史》,河南人民出版社1987年版,第307页。

〔3〕 在日本山形县女鹿的考古发掘中,发现了中国殷商时的青铜刀子。转引自张世响:《日本对中国文化的接受——从绳文时代后期到平安时代前期》,山东大学博士学位论文,2006年。

岛之间存在着比以前更多的交流,而且交流的通路多达5条[1]。其中最主要的是通过朝鲜半岛[2]。箕子东走建立箕氏朝鲜便是发生在商末周初,即绳文时代后期的事情。当时大陆人员来到日本,将水稻种植及农耕技术传入到日本,使日本文化开始发生巨大变化:绳文狩猎渔猎文化结束,迎来了以金属器为特征的新文化时代——弥生文化时代。

从公元前3世纪起,直至7世纪,为日本弥生时代(前3世纪—3世纪)和古坟时代(4—6世纪末)。

弥生时代,正值中国战国、秦汉、魏晋时期,为躲避战乱或其他原因,出现了大陆移民赴日本的第一次高潮。徐福率童男女和百工泛海东渡止住日本,便是发生在秦始皇时代的传说;卫满统治朝鲜、汉帝在朝鲜设立汉四郡,这些促进了朝鲜汉化并通过朝鲜将中国文化传播到日本的历史事件,也都是发生在这一时期。此时期大陆移民,将金属器、水稻及其栽培技术等先进的生产工具和技术带到日本,促进了日本生产力的发展,加剧了贫富分化和阶级分化,使日本原始社会渐趋瓦解,从而出现了一些部落联盟的早期小国。

古坟时代,约4世纪到6世纪,正值中国东晋、十六国和南北朝时期,中日之间的交流除了继续在物质技术文化层面深入扩展外,在行为文化层面和精神文化层面也开始了交往:开始使用中国汉字;正式接受儒教;佛教也传入日本;仿效中国,着手政治革新,试图建立以天皇为中心的中央集权国家。

此时期,中日服饰文化交流形成了第一次高潮,交流的方式为单向传播,交流的内容主要是技术的传播。一是倭人遣使到南朝后带回汉织、吴织及长于纺织、裁缝的技术工匠,诸如衣缝兄媛、弟媛等,使他们传授纺织缝纫技术;二是在4世纪到5世纪,因中国北方陷入五胡十六国混战,朝

---

〔1〕　蔡凤书:《中日交流的考古研究》,齐鲁书社1999年版,第27、36、58页。

〔2〕　张世响:《日本对中国文化的接受——从绳文时代后期到平安时代前期》,山东大学博士学位论文,2006年。

鲜半岛三国纷争，从而引发了第二次移民高潮，主要包括秦人、汉人和百济人三大集团。其中秦人集团主要从事养蚕、丝织及农耕、灌溉工作，汉人集团主要从事手工业、工艺制作；三是在 5 世纪到 6 世纪之交，出现了第三次由中国大陆流向日本的移民高潮——日本大和朝廷到百济招聘已被百济吞并的原带方、乐浪郡中技艺超群的汉人工匠。这些人到了日本之后，被称为"新汉人"，他们以技术集团的形式移居日本，所从事的行业包括制造陶器、马具，织锦，金、玉、木工，裁缝，烹饪等。

7 世纪初到 9 世纪末，中国隋唐时期，日本经历了飞鸟、奈良时代，以及平安时代前期，此时期的日本以华为师，全方位学习、吸收中国隋唐的先进文化，在中日文化交流史上谱写了最为绚丽的篇章。

589 年，隋灭南朝陈，统一中国。593 年，日本进入推古朝时期，圣德太子摄政，日本亦以是年作为进入飞鸟时代的标志。圣德太子通过朝鲜半岛间接吸收大陆儒、法、道及佛教文化，在日本进行了推古朝改革，制定"冠位十二阶"和"宪法十七条"；主动派出遣隋使与中国交往，在 600—614 年间，共 6 次派出遣隋使，并有不少遣隋留学生（僧）与之同行。

618 年，隋灭唐兴，当时日本正处于社会制度变化发展时期，为学习唐朝先进文化、引进唐朝文物制度，日本朝廷从 630—894 年间，共向唐派出遣唐使 20 次（实际成行 16 次，真正到达中国 15 次），次数多、规模大（前期一般 2 船 250 人左右，后期一般为 4 船 550 人左右）、持续时间长，为当时及以前历史上所罕见。这些遣隋、遣唐使作为中日文化交流的使者，为两国建立起悠久而深厚的交往关系。他们全面广泛地考察、学习、吸收引进中国的政治法律制度、经济制度、技术文化、思想文化、艺术文化、社会生活习俗等，极大地丰富了日本的物质文化和精神文化的内容。

这一时期，中日在服饰文化交流上形成了第二次高潮。日本模仿隋唐的服饰制度制定了冠服制，在全国范围内全面推广隋唐服装。而奈良时期更被称为"唐风时代"。从服装形制可以看出，奈良时期的服饰同唐前期的几乎完全相同[1]；男子幞头靴袍；女子大袖襦裙加帔帛，而且一如唐朝盛行女着男装之风。到了平安时期，服装的式样渐渐发生了变化，由奈良时期的上衣下裙或上衣下裤的唐装式样一变而为上下连属的"着物"，即和服的雏形。自此以后，日本的服饰脱离模仿的阶段，走上了具有民族特点的自我发展道路。

907 年，唐朝灭亡，进入了五代十国时期，此时期中日之间的交流虽然因为日本采取闭关政策而不可与唐时同日而语，但民间商人、佛教僧人仍保持两国之间友好往来的传统关系。

到了宋代，又形成了继隋唐之后的又一次中日文化交流的高潮。两国商人往来频繁，积极开展贸易；僧侣互相沟通，尤其是南宋时期，佛教领域交流的人数、规模、作用及其影响等各个方面，均呈现出继盛唐之后的又一盛况。

元、明两代 360 余年，中日文化交流受到元军两次侵日战争、日本丰臣秀吉两次侵朝战争和日本倭寇侵扰中国沿海长达 300 年的严重破坏和干扰。

清代初期和中期，日本锁国政策、中国实行海禁和闭关政策，极大地阻碍了两国的交流。但尽管如此，民间的经济往来与文化交流一直没有中断过。

在服饰文化交流上，如前所述，日本在平安时代以后，脱离了模仿之路，发展了具有自身特点的民族服装——和服。虽然如此，但是这并不等于中日服饰文化交流之路完全阻断。相反，由于中日两国海天相望的独特地理条件，流光溢彩的中华民族服饰在日本民间很受欢迎。譬如明清两代内地蟒袍、锦缎、丝绸面料等诸物，通过黑龙江下游及库页岛地区，东传北海道，颇受当地虾夷人青睐，被称为"虾夷锦"。"虾夷锦"文化现象便属于民间的服饰文化交流。

清朝晚期，日本正是幕末维新时期。此时期西方文化传入中国，又经

---

〔1〕　赵丰、郑巨新、忻亚健：《日本和服》，上海文化出版社 1998 年版，第 6—7 页。

中国传入日本。当时中国的有识之士一方面翻译西方科技、地理、医学、法律等书籍；一方面利用所获得的西洋知识，编写介绍和研究外国地理、历史及现状的著述。这些书籍从中国传入日本后，广泛流传，不断被刊印，对日本产生了深远的影响。

与此同时，1840年中英鸦片战争中国惨败，割地赔款，这给日本社会带来了巨大冲击，唤醒了日本人的民族危机意识，激起了日本人关心英国继而扩展到关心其他西方先进国家的热情。他们以中国为鉴，认为中国的失败在于蔑视"夷狄蛮貊"，"不知通达时变"，主张将"东洋道德"与"西洋艺术"相融合，学习西方，崇尚洋学，锐意改革。

1868年明治维新是日本社会自上而下实行全面改革的标志，明治维新的成功促使日本迅速走上现代化道路，同时也引起中国朝野的极大关注，中日文化交流发生了根本性的逆转。这种逆转，惊醒了广大中国人，认为日本的崛起和取胜是因为明治维新的成功，是学习西方的结果，于是全国上下决心向日本学习，通过日本向西方学习。这种思考很快变成了行动，推动中国学子掀起了赴日留学的热潮。中日文化交流也由原来的主要为日本向中国学习转变成了中国向日本学习为主导的文化交流。

此时期，中日服饰文化交流掀起了第三次高潮。

明治维新前后，日本引入了西洋的服装。海陆军人穿西式军服；官员大礼服和通常礼服采用洋装；学生、医院护士、铁路员工等行业部门都开始采用西式服装作为本行业的制服；民间也开始流行洋装；女子服饰也普遍西洋化，披肩、风衣等都传入日本，大衣外围披肩挎手袋，成为当时文明装束的象征。明治天皇仿效俄彼得大帝剃须明志而带头剪去发髻、改着西装；"英国卷"、"雏菊式"等洋发在女子中大为流行。总之，西式化服装在日本迅速而又顺利地流行起来。

日本服装西式化推动了中国的服装改革。革命巨子和有识之士，看到了日本的服饰变革结果，不仅意识到西式服饰的好处，而且看到了服饰改革所带来的好处，于是积极地主张改变中国褒衣博袖的传统服饰，接受西式服装。如孙中山、陈绍白等辛亥革命的领袖人物早在 1895 年就在日本剪发易服。东渡日本的留学生受到西方思想与文化的影响和熏陶，他们对自己的服饰形象产生了根本性的质疑，很快就不愿再穿长袍马褂这一中国传统服饰，尤其厌恶脑后的那条长辫子，于是便纷纷剪除辫子，换上西装革履。他们的思想与行动更加推进了国内剪辫易服运动的高涨，直至民国服制改革。

对中国服饰西化的另一杰出贡献者便是中国近现代服装史上成就卓著、影响深远的"红帮裁缝"。红帮裁缝原是散居于浙江宁波一带的专做传统服装的本帮裁缝。日本明治维新前后，一方面由于生活所迫，另一方面他们审时度势，找准了裁缝这一行当的出路所在。于是，其中一部分人便背井离乡来到日本学习西服裁剪技术。到了 20 世纪初，他们中的大部分人又回到国内上海等大城市经营服装业，将在日本学到的西服制作技术在国内传播，并且结合中国实际运用西服裁剪技术，创制海派西服和中山装，改良旗袍，对中国近现代服装西式化、对中日服饰文化交流都做出了重要贡献。

第五章　绳文、弥生、古坟时代

——中日服饰文化交流形成第一次高潮

　　日本原始文化和经济的生成与发展,经历了绳文文化(约前七八千年至前 3 世纪)、弥生文化(前 3 世纪至 3 世纪)、古坟文化(3 世纪至 7 世纪)。绳文晚期,与中国春秋战国相对应,此时期的日本原始人类已经初步拥有原始的手工艺技能,其生产的器具已经从打制石器发展到半磨制石器、磨制石器、尖体土器、骨角器等;其生活方式主要为狩猎渔猎生活方式。与弥生时代相对应的是中国秦汉时期,此时期从大陆传入铁器和农耕技术,日本手工技艺和农业技术水平得到了很大的发展,磨制石器、铁器普遍使用;绳文狩猎、渔猎文化结束,日本历史迎来了以铁器为特征的新文化时代。古坟时代与中国魏晋南北朝及隋初相当,此时期日本的墓葬发生了根本性的改变,出现了高冢式古坟,标志着日本从上古时代进入了古坟时代;这一时代除了铜镜、铜剑等金属器继续普遍使用外,出现了具有艺术意识的形象埴轮。

一、绳文时代:中日服饰文化交流发生期

　　如上所述,与中国有着血脉相连关系的日本自绳文时代后期,即中国的殷商时代开始,就与中国进行物质文化交流,当时大批人员从大陆到日本,将水稻种植及农耕技术传入到日本,使日本文化开始发生巨大变化。

　　中国是世界四大文明古国之一,历史悠久,文化灿烂。殷商时期的中

国文化,尤其是物质文化已经相当发达,农业、手工业、商业、畜牧业在整个世界范围中都处于领先地位。此时期中国大陆先进的文化传播到当时的蛮荒之地日本小岛,主要是通过朝鲜半岛。本书上篇已经详细地介绍了商末周初箕子东迁建立箕氏朝鲜的情况。箕氏统治朝鲜近千年的历史中,不但将中国耕织衣食、医药卜筮、诗书礼乐等先进文化带到了朝鲜半岛,而且影响波及半岛南端,甚至与朝鲜半岛临近的日本列岛。做出这样的推测有诸多依据,张世响在《日本对中国文化的接受》一文中对此进行了分析。一是少量的水稻等农作物种子经朝鲜半岛被带到了日本列岛。二是在日本九州北部地区出土了农具石刀,这些石刀与中国岳石文化中的双孔半月形石刀很一致,应是从中国传入朝鲜半岛后再传入日本九州一带;特别是日本山形县考古遗址中出土的一把青铜刀子,经测定,与中国殷墟出土的同类物相似。三是从民俗学观察,日本有拔齿、鸟崇拜、支石墓、崇尚白色等习俗,这些习俗在朝鲜、中国殷商时代都有;日本至今还有箕勾、箕作、箕天、箕原、箕浦、箕岛、箕尾等姓氏,这些人都认为自己是箕子的后代;还有箕面、箕城等地名,这些都说明了箕子移民朝鲜半岛的影响确实延伸到了日本列岛,或者说,箕子东迁朝鲜半岛之时就有人到达现在的日本列岛。日本的《古事记》、《日本书纪》的神话部分中,都有日本的祖先从朝鲜半岛乘船来到日本列岛的记载。这一切都说明,绳文时代后期,日本已经开始接触中国文化。而箕子东迁朝鲜这一历史事件,揭开了日本接受中国文化的序幕。[1]

中日服饰文化的交流也是从物质和技术的传播开始的。

如前所述,根据考古发现,古代中日交流的发生、发现期是在绳文文化后期到晚期,即中国春秋战国时代。中日服饰文化的交流在这一时期也已经发生了。

日本绳文时代的服饰究竟如何? 从考古发掘来看,出土了不少玉类

---

〔1〕 张世响:《日本对中国文化的接受——从绳文时代后期到平安时代前期》,山东大学博士学位论文,2006年。

的颈饰,还有其他材料做成的腕饰、耳饰、发饰、腰饰等,估计这些都是当时的装饰品。[1] 除了装饰品以外,绳文时代的日本有没有衣服? 是否还是裸体生活? 因为缺乏可以佐证的资料,至今仍无定论。

腕饰(图 5-1-1)是在绳文时代最早发现的一种装饰品。它的制作,通常是用两枚贝穿孔而成,利用贝壳的周轮环状使之成为腕饰,实际是一种贝壳装饰。一般的腕饰都用变形贝及赤贝做成,发现时都戴在人骨架的前臂,佩戴方法为左右一个或左右各七八个。此外,还有用猪牙及贝骨等材料做成的弧形装饰,两边穿孔戴在人骨架的胳膊上。爱知县渥美郡泉村伊川津贝丘,在一个男性人骨架的两腿旁,发现了两个猪牙制成的弧状有绳孔的装饰品,这个部位放置装饰品不可能是腕饰,而很有可能是一种脚饰。除此之外,还有陶制或者木制的腕饰,并且涂有漆,还有纹饰,如青森县三户郡川村中居的晚期遗址中出土的腕饰。在千叶县千叶郡都村加曾利贝丘遗址中,发现了用颜料给贝壳做成的腕饰上绘制的红色的纹饰。

图 5-1-1

耳饰(图 5-1-2)是很早就有的装饰,因时代不同而形状各异。出土过猪牙饰品。颈饰除了用玉石做成勾玉状的装饰品以外,还有石制和陶制的圆球、穿孔的小石头雕刻以及骨角器的垂饰、贝壳穿孔的装饰,等等。这些由各种材料做成的垂饰,用绳子穿缀起来,悬挂在颈部,成为颈饰。有时还在颈部悬挂几重颈饰。

---

[1] 小林行雄撰,韩钊、李自智译:《日本考古学概论——连载之二》,《考古与文物》1996 年第 6 期。

图 5-1-2

发饰(图 5-1-3)是一种头端有装饰物,长达数十厘米的棍状骨角制品,为束缚头发用的,像中国用金、银、玉制成的钗。而绳文时代这种骨角制的钗在顶部加饰精巧的雕刻也不少。另外,还有一些较珍贵的发饰,如骨制涂漆的栉。

图 5-1-3

腰饰是一种较特殊的遗物,为山形的角制品,一端为环状,另外两端穿孔。因是在人骨架的腰部发现的,大概为腰间束绳时的装饰物。

日本绳文时代的服饰品是否受到中国大陆饰品的影响,我们从日本民族的形成、中国服饰历史、考古学研究几个方面来进一步论证。

日本原是一个无人岛。远古时代日本与亚洲大陆是连接在一起的,以后经过长期激烈的地壳运动,进入旧石器时代洪积期后,随着海平面上升,东海陆地下沉,它逐渐与大陆分离,形成本州、四国、九州三岛,只有北海道依然与大陆相连。关于日本人的起源问题,一般认为:在远古交通不发达的条件下,从外边流入的北方蒙古利亚种的通古斯人,来自南方浙闽一带的属于马来人种的越人等经由朝鲜半岛渡海或直接横渡东海陆续来到日本,在此定居,又与后来者"归化人"(据日本学者分析,归化人主要是从朝鲜和中国赴日的韩人和汉人)融合,生活在这封闭的岛国上,形成今天的日本民族。因此,日本人的祖先不是单一人种,而是经过长期复杂的多人种混血过程而形成的,是一个混合的民族。也因此可以推断日本民族的服饰文化自一开始就是从外面移植而来的,这其中自然包含了中国服饰文化的因子。

中国是个衣冠大国,中国服饰文化博大精深,源远流长。"中国有礼仪之大,故称夏;有服章之美,谓之华",华夏文明是世界上最古老的文明之一,也是世界上持续时间最长的文明。远在 2 万年前的旧石器时代,我们的祖先已经摆脱了赤身裸体的状态,开始使用骨针、骨锥等工具,过上食肉衣皮的生活。到了新石器时代,不仅大量使用骨针、骨锥,而且出现了纺轮,并开始流行。人们除了以兽皮为衣外,麻、葛等植物,以及动物类的毛、鸟羽等也成了加工衣服的原料。到了良渚文化时期,已经学会养蚕、抽丝,出现了新兴的珍贵衣料——丝织品。夏、商、两周时期,相当于日本绳文文化时期,贵族阶层的服饰衣料已是锦绣绨绤丰富多彩,服装款式也变化多样。尤其是两周时期的服饰,因为中国地域广大,列国纷呈,服饰也呈现出地区性、群体性、多样性的多元特征,中原、齐鲁、北方、吴越、秦楚、巴蜀,各地服饰存在明显的差异。这时期的服饰已被纳入礼制的范畴,等级差别鲜明,人们的社会地位从其服装佩饰便可一目了然,所谓"见其服而知贵贱,望其章而知其势"。

至于佩饰,在中国原始社会时期就已十分丰富。包括头饰、发饰、耳饰、鼻饰、唇饰、牙饰、项饰、乳饰、臂饰、指饰、腰饰、性饰等。各种饰物材料多样,草、木、骨、石、金属、玉等,皆为原始时期人类佩饰的材料。泰安大汶口第 10 号墓主人的 2 件额箍以石片、管状大理石、珠串组成(图 5-1-4);大汶口文化遗址出土的发饰笄,有骨笄 16 件、石笄 12 件、玉笄 2 件;齐家文化遗址出土有铜耳环,红山文化、河姆渡文化、良渚文化等遗址都出土有玉玦耳饰；山顶洞人以石珠海蚶壳等为项饰（图 5-1-5），河姆渡文化遗址中发现有虎牙、熊齿、鱼骨珠、玉管、玉珠、玉玦等作为项饰的，仰韶文化遗址发现一位少女的项饰上有 8721 枚骨珠；大溪文化流行蚌珠项链，西藏卡若文化流行骨片项链（图 5-1-6），良渚文化则以玉管、玉珠为项链（图 5-1-7）；仰韶文化遗址中出土有骨指环；良渚文化遗址出土有装饰腰带的玉带钩（图 5-1-8）；等等，不胜枚举。

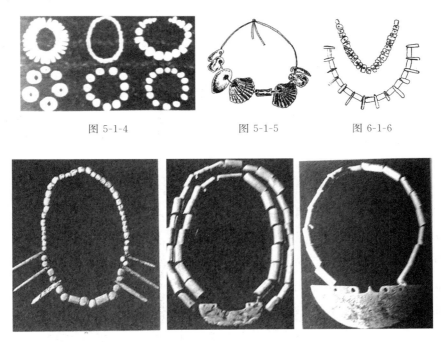

图 5-1-4　　　　　　　图 5-1-5　　　　　　　图 6-1-6

图 5-1-7

图 5-1-8

夏、商、两周时期,服饰品品质越来越高,样式越来越丰富,同时由于服饰等级制度的出现,服饰品也出现了两极分化的现象,这种情况在考古发掘中十分常见。晋南襄汾陶寺龙山晚期遗址,发现有 1000 多座墓葬,绝大多数是小型墓,无任何随葬品,但 13% 左右的大

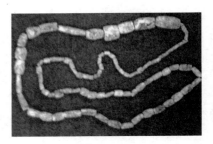

图 5-1-9

中型墓葬中,随葬品十分丰富,其中墓主的人体饰品种类相当高级,有的头佩玉梳、石梳,有的臂戴精工镶嵌绿松石和蚌片的饰物,有的佩戴玉臂环和玉琮,腰腹部挂置玉瑗、玉钺等,这些饰品的质地、做工及形制组合,是一般平民所难以企及的。河南偃师二里头遗址出土有不少绿松石管和绿松石片的饰品,其中 1984 年发掘的 6 号墓,发现了这类绿松石项饰,绿松石串珠达 150 颗(图 5-1-9)。[1]

商代前期都城遗址曾经出土过贵族阶层使用的玉簪、青铜簪 100 余枝,还有玉器。[2] 从殷墟王邑的考古发现中可以看出,当时政治身份和社会地位不同,所享服饰品类的质与量,差别极大。商王朝王室成员、高层权贵、中层权贵、一般贵族、平民等墓室的随葬品都是不同的。从王室成员及高层贵族的墓葬看,当时服饰品种类极其丰富,质地纯净,做工精致。以代表王妃一级的妇好

图 5-1-10

〔1〕《1984 年秋河南偃师二里头遗址发现的几座墓葬》,《考古》1986 年第 4 期。

〔2〕 河南省文物考古所:《郑州商城——一九五三——一九八五年考古发掘报告》上册,文物出版社 2001 年版,第 228 页。

墓为例[1]，出土的玉器装饰品多达 426 件，有用作佩带或镶嵌的饰品，有用作头饰的笄，有镯类的臂腕饰品，有衣服上的坠饰，有珠管项链，还有圆箍形饰品及杂饰，等等。饰品的造型有龙凤及其他走兽飞禽鱼虫各种动物 27 种(图 5-1-10)，玉料有青玉、白玉、籽玉、青白玉、墨玉、黄玉、糖玉等，另外又有琮、圭、璧、环、瑗、璜、玦等 175 件礼仪性的玉饰品，47 件绿晶、玛瑙、绿松石项链，孔雀石等宝石类佩饰品，499 枚骨笄以及数十件骨雕与蚌饰。墓中还出土了铜镜 4 面(图 5-1-11)，玉梳 2 柄，分别刻有鹦鹉对嘴和饕餮纹(图 5-1-12)，玉耳勺 2 根。特别是 28 枚玉笄(图 5-1-13)集中置放于棺内北端，推测原先可能是插在华冠上的。

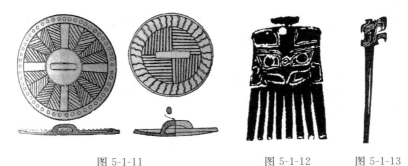

图 5-1-11　　　　　　　　　图 5-1-12　　　　图 5-1-13

两周时期服饰品又有了很大发展，制造饰物的原料在原来的基础上更为丰富了，玳瑁、珊瑚、琉璃珠(管)、象牙、犀角等都成了名贵的饰品原料。在饰品的种类上，除了笄、钗、梳等发饰，玦、耳坠等耳饰，项链，手镯，指环，带钩等以外，特别值得注意的是佩玉。

周代将玉的材质之美与社会道德规范相比附，贵族男女佩戴玉石装饰品成风，出现了全佩、组佩及以小型圆雕和浮雕的方式饰有人和小型动物的装饰性玉佩。全佩是由珩、璜、琚、瑀、冲牙等玉器组合为一体的佩饰，山西侯马曲村晋侯墓地 63 号墓(被推定为春秋初年晋文侯夫人之墓)出土有整套玉佩饰，由玛瑙和玉珠将 47 件玉璜、3 件玉珩和 2 件玉鸭连

---

　　[1]　中国社会科学院考古研究所：《殷墟妇好墓》，文物出版社 1980 年版；中国社会科学院考古研究所：《殷墟玉器》，文物出版社 1982 年版。

缀,佩挂颈上,下部可长达膝下。此类佩饰精美华贵,堪称国宝(图 5-1-14)。组佩是将数件佩玉用彩色丝线编成的组绶串联起来挂于革带上的佩饰。河南信阳长台关 2 号战国楚墓出土的 6 件着彩俑,腹部饰有珠、璜、彩环等组成的成串的饰品,上端以锦带挂于俑的颈部,下端联饰成串。湖北江陵纪南城武昌义地 6 号战国楚墓出土彩俑,在胸部以下左右各垂挂一组玉佩,亦属组佩之类。

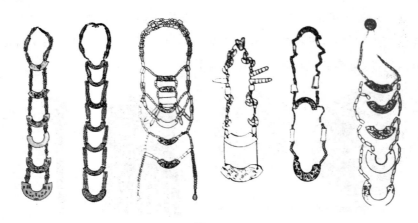

图 5-1-14

既然在春秋战国时代中国大陆的服饰文化已经是如此的兴旺发达,而且日本民族形成历史与中国大陆有着血脉相连的关系,那么大陆服饰文化对日本绳文时代产生影响也是十分自然的事情。关于这一点,一些学者已经有了答案。

我国著名考古学家安志敏先生 1983 年 9 月在日本京都第 31 届亚洲、北非人文科学会议上,曾以"关于河姆渡文化"为题,向各国学者介绍河姆渡文化的重要发现,同时指出:

> 以河姆渡及其后续者为代表的长江下游的新石器文化的若干因素,也可能影响到史前日本。如绳文时代的玉块、漆器以及稻作的萌芽,……可以从长江下游找到渊源关系。河姆渡遗址发现木桨和陶船模型,同时沿海的舟山群岛也有同类遗址的分

布,至少证实当时具有一定的航海能力。特别是结合绳文时代
的玉块、漆器和稻作萌芽,似乎已与长江下游的新石器文化有所
联系。〔1〕

著名历史地理学家陈桥驿先生在《与日本学者交谈两国史前文化》一
文中从越族的变迁历史来考证日本与中国大陆的关系,也颇有启发,他
指出:

> 由于卷转虫海侵的掀起,距今 12000 年,海面上升到今海面
> 一110 米;距今 11000 年,更上升到今海面一60 米。此时,舟山
> 成为群岛,而舟山以东滨海平原上越族从此流散。距今 8000
> 年,海面上升到今海面一5 米,到了距今 7000—6000 年,宁绍平
> 原沦为一片浅海,这样,越族就分批流散,向北到浙西、苏南丘陵
> 的称为"句吴";向南进入会稽、四明山地的称为"内越";向海外
> 漂流的称为"外越"。"外越"迁移始于距今 10000 年前,是越族
> 中最早流散的一批。他们用竹、木筏和独木舟,借冬季半年的盛
> 行北风,漂流到台湾、澎湖、中南半岛、甚至更远。……他们也利
> 用夏季半年的盛行南风,漂流到琉球和日本等地,日本的许多称
> "越"的地名,显然与此有关。〔2〕

陈桥驿先生在参观日本吉野里弥生时代遗址后,指出:

> 这个遗址,实际上就是从绳文时代到弥生时代,为了逃避第
> 四纪的最后一次海侵,即卷转虫海侵,由中国东南沿海地区漂流
> 到南部日本的"外越"人及其后裔所建成的一个史前聚落。聚落
> 的格局、房屋的形式以及出土的遗物等等,都和在那次海侵中向
> 浙西、苏南方向迁移的句吴人以及向南部会稽、四明山地迁移的

---

〔1〕　安志敏:《长江下游史前文化对海东的影响》,《考古》1984 年第 5 期。
〔2〕　陈桥驿:《与日本学者交流两国史前文化》,《吴越文化论丛》,中华书局 1999 年版。

"内越"人十分相似。〔1〕

《三国志·卷三〇·魏书·乌丸鲜卑东夷传》"倭人"条也记载：

> 男子无大小皆黥面文身。自古以来，其使诣中国，皆自称大夫。夏后少康之子封于会稽，断发文身以避蛟龙之害，今倭水人好沉没捕鱼蛤，文身亦以厌大鱼水禽，后稍以为饰。

这一文献资料也可证明倭人与越人的相通之处。而陈桥驿先生所说的出土遗物中应该就有服饰品吧。

两位学者分别从考古和地质变迁的角度对中日之间的文化关系做出了推断，都认为中国文化是日本文化的源头之一，包括服饰文化。在服饰文化传播方面，有学者做了进一步推测，认为随着"外越"迁移到日本列岛，于越服饰文化对日本服饰文化产生了比较广泛的影响，贯头衣应该就是这种影响之一〔2〕。

二、弥生时代：中日服饰文化交流发展期

如果说绳文时代中日文化交流开始发生，那么到了弥生时代（前 3 世纪至 3 世纪后半叶），中日文化交流得到了进一步的发展。此时期不仅以水稻生产为中心的农耕经济在日本得以普及，成为日本物质文明的重要基础，而且在水稻及种植技术传入不久后，铁器、青铜器及其锻冶技术也由中国传入日本。物质文化的传入，促进了日本生产力的发展和社会的进步，推动了原始社会的崩溃和部落联盟小国的形成。

日本和中国的学者们大多认为，绳文文化向弥生文化转变，其中一个主要的推动因素就是中国大陆文化的影响。当时的日本还处于原始社

---

〔1〕 陈桥驿：《与日本学者交流两国史前文化》，《吴越文化论丛》，中华书局 1999 年版。

〔2〕 周菁葆：《日本正仓院所藏"贯头衣"研究》，《浙江纺织服装职业技术学院学报》2010 年第 2 期，第 37—40 页。

会,而中国已从奴隶社会向封建社会过渡;日本还在使用石器,而中国已经进入铁器时代,农耕文化已经颇为发达了。自绳文时代开始,先进的中国文化经过朝鲜半岛等途径陆续传入日本列岛靠近朝鲜半岛的九州一带,然后逐渐影响到其他地区。

弥生时代,正值中国战国后期到三国时代前期,这期间,主要接受中国先秦及秦汉时期的文化。秦汉时期,史籍记载中有 2 次大的移民活动对中国文化的东传具有重大影响。

一是《史记》记载的徐福率童男女和百工东渡之事。"齐人徐市等上书,言海中有三神仙,名曰蓬莱、方丈、瀛洲,仙人居之。请得斋戒,与童男女求之。于是遣徐市发童男女数千人,入海求仙人。"[1]"遣振男女三千人,资之五谷种种百工而行,徐福得平原广泽,止王不来。"[2]徐福止住的究竟为何处? 有些研究者认为就是与中国大陆隔海相望的日本列岛。对于徐福其人以及徐福本人是否真正到过日本,其实已经不重要了,我们从这一历史记载中至少可以知晓:在秦始皇时代,人们已经在中国大陆至东海列岛之间探索航路,而且在大海之中找到了可以止住的"平原广泽",并带去了中国物质文明,传播生产技术和文化。

二是卫满东走朝鲜。卫满入朝一事在上篇已有详述,在此不赘。这里特别要指出的是卫氏朝鲜本身就是在汉文化的浸润之中,它的存在足以说明,与箕氏朝鲜一样,汉文化已经覆盖朝鲜半岛上的一部分地域。换句话说,从箕氏朝鲜开始,经过战国时代、秦代到汉代,朝鲜半岛上的朝鲜就一直处在中国文化的统治之下。后来汉武帝灭了卫氏朝鲜,设立了汉四郡,并将中国内地的官员和中原民众大批迁移到四郡。四郡的设置,意味着汉帝国直接统治的疆域扩大到了朝鲜半岛的部分地域,也意味着汉文化直接移植到了朝鲜半岛的部分地域。这对于汉文化的东传自然影响深远,对于中日文化交流来说,缩短了距离,对于日本吸收中国文化来说,

---

〔1〕 司马迁:《史记·卷六·秦始皇本纪》,中华书局 1959 年版。
〔2〕 司马迁:《史记·卷一一八·淮南衡山列传》,中华书局 1959 年版。

提供了便利。四郡中的乐浪郡是汉帝国在朝鲜半岛的政治统治中心和文化移植基地,它虽然历经变迁,但始终维持着郡县制度,存在时间长达400余年,其间创造了灿烂的乐浪文化。乐浪文化不仅吸引着朝鲜半岛上的人们,也深深吸引着临近半岛的日本列岛的人们,日本列岛上的部落小国为此前往乐浪郡乃至大陆,亲身领略中国汉文化。

中国史籍中对当时中国与日本部落小国之间的交往有不少记载。

《汉书·卷二八下·地理志下》记载:

> 乐浪郡海中有倭人,分为百余国,以岁时来献见云。

这是文献第一次提到1世纪的“倭人”已分为百余国的状态,也是关于中日两国间开始官方交往的最早记载。

《后汉书·卷八五·东夷列传》记载:

> 建武中元二年,倭奴国奉贡朝贺,使人自称大夫,倭国之极
>
> 南界也。光武赐以印绶。

光武所赐印绶已于日本天明四年(1784年)在福冈县志贺岛出土,是一枚上面刻有“汉委奴国王”字样的纯金印。这个倭奴国就是日本当时的一个部族小国,在当时北九州博多地方(今福冈附近),独自与中国东汉朝发生关系。实际上,当时已有30余个部落小国纷纷派使者赴东汉洛阳,采取“奉贡物朝贺”的形式,与中国交往。《后汉书·卷八五·东夷列传》记载:

> 安帝永初元年,倭国王帅升等献生口百六十人,愿请见。

中国东汉初期,文化发达,经济繁荣,社会进步。汉朝文化对倭国有很大的吸引力,以至于倭国派使者纷纷来朝。而当时的日本,还处在奴隶社会,从所献礼物看,两国交往只能用“生口”作礼物,可见其经济还很不发达。

《三国志·卷三〇·魏书·乌丸鲜卑东夷传》“倭人”条(通称《魏志·倭人传》)也有记载:

倭人在带方东南大海之中,依山岛为国邑。旧百余国,汉时有朝见者,今使译所通三十国。

《魏志·倭人传》较为具体地记述了 2 世纪末至 3 世纪(正值中国三国两晋时期)日本政治、经济、民俗及中日关系。譬如 3 世纪曹魏同倭女王国(邪马台国)密切的交往:仅魏明帝景初二年(238 年)以后的 10 年间,倭女王卑弥呼就有 4 次派使者到魏或带方郡,魏使赴倭女王国也有 2 次。其中景初二年邪马台国女王卑弥呼遣难升米、都市牛利等使魏,献男生口 4 人、女生口 6 人,斑布两匹两丈;魏明帝赐女王卑弥呼以"亲魏倭王"称号及金印紫绶珍贵物品,并于 240 年派官吏陪送日使回国。这是中国使者正式赴日的最早记录。266 年,倭女王卑弥呼遣使赴晋朝贡(以后 1 个多世纪,史无记载,日本学者称为"欠史时代")。

以上记载都说明四郡设置以后,日本列岛上的部落小国由于种种原因,都主动地与中国交往,而中国对日本列岛上的小国了解也越来越多了。

除了中国史籍记载以外,日本考古出土文物也说明在这一时期有着经济、文化的密切交流。约 1 世纪初,王莽时代的货币已通过朝鲜半岛传入日本,在福冈、长崎、大阪、京都及长野等地均出土过刻有"货泉"的王莽时代的钱币。奈良天理市出土了刻有东汉灵帝中平(184—189 年)年号的铁制大刀,大阪府和泉市及岛根县均先后出土了刻有"景初三年"铭文及"景初三年,陈是作镜"铭文的铜镜,等等。

除了以上提及的政治、经济文化的交往以外,这一时期在服饰文化的交流上较之于绳文时代也有了较大的发展。

弥生时代日本的服饰虽然在服装款式上因为没有实物留下而难以妄下论断,但是有一点是肯定的:这一时代出现了纺织物。纺织物的出现无疑会给服饰带来改革。

纺织品出现最为普遍的依据:一是由于纺轮的存在,还有陶器的底部以及其他物品有布纹的压痕这一事实。当时的纺织物的织布方法,是最原始的平织法。一般线的密度在 1 平方寸里有经线 40 根或 50 根,纬线 30 根左右。线的材料是苎麻等树皮草茎,其稀疏程度接近于麻布。[1]

二是从文献记载中可以知道 3 世纪中叶日本已经有了纺织品。据《魏志·倭人传》记载,仅魏明帝景初二年(238 年)以后的 10 年间,倭女王国派到魏或带方郡的使者多达 4 次,魏使去倭女王国 2 次。这 6 次交往的记载中,出现大量的纺织服饰品:景初二年倭女王卑弥呼遣难升米、都市牛利等通过带方太守刘夏使魏,献男生口 4 人、女生口 6 人,斑布(据华梅注:韧皮纤维织的布)两匹两丈。魏明帝赠绛地交龙锦 5 匹,绛地绉粟罽 10 张,蒨绛 50 匹,绀青 50 匹。另又特赠绀地句文锦 3 匹,细斑华罽 5 张,白绢 50 匹……铜镜百枚,珍珠、铅丹各 50 斤。正始元年(240 年),太守弓遵遣建中校尉梯俊等奉诏书印绶诣倭国,并赍诏赐金、帛、锦罽、刀、镜、采物,倭王因使上表答谢恩诏。正始四年(243 年)倭女王又献倭锦、绛青缣、绵衣、帛布等物。卑弥呼宗女壹与所立之时,壹与遣倭大夫率善中郎将掖邪狗等 20 人献上男女生口 30 人,贡白殊 5000 孔,青大句珠 2 枚,异文杂锦 20 匹。从这些记载来看,弥生时代晚期,日本的纺织品已经相当丰富,既有从中国获得的锦、绢、帛类等织物,也有他们自己生产的锦、缣(细绢)、帛等,《魏志·倭人传》也有"种禾稻、纻麻、蚕桑、缉绩,出细纻、缣绵"的记载,可见已有相当的纺织技术水平。而且倭人纺织技术的掌握与提高,与中国纺织技术的输入是有紧密关系的。从文献记载分析,238 年,倭女王献给魏帝的除了生口以外,只有倭国的土布——斑布,而 5 年以后,243 年,来使贡献的物品中,纺织品种类和数量大大增加,有"倭锦、绛青缣、绵衣、帛布"等,到倭女王之女壹与所立之时,织锦水平又有了进步,所献纺织品已是有了各种纹样的"异文杂锦"。倭国的纺织技术在 5 年之间发展得如此之快,这与借鉴、学习中国纺织技术是分不开的,是他们对中国秦汉时期先进文化接受的成果。

---

〔1〕 小林行雄著,韩钊、李自智译:《日本考古学概论——连载之五》,《考古与文物》1997 年第 3 期。

秦汉王朝是中国历史上首次出现的大一统国家,与统一国家的政治文化格局相适应,战国时期由于社会发展不平衡而导致的中原与齐鲁、北方、吴越、荆楚、巴蜀等地服饰差异逐渐消解,各地区服饰呈现出明显的融汇趋势。服装生产技术较之前代也有了明显提高,尤其是纺织业得到了很大的发展,丝帛的种类较之春秋战国时代增多了,见诸文献的有绨、绢、素、纨、缣、纱、罗、縠、绮、绣、锦等。其中锦用不同颜色的丝线织成,经线起花,平纹重经,色彩绚丽,可谓秦汉时期丝织品最高水平的代表。苎麻与葛布加工技术也较前有所提高,东汉人对苎麻服装有"色似银袍以光躯"的美誉;吴越地区出产的葛布质地细腻、色泽洁白,被称为"白越"、"细葛"、"香葛"。棉在此时期也传入中国,文献中有汉代内地人穿棉制服装的记载。汉代染织技术已达到相当高的水平,织物着色丰富,在马王堆1号汉墓出土的织物有25种颜色,染料有植物染料和矿物染料,前者包括红花、茜草、栀子、紫草、皂斗和蓝靛等,后者包括皂矾、朱砂、绢云母和墨黑等。[1]　总之,秦汉时期服装原料较之前代丰富得多,原料加工和服装织染技术均有相当大的进步,一些原本经济水平落后的地区纺织业亦有所发展,人们整体着装水平得到了很大的提升。

谈到日本对中国文化的接受,有必要提及"归化人"——来自日本列岛以外的人。《日本书纪》"崇神天皇十一年"条、"十二年"条连续记载:"是岁,异俗多归,国内安宁","异俗重译来。海外既归化。"[2]这里指的归化人主要指朝鲜族人和汉族人。朝鲜族人从事土木工程的比较多,汉族人从事技能工作的比较多,他们带来了先进的文化,又在日本创造新的文化,对日本文化的发展均做出了很大的贡献。这些归化人到了日本之后,逐渐与日本人通婚,融入了日本的血统中,成为后来大和民族的一分子。

〔1〕　吴树生,田自秉:《中国染织史》,上海人民出版社1986年版,第73页。

〔2〕　舍人亲王:《日本书纪·卷五·崇神天王》,株式会社岩波书店1967年版,第249页。转引自张世响《日本对中国文化的接受——从绳文时代后期到平安时代前期》,山东大学博士学位论文,2006年。

《日本书纪·卷一〇》"应神天皇十四年"条记载："十四年春二月，百济王贡缝衣工女，曰真毛津，是今来目衣缝之始祖也。是岁，弓月君自百济来归，因以奏之曰，臣领己国之人夫百二十县而归化。"同书"应神天皇二十年"条记载："二十年秋九月，倭汉直阿知使主，其子都加使主。并率己之党类十七县，而来归焉。"归化人数量之多，可参考《汉书·卷二八下·地理志下》的记载：玄菟郡，户四万五千六，口二十二万一千八百四十五。县三：高句丽，上殷台，西盖马。乐浪郡，户六万二千八百一十二，口四十万六千七百四十八。县二十五：朝鲜、遂成、增地、带方……[1] 二郡共 28 县，近 11 万户，人口 62 万多，平均每县越 4000 户，22000 人，照此推算，汉直阿知使主率 17 县民有 37 万多，弓月君率 120 县民有 200 万多。尽管上述数据不够准确，但还是约略可说明当时移民到日本的归化人之多。这些归化人带来了先进的技术器物和知识，在日本政治、经济、文化等方面做出了不可估量的贡献。

弥生时代的服装究竟如何？《魏志·倭人传》对其服装有描述："男子皆露紒，以木绵招头。其衣横幅，但结束相连，略无缝。妇人被发屈紒，作衣如单被，穿其中央，贯头衣之。"从记载看，在中国汉魏时期倭人的服装形制还是很原始的，男子"其衣横幅，但结束相连，略无缝"，将整幅布缠裹身上，不施裁缝，而是用打结或束缚的方法固定在身上；女子"作衣如单被，穿其中央，贯头衣之"，这是典型的贯头衣。这两种服装形制在中国都是旧石器时代的服式。

如果《魏志·倭人传》记载的真是弥生时代倭人的服装，那么，将会产生一系列的疑问。如前所述，在绳文时代末期，弥生时代初期，为躲避战乱或其他原因，中国有大批移民直接从大陆或间接从朝鲜将金属器、水稻栽培技术等先进的生产工具和技术带到日本，促进了日本生产力的发展，加剧了贫富分化和阶级分化，使日本原始社会渐趋瓦解，从而出现了一些部落联盟的早期小国。还有秦始皇时代徐福率童男女和百工泛海东渡止

---

〔1〕 班固：《汉书》，中华书局 1962 年版，第 1626—1627 页。

住日本的传说。而秦汉时期中国的服饰文化已经相当繁荣：服装等级制度鲜明，男女服装款式、种类繁多，质料丰富，纺织缝制技术先进。难道这些移民在将金属器、水稻栽培技术等先进的生产工具和技术带到日本的同时，他们身上所穿的服装对日本原始的贯头衣和缠裹装没有一点冲击力？难道他们在传播水稻栽培技术的同时就不会传播别的技术（如缝纫技术。中国早在两周时，就有了掌理裁缝衣服的官——缝人，和掌理染丝帛之事的官——染人）？难道这些移民到了倭国以后入乡随俗脱下汉魏文明服装而套上贯头衣？这些都因目前无实物可考成为疑点。

同绳文时代一样，弥生时代的服饰品受到中国大陆的影响，这是可以肯定的。弥生时代用玉和角、贝等材料，制作了各种各样的装饰品。

贝制的腕饰，是用芋贝和天狗螺这种大型卷贝切制而成的。通常男子用天狗螺的贝镯（图 5-2-1），女子用芋贝制的贝镯（图 5-2-2）。在福冈县饭冢市立岩遗址的瓮棺中，发现了人骨架上戴的贝镯。它是以大小为顺序，若干个腕饰排列而成，小的接近手腕，大的接近肘部。这说明弥生人已经注意到了佩戴装饰品的细小环节。

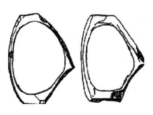

图 5-2-1　　　　　　　　图 5-2-2

除了贝镯以外，在佐贺县和静冈县还出土过弥生时代的青铜手镯，它以贝制腕饰为样本。发现的青铜手镯虽然不多，但足以说明服饰品制作技术的一大进步。另外，在奈良县唐古遗址出土的弥生时代前期的陶器中，还发现有涂红漆的木镯。

装饰项链用的是管玉和勾玉。管玉是一种细小的管状玉器。勾玉是弯曲成"C"形的一种玉（图 5-2-3），而且是小型，多为硬玉制成。在须玖冈遗址的瓮棺和佐贺县唐津市马场发现的瓮棺中，还出土了玻璃制品

（图 5-2-4），这是一个比较重要的发现。这些硬玉或者玻璃，都是来自中国的输入品。[1]

图 5-2-3   图 5-2-4

因为弥生时代是一个与大陆交往日益频繁的时代，所以相比绳文时代常见的装饰品减少，如骨、角、牙的装饰品进入弥生时代明显呈衰退现象，而大陆制作的各种物品则成为当权者们崇尚的东西。福冈县须玖冈本及丝岛郡怡土村三云的瓮棺中发现了玻璃制的璧。这种璧的产地是中国，为一种礼仪性质的器物。这些来自大陆的器物，对于弥生时代的人们来说，是一种弥足珍贵的宝物。青铜或白铜制的铜鉴，原是大陆的一种化妆用具，早在新石器时期的齐家文化遗址中已有铜镜实物，但直到春秋时代铜镜数量仍然很少，只是贵族享用的奢侈品。从战国时代开始，铜镜数量激增，汉代延续了这个势头，铜镜成为寻常百姓的生活用品。在日本须玖冈遗址的墓葬中发现了西汉时期的镜；福冈县丝岛郡怡土村井原遗址有西汉中期镜出土。在北九州地区的弥生时代墓葬中，共发现了百余枚铜镜。有星云纹镜、蟠螭纹镜这些早期铜镜，还有重圈纹镜、内行花纹镜、方格规矩镜等中期以后的铜镜。这些铜镜已从装饰用具转变为个人的财富象征，也有某种夸耀自己占有异国器物的成分在内。这些汉镜的出土也进一步反映出弥生时期的饰品深受汉文化影响。

在汉文化影响下，弥生时代工艺分化、发达，并且制作专业化，生产的规模已脱离了各个集团自给自足的范围，有了转向社会生产分工的倾向。这一时期出现了石器制造作坊，说明石器制造业已经独立。木器、漆器制

---

〔1〕 小林行雄著，韩钊、李自智译：《日本考古学概论——连载之五》，《考古与文物》1997 年第 3 期。

作都有了一些特殊的工艺。纺织工艺大大提高：出现了植物纤维抽线织布的技术；出现了用于纺线的石制或陶制的圆形纺锤；出现了原始的织布机。制作青铜器、铁器等金属器有了专业技术人员。[1] 总之，在汉先进文化的影响下，弥生时代的工艺制作水平已达到了相当的高度。

三、古坟时代：中日服饰文化交流形成第一次高潮

在日本历史上，从 300 年左右开始，到 592 年推古天皇即位为止，这期间日本本州的大和国统一了日本列岛，因此在日本史上称为大和时代。同时，因为这期间在大和近畿地方出现了众多的高冢式古坟，因此考古学上称这段时期为古坟时代。

这一时代，正值中国东晋、南北朝及隋时期。尽管古坟时代初期，日本列岛上的大和国忙于统一而南征北战，中国也处于相对动荡阶段，因此两国官方都无暇往来。但是在中国南朝及隋时期和日本大和国之间的往来仍是十分频繁的。《宋书·卷九七·夷蛮列传》"倭国"条记载，进入 5世纪，倭国突破了邪马台国时期的对外关系，入贡东晋。到南朝宋武帝时代，倭王赞于南朝宋武帝永初二年(421 年)遣使南朝，建立良好的关系。5世纪倭五王时代，即赞、弥、济、兴、武倭国五王，都保持了派遣使者出使南朝或隋的传统。《宋书》、《南齐书》、《梁书》中关于"倭国"的传记对此都有记载：日本倭五王(倭王)在 80 余年(421—502 年)中，10 余次向南朝宋、齐、梁政权与隋政权遣使及请授封号，国家取得了前所未有的发展，至五王的最后一王——武王时代，即雄略天王时代，日本已形成古代专制国家的形态。

此时期传入日本的还有丰富的精神文化。譬如儒学的传入，据日本第一部正史《日本书纪》记载：应神天皇十六年(285 年)，百济博士王仁赴

---

[1] 小林行雄著，韩钊、李自智译：《日本考古学概论——连载之五》，《考古与文物》1997 年第 3 期。

日,天皇让太子拜其为师,教授中国儒家经典;其后的天皇对皇室子女的教育也都是请外来的大陆学者担任教师,以个人传授的方式讲解大陆学问,这成为日本儒学的起源。《怀风藻·序》认为:"王仁始导蒙于轻岛,辰尔终敷教于泽田。遂使俗渐洙泗之风,人趋齐鲁之学。"《古语拾遗》也记述了当时来自中国秦、汉两朝和百济的外来者数以万计,带去的贡物包括儒学典籍。大和朝廷在王仁献书之后,初设"藏部",收藏包括汉籍在内的官物。据这些文献记载,在大化改新(645年)之前,日本的教育主要以儒学和文字教育为基础。6世纪继体天皇时代,更多的儒学典籍传入日本,五经博士段杨尔、高安茂等先后赴日,带去了《易经》、《诗经》、《尚书》、《春秋》、《礼记》等5种儒学经典。这一切对推动日本人学习汉字、汉文,对日本人吸收儒学、佛教思想都起到了重大的作用。

古坟时代遗存的服饰资料相对弥生时代丰富得多,尤其是埴轮的出土,使人们能够直观地了解到古坟时期日本人的衣着文化。从遗存的服饰看:古坟时代日本的服饰文化有了质的飞跃。而实现这一飞跃的主要动因当推中国服饰文化的直接和间接的影响。

如前所述,日本古坟时代与中国南朝、隋之间的往来十分频繁。《宋书》、《南齐书》、《梁书》中间于"倭国"的传记对此都有记载:日本倭五王(倭王赞、弥、济、兴、武)在80余年(421—502年)中,10余次向南朝宋、齐、梁及隋政权遣使及请授封号。除了政治上的交往以外,还有在经济、技术、文化等层面上的交往。据《日本书纪》记载,为了适应日本社会生产发展的需要,在4—5世纪,倭王曾经3次遣使到南朝,带回所赠汉织、吴织,及长于纺织裁缝的技术工匠衣缝兄媛、弟媛等。《日本书纪·卷一○》"应神天皇三十七年春二月"条记载:

> 遣阿直使主、都加使主于吴,令求缝工女。……吴王,于是,
> 与工女兄媛、弟媛、吴织、穴织四妇女。

可见当时的倭人对纺织服装缝纫方面技术人员的需要。又,"四十四年春正月"条记载:

身狭村主青等，共吴国使，将吴所献手末才伎汉织、吴织，及衣缝兄媛、弟媛等泊于住吉津。是月，为吴客道，通磯齿津路，名吴坂。三月，命臣连迎吴使。即安置吴人于桧隈野，因名吴原。以衣缝兄媛，奉大三轮神。以弟媛为汉衣缝部也。汉织、吴织衣缝，是飞鸟衣缝部、伊势衣缝之先也。（此条"雄略天皇条"也有记载）

汉织、吴织、兄媛、弟媛，即是中国的机织工和缝衣女。据此可见，倭王对于从中国来日的织、缝工匠十分重视，为吴人修路，用吴人命名道路，把安置吴工的住处命名为"吴原"，把来自吴国的缝工奉为"大三轮神"，并组成衣缝部命弟媛掌管。中国织、缝工匠的到来，有力地促进了日本衣缝工艺的发展，日本后来的飞鸟衣缝部、伊势衣缝部就是在此基础上形成的。

《日本书纪》中记载的从中国聘请"汉织"、"吴织"技术人员的情况，与《魏志·倭人传》中记载的魏明帝赐予卑弥呼交龙锦、绛地绉粟罽、白绢等，是可以互为印证的。倭人从中国皇帝所赐的织物中，看到了中国当时先进的纺织生产技术，于是便遣使请求技术人员的支援，而在中国技术人员的指导下，倭国的纺织技术也很快得到发展，几年后来使的贡品就从"斑布"发展到了各色"倭锦"。到允恭天皇（412—453 年）时，纺织缝纫技术已经很进步了，出现了专司纺织缝纫之职的"机制部"。雄略天皇（456—479 年）时，又有工人从中国大陆来到日本，进一步推动日本纺织服装技术的发展。《日本书纪·卷一四·雄略天皇》还记载了雄略天皇自百济招徕原带方郡内技艺卓越的汉人织工；派敕使将散居各地的秦人集中起来，令他们从事养蚕织绸，这些精于纺织技术的秦人对日本蚕桑丝绸事业的发展起到了重要的促进作用。日本大和朝廷仰慕汉人的"衣冠之邦"，以致雄略天皇在遗诏中把"朝野衣冠，未得鲜丽，教化政刑，犹未尽善"作为未竟之理想表示遗憾。至今在日本寿命寺所藏的古画中，还保留有古代中国纺织女工的画像，寄寓了日本人民对她们的怀念和敬意。

除了两国直接交往外,中日之间还以朝鲜,尤其是百济为桥梁进行着密切的往来。从 4 世纪中叶到 6 世纪,有大批中国移民通过朝鲜半岛,尤其是百济去日本。最为著名的是 4—5 世纪,因中国北方陷入五胡十六国的混战,朝鲜半岛三国纷争,因而引发大规模的移民高潮。大和时代的大规模移民,主要包括秦人、汉人、百济人三大集团。在 4 世纪和 5 世纪之交,秦的遗民弓月君自称秦始皇后裔,率 120 县百姓来到日本。弓月君是秦氏一族的源头,主要从事养蚕、丝织及农耕、灌溉工作,根据《三国志》记载,当时的倭国虽然已有养蚕业和丝织业,但是技术差、产量少、质量低。秦氏一族抵达日本后,带来了新技术,促进了养蚕业和丝织业的发展。后来雄略天皇下令,集中秦氏一族,共得 92 部 18670 人,赐其首领名为"酒公"。让酒公率其部民养蚕制丝,贡献庸、调。[1] 在酒公的督领下,秦氏部民辛勤劳动,业绩显著,不但贡献绢、帛数量大增,而且质量提高。倭王赐姓酒公为"波多公"作为奖励。后人就把"波多"当作"秦"字的日语读音使用。

稍晚于秦氏集团迁居日本的是汉人集团,他们是由自称汉灵帝三世孙(另有四世孙之说)的阿直使主率领的 7 姓 17 县汉人。汉人集团主要从事手工业工艺制作。这些"秦人"、"汉人"定居日本后,带去了中国先进文化,带去了先进的生产技术,在从事譬如陶器制造,织锦,金、玉、木工缝纫等行业中的,这些人"以其卓越的技能,受到大和朝廷的重用,由于他们的贡献,使古坟文化洋溢着浓郁的国际色彩,并在许多方面成为飞鸟文化的母胎"[2]。

古坟是大和时代国家统治者权威的象征,也是大和时代社会文化的标志。根据蔡凤书先生的研究,这期间日本不但接受了中国大陆传过去的横穴式墓葬方式,还接受了装饰古坟的墓葬文化,包括埴轮。

在中国,横穴式墓葬方式最先出现于东周时代,流行于秦汉魏晋时期。大约 4 世纪末到 5 世纪初,横穴式墓葬经由朝鲜半岛南部传到了日

---

〔1〕 舍人亲王:《日本书纪·卷一四·雄略天皇》,株式会社岩波书店 1967 年版。
〔2〕 王勇:《日本文化》,高等教育出版社 2001 年版。

本的九州地区。随着横穴式古坟在日本各地的出现,日本的墓葬结构不但外形有了变化,而且坟墓内部出现了装饰性的壁画和随葬品,这些随葬品除了铜镜、铜剑等金属器之外,还有由土偶发展而成的形象埴轮(雕塑陶烧土偶),其中有武士埴轮、女埴轮、乐舞人埴轮,还有鹿、马、猿等动物埴轮,这些埴轮形象富有感情,造型颇佳。其中人物埴轮对研究服饰文化具有重大意义。

横穴式墓葬在中国存在了上千年时间,其中蕴涵着丰富的中国文化内涵。日本装饰古坟的壁画明显受到中国文化的影响,对此这里不加讨论,在此主要讨论的是人物埴轮的服饰形象。

从出土的人物埴轮看,当时的男女服装款式有所不同。男子的服装是由衣和裤组成(图5-3-1),衣为窄袖的长上衣,左衽,用纽扣联结,系有腰带;裤子是肥大的,膝盖以下用带子缚着,结扎一个小结;束结长发,左右分开,从两耳处披下垂至肩部;有项饰。图5-3-2为弹琴男子埴轮,其服饰与上述两位男子相同。女子的服装由衣和裳构成(图5-3-3),上衣为窄袖的长上衣,左衽,腰部系扎带子,前面正中间系结,裳为层层的裙装。除此之外,女子还有一种类似袈裟的从右肩斜缠到左肋的服饰,或者在肩膀处

图 5-3-1

系上带子。这种服装是女巫参加祭礼时穿的,并不是一般的日常生活服饰。图5-3-4为坐在椅子上的巫女,服饰与图5-3-3中的女子相似,上身窄袖左衽,腰际系带扎结,下身为裙子,有颈饰、腕饰、脚饰。女子发式为髻式,高高地盘在头顶上,前额正中还有栉类的装饰。

从埴轮服饰形象的色彩和古代文献记载推断,制造这些服饰的材料,与弥生时代相同,多属于麻布系统的织物,染料都是植物颜料,并且印有纹饰。古坟时代发现的随葬品,有时也有些丝绸的痕迹,丝绸这种高级纺

织物也在流行,但无疑是有局限性的,不可能整个社会都普遍使用。[1]

图 5-3-2   图 5-3-3   图 5-3-4

　　古坟时代埴轮人物形象所表现的男女服饰,其款式是否受到汉服饰式样直接的影响,由于没有证据显示,不能断定。但我们可以根据同时代中国、韩(朝)、日本之间的社会政治、经济、文化关系作一些推测。

　　中国文化传播到日本主要有两条渠道,一条是直接从中国经海路到日本;一条是以朝鲜半岛为中介,经朝鲜间接传到日本。日本的古坟时代,正值中国东晋南北朝和隋初时期,此时期的韩(朝)处在高句丽、百济、新罗三国纷争时代。朝鲜半岛自箕子建立朝鲜至卫满统治朝鲜,直到汉朝在半岛设立汉四郡,一直属于中国政权的管辖之下,深受汉文化的浸润;自三国时代开始,韩(朝)与中国人员往来,不绝于途,中国文化源源不断地传至三国;而后又经三国,尤其是百济,将中国文化远播至日本。古坟时代,日本与中国南朝、隋之间的往来十分频繁,大批移民直接或间接来到日本,带去了中国先进文化和技术,尤其是从中国聘请的"汉织"、"吴织"技术人员,这些都促进了日本服装文化的发展。

　　古坟时代埴轮人物服饰形象中,男子上衣下裤的服饰与中国的裤褶

---

　　〔1〕 小林行雄著,韩钊、李自智译:《日本考古学概论——连载之七》,《考古与文物》1997 年第 5 期。

（图 5-3-5）、高句丽男子的襦裤（图 5-3-6）很相似。中国的裤褶服原是匈奴、鲜卑等少数民族的服饰，上褶下裤，适于游牧民族驰骋作战。战国时期赵武灵王为了加强军事力量，在引进游牧民族骑射作战方式的同时，也引进了他们的裤褶服，但当时着用范围不广，只在军队里推行。到了北朝北魏拓跋鲜卑统治中原之时，魏文帝仰慕汉族先进文化，从政治制度到生活习俗，全面推行汉化，但是鲜卑民族的裤褶服由于便捷、实用却不在改革之列，不但保留了下来，而且在中原上下大力推广普及。到了隋唐之间，进入了常服的行列。高句丽男子上短襦下肥筩裤的着装方式源自东北游牧民族，或者说是东北游牧民族服饰的一种变异。中国的裤褶服与高句丽的肥筩裤其实是同源的。古坟时代埴轮人物男子的服饰与中国北朝时代的裤褶、高句丽男子肥筩裤，其形式是相似的，从文化的传播角度考虑，是中国服饰文化或高句丽服饰文化传播影响的结果也是可能的。但由于目前尚无资料证明其是同出一源，所以还有待于考证。

图 5-3-5   图 5-3-6

　　男子还有帽子和冠饰。从后期的古坟中发现的冠帽，是用薄薄的铜板铸成的，并在上面镀了金，也有银制的，一般只是在正面做些装饰，周围挂缀着一些饰物（图 5-3-7）。从其形状和制作工艺来看，这个时代的遗物无疑又受到了中国大陆的影响。

　　与金铜冠饰同时传入日本的还有金铜制的鞋（图 5-3-8），这种鞋的鞋底也附有装饰物，因此认为它是一种礼仪性的制品。不过人物埴轮形象所表现的鞋，仅是鞋的一般式样而已，体现不出制作的材料。

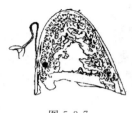

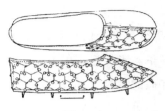

图 5-3-7   图 5-3-8

金铜冠饰和金铜鞋履在中国商代就已有之。商代就有用青铜制成的胄(特殊的军用冠帽,又称兜鍪)。1935 年殷墟西北冈 1004 号大墓南墓道曾出土大量青铜胄,总数在 141 顶左右,形制似头罩,正面下方开一长方形的缺口,露出眼鼻口和少许脸部;顶部有一小圆管用来插缨饰;胄的表面有各种纹饰,如在正面缺口上方饰牛角兽面或羊卷角兽面,侧面饰涡纹,有的涡纹内心又加入目纹、虫纹或蟠龙纹,制作颇为精美(图 5-3-9)。在山西柳林高红一商代贵族武士墓中,除了出土了青铜胄和青铜兵器外,还发现了一只青铜制作的高筒靴子(图 5-3-10),靴尖上翘,靴底、脚面等处饰有横纹。此靴应该是仿制商代实际生活中穿用的鞋履,可能并非为实用品。

图 5-3-9   图 5-3-10

弥生时代在日本列岛上出现了以青铜或白铜制作的铜鉴,这些用具象征着个人的财富,并没有普及,拥有者不多。到了古坟时代,青铜已经用来制作冠帽和鞋履等服饰品,可见其在日本应用范围越来越广,也说明在汉文化影响下,金属器的制作技术在日益先进。

古坟时代,是一个饰品盛行的时代,饰品制作的材料更加丰富了,技术也更加高超了。有颈饰、手饰及脚饰等玉饰。从埴轮所表现出的玉形状看,有勾玉、管玉、圆玉、枣玉、小玉、四角形玉等。从质地上看,前期多见硬玉制勾玉、碧玉制管玉、青色玻璃制小球及琥珀枣玉等；后期广为采用的是玛瑙制勾玉、水晶制四角玉及嵌镶玻璃制圆玉（蜻蜓玉）。

钏，在这时期也被广泛使用，不均仍有贝制、石制、玉制的钏，还有银、铜等圆环形的金属制钏（图 5-3-11），有的在铜钏周围还附着几个小铃（图 5-3-12），让钏具有悦耳的声响。

 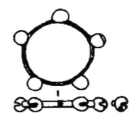

图 5-3-11　　　　　　　　　　　　　图 5-3-12

从弥生时代开始到古坟时代的中期，日本几乎没有耳饰。到了古坟时代后期，耳饰才普及开来。这个时代最早出现的耳饰，是在耳上悬挂一个有缺口的环，环上有种种垂饰，通常为金制、银制的精巧饰物。当然这些饰物数量很少，一般都是用铜做成的涂上薄薄的金箔或银箔的环状物。从埴轮看，农夫也有耳饰（图 5-3-13）。埴轮女子的耳部有用数颗以线连缀的圆玉耳饰。男子角发的位置，经常有类似耳饰的玉类出土。

带具，是这个时代的金饰品，用金铜制作（图 5-3-14）。带的表面缀有矩形小金铜片，上面有透雕龙凤纹和忍冬纹等，另外还下垂有心叶形的金饰物或铃。带的一端有金铜制的铰具，另一端除金饰物外，还有各种类型的腰佩下垂着，腰佩的正中有一个比较大的双鱼形的金铜板。小林行雄认为，这是一种有着异国特色的遗物。他还说，中国带饰的挂钩并不用铰具，是用一种带

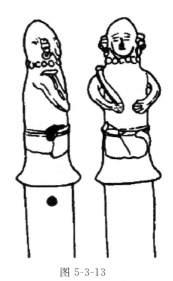

图 5-3-13

钩勾带的方法,这种方法在中国流行了一个很长的时期,日本仅发现极少的例子。[1] 小林行雄所指的"异国"无疑是指中国或者韩(朝)。

图 5-3-14

相较于日本古坟时代出现的带具,中国的带钩出现已经有很长的历史了。从考古资料看,中国的带钩早在新石器时代便已出现了,此后,山东蓬莱西周晚期墓也出土有带钩实物。战国时代的武士多在腰间束一施钩革带。至秦和西汉时期,带钩的普及程度有增无已。《淮南子·说林》"满堂之坐,视钩各异"的描写,正是这种情形的写照。汉代带钩实物在今江苏、山东、河北、四川、广东、贵州等地区均有出土,根据对这些文物的整理,当时的带钩的质料有金、银、铜、玉等,其形状各异,主要有兽面形、曲棒形、琵琶形及其他各种异形钩(图 5-3-15)。

图 5-3-15

如前所述,古坟时代是一个各种装饰品盛行的时代。从人物埴轮形象看,上自披挂甲胄的武士,下到手持锹镰的农夫,他们的身上或多或少总有些装饰品。同弥生时期一样,古坟时期的饰品也深受汉文化的影响。古坟时期盛行玉饰,而玉饰的材料有碧玉、玻璃玉、琥珀等,据考古学家考证,除碧玉产自日本外,玻璃玉、琥珀等都可能由大陆输入,而其中硬玉等就可能来自中国。另外,古坟时期发现了数量不少的中国铜镜,且包含了汉帝国各个时期的各种样式,说明铜镜的输入曾经历了一个相当漫长的过程,反映出在一段相当漫长的历史时期中,日本和中国的汉王朝在装饰品上保持着密切的交流。尽管有些日本学者认为,日本出土的这些铜镜其功能可能不仅仅限于化妆用具,但毕竟铜镜的最基本功能是装扮,它是服饰文化中重要的组成部分。服装也好,饰品也罢,它们从来都是密切相关的。从古坟时期的考古出土看,当时的日本人是把汉铜镜和玉饰作为珍贵的心爱之物来陪葬,使之贯通生死两界,愉悦人神天地,可以想见当时的日本人对中国汉文明的钦羡。

古坟时期日本服装的式样是否受到汉服饰式样直接的影响,虽然由于没有证据显示(尽管人物埴轮形象服装与汉服有太多相似之处,但尚无资料证明其受中国大陆服饰影响),不能断定,但是我们可以肯定汉铜镜和饰品材料的输入从一个侧面反映出汉代服饰对日本古坟时期服饰的影响决不会仅限于饰品,它的规模和程度肯定要大得多,只是有待于进一步的考古发掘证明。

从弥生、古坟时代的文化交流看,主要有以下几个方面的特点:一是单向传播。文化水平先进的中国向文化水平落后的尚处于蒙昧原始阶段的日本进行单向传播;二是主要通过移民方式传播。除了正式使节以外,此时期中日之间的文化交流主要是通过大批移民的方式进行传播的;三是以物质文化传播为主。此时期传播的主要内容是物质传播和技术传播,诸如水稻及耕作技术、铁器及冶炼技术、服饰品纺织品及服装缝纫技术等等。因此有研究者说,中日两国文化交流是从踏上"技术之路"而开始的。[1]

---

〔1〕何芳川:《中外文化交流史》,国际文化出版公司 2008 年版,第 200 页。关于"技术之路"见浙江大学日本文化研究所:《日本历史》,高等教育出版社 2003 年版,第 24 页。

第六章　飞鸟、奈良、平安时代

——中日服饰文化交流形成第二次高潮

　　7世纪初到9世纪末，日本经历了飞鸟、奈良时代，以及平安时代前期。此时期的日本以华为师，全方位学习、吸收中国隋唐的先进文化，在中日文化交流史上谱写了最为绚丽的篇章。

　　飞鸟，作为地名，是指奈良县橿原市与高市郡一带，是耳梨山以南、亩傍山以东飞鸟川流域的总称。592年，日本推古天皇即位于飞鸟的丰浦宫，自593年（推古一年）起，至710年（和铜三年）元明天皇迁都平城京为止，这118年间称为飞鸟时代。飞鸟时代继续受中国六朝汉文化影响，隋唐文化影响也初现端倪。

　　707年，文武天皇（第42代，在位时间697—707年）去世，元明天皇执政，于710年将都城由飞鸟迁到平城京（奈良城），日本历史进入了历时85年的奈良时代。奈良时代虽然历时短暂，但文化却是十分繁荣灿烂，其主要原因便是全方位接纳、吸收唐朝文化。

　　794年（延历十三年），恒武天皇（第50代天皇，在位时间781—806年）自奈良迁都到平安京（今京都），日本历史进入了平安时代（794—1192年）。平安时代文化以894年停止派遣遣唐使为分水岭，之前100年为平安时代前期，之后约300年为平安时代后期。平安时代前期的文化，仍然受到唐朝文化的影响，是奈良文化的继续；平安时代后期，由于唐朝经济衰落，文化影响力减弱，于是日本开始逐渐摆脱中国文化的影响，走向由汉风文化到和风文化的过渡，走上独立发展的民族化之路。

一、隋唐服饰文化新气象

中国魏晋南北朝的多元文化激荡，终至推出气度恢宏、史诗般壮丽的隋唐文化时代。尤其是唐代，到处是一片春回大地的光景，到处是有生的力量在喧腾，到处回荡着精神独立的声音。那充溢着欢欣，迸发出创造光芒的文化精魂，以一种历史大力，给中国文化灌注了新生的力量。

服饰文化便是其中一曲雄壮神奇、新意迭出的交响诗。

魏晋南北朝文化的一大特征，在于胡汉文化发生持久、反复的冲突。诚然，胡汉文化在相互冲突中，也自有其融合的一面，然而，在战乱、地理隔绝等多种因素制约下，其文化融合的效应远未释放出来。隋唐皇室以胡汉混杂的血统奄有天下，直接标示了自魏晋南北朝开始的在多民族冲突融合中重构新民族的历史进程已告一个段落。"胡"民族化解了，受容胡人的汉族也变更新貌，以一种"大有胡气"的新民族或曰新汉族出现，胡汉文化相融合的文化效应也得到最为充分的释放。

胡汉文化相融合的文化效应表现在诸多方面，汉文化在观念意识、气质、礼法、饮食、歌舞等都无不受胡风影响。同样，在服饰上也大受胡气浸染。

先说男子服饰。

在唐代，以"褒衣博带"为特色的汉魏服饰产生了重大的变化。孙机先生指出："隋唐时代南北一统，而服装却分成两类：一类继承了北魏改革后的汉式服装，包括式样已与汉代有些区别的冠冕衣裳等，用作冕服、朝服等礼服和较朝服简化的公服。另一类则继承了北齐、北周改革后的圆领缺骻袍，用作平日的常服。这样我国的服制就从汉魏时之单一体制，变成隋唐时包括两个来源的复合体系：从单轨制变成双轨制。但这两套服装并行不悖，互相补充，仍组合成一个浑然的整体，这是南北朝时期民族

大融合的产物,也是中世纪我国服制之最重大的变化。"[1]孙机先生的论述明确地指出了唐代服饰的一大来源——胡服,确切地说,是经北齐、北周改革后的胡服。

第一是幞头和胡帽。

唐人张文成在著名的《游仙窟》小说中,描写了少年张郎在神仙窟与崔十娘邂逅的一段露水姻缘。在张郎与崔十娘就寝之前,十娘唤侍女为张郎"脱靴履,叠袍衣,阁幞头,挂腰带"。靴履即长靿靴,袍衣即缺骻袍,而幞头则是这一时期男子无论贵贱老少皆穿戴的服饰。

幞头(图 6-1-1)是受鲜卑帽直接影响的产物,渊源于北魏,创制于北周,定型于隋,盛行于唐,历宋、元、明,直到清初被满式冠帽取代。幞头及其变体,通行了整整 1000 余年,是这一时期我国男装的独特标志。[2]

图 6-1-1

幞头与圆领缺骻袍相配套,属于北朝胡服系统,它在唐代服饰史上占有重要的地位。

司空图《力疾山下吴村看杏花十九首》:"才情百巧斗风光,却笑雕花刻叶忙。熨帖新巾来与裹,犹看腾踏少年场。"新巾,即新幞头,因幞头又称"头巾"、"巾"。这首诗描写了在杏花开放时节,乡村游乐赏花的情景。诗人特别指出熨过的新幞头,衬托其重视赏花的心境,也形象地表现了幞头在时人生活中的地位。宋人所见陈宏画唐玄宗像,表现唐玄宗"裹头袒腹仰吹玉笛"的形象,"袒腹"而不废"裹头",也表明了幞头在唐代男子服饰中的作用。

由于对幞头的重视,幞头的样式由单一渐趋繁复,先是出现了垫在幞头里的"巾子",巾子形制不同,便裹出各种不同式样的幞头,什么"平头小样巾"、"高头巾子"、"魏王踣"、"陆颂踣"、"英王踣样"(图 6-1-2)、"尖巾

〔1〕 孙机:《中国古舆服论丛·南北朝时期我国服制的变化》,文物出版社 1993 年版。
〔2〕 孙机:《中国古舆服论丛·幞头的产生和演变》,文物出版社 1993 年版。

子"、"大巾子"等等名目繁多。幞头脚也经历了一系列变化,由垂脚(软脚)到长脚罗幞头,硬脚、翘脚幞头,直脚幞头,展脚幞头等,名品日新。[1]幞头服用便利,又富于变化,受到了唐朝宫廷内外社会各个阶层的欢迎。在唐中宗景龙四年(710年),朝廷以巾子样式颁赐宰臣以下官员;唐玄宗开元十九年(731年),朝廷曾向百官颁赐"官样圆头巾子",这说明幞头在当时社会是非常流行的。

图 6-1-2

与幞头一样,胡帽也是唐代流行的服装。

胡帽,主要指唐代及以前由西北或北方非汉民族中传入,并在唐朝境内流行的皮帽或毡帽,又称"蕃帽"。它最明显的特点是顶部尖而中空。刘言史诗:"石国胡儿人见少,蹲舞尊前急如鸟。织成蕃帽虚顶尖,细氎胡衫衣袖小。"[2]虚顶而尖,就是指这一时期胡帽的特征。

唐代流行的搭耳帽、白题、浑脱帽等,都可以归为胡帽(图6-1-3)。胡帽不仅胡汉兼用,而且还男女通用。张佑《观杨瑗柘妓》诗称:"促叠蛮鼍引柘妓,卷檐虚帽带交垂。紫罗衫宛蹲身处,红锦靴柔踏节时。"[3]诗中所说的卷檐虚帽,是以锦、毡、皮缝合而成,顶部高耸,帽檐部分向上翻卷。这是唐代女子着胡帽的证明。

第二是圆领缺骻袍。

圆领缺骻袍是唐代最为典型的胡服,也是最具代表性、最为流行的唐

---

〔1〕 陈高华、徐吉军:《中国服饰通史》,宁波出版社 2002 年版。

〔2〕 刘言史:《王中承宅夜观舞胡腾》,载《全唐诗》卷四六八,中华书局 1996 年版。

〔3〕 《全唐诗》卷五一一,中华书局 1996 年版。

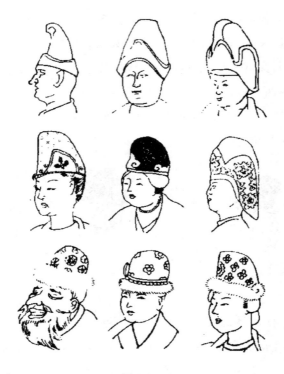

图 6-1-3

代男装。缺骻袍是在旧式鲜卑外衣的基础上参照西域胡服改革而成的一种北朝服装：圆领；衣侧开衩，衩口最初较低，后渐高，直抵骻部，故以"缺骻"命名。

较之汉魏的褒博衣冠，缺骻袍具有简单便利的特点，所以很快就成了百官士庶最常用的服装。唐制规定："服袍者下加襕，绯、紫、绿皆视其品，庶人以白。"[1]这里所说的"袍"，便是指缺骻袍。袍下加"襕"，起于北周武帝保定四年（564 年），宇文邕下令，在袍身近膝处加襕，[2]所以又称襕衫或襕袍（图 6-1-4）。襕的颜色不同以区别官员的等级。

提到缺骻袍，不得不提及鞢韄带，这是唐代男子袍服不可缺少的组成

---

〔1〕 欧阳修：《新唐书·卷二四·车服志》，中华书局 1986 年版。
〔2〕 魏征：《隋书·卷一一·礼仪志六》，中华书局 1982 年版。

部分。鞢韘带是鲜卑装的特色之一。北魏孝文帝改革，要求鲜卑百姓一律着汉装，但到北齐时，反对汉化成为时尚，鲜卑装又盛行起来。山西太原北齐娄睿墓中的人物：头戴鲜卑帽，身着圆领缺骻长袍，腰束鞢韘带，足蹬长勒吉莫靴。这是典型的鲜卑装束。[1] 唐人李肇曾列出了"天下无贵贱通用"的几件物品，其中有"丝布为衣，麻布

图 6-1-4

为囊，毡帽为盖，革皮为带"[2]，所谓"革皮为带"指的就是鞢韘带。可见，在唐代，鞢韘带已成为男子不可缺少的装饰物件。

第三是裤褶。

裤褶服原是北方少数民族的服装。赵武灵王胡服骑射，揭开了华夏民族向周边少数民族学习的序幕。汉魏之际，军旅间上褶下裤，已有服用者；在整个南北朝时期，随着南北民俗的交流，裤褶服不仅在中原流行，而且也普及到了南方民间，北魏孝文帝要求鲜卑人一律着汉装，但没有要求废除裤褶服；到了隋朝，裤褶服更是受到百官欢迎，尽管隋炀帝为百官制定服饰制度，但"百官行从，唯服裤褶"[3]。

唐代前期，裤褶服成了朝服，据《唐会要》记载，太宗贞观二十二年（648年）下令"百寮朔望日服裤褶以朝"。这表明裤褶已成为文武官员上朝的公服。睿宗文明元年（684年）又下诏，令京官文官五品以上，六品以下，清官七品，每天入朝服裤褶，诸州县长官平日在乡衙也要服裤褶，[4]

---

[1] 山西省考古研究所、太原市文物管理委员会：《太原市北齐娄睿墓发掘简报》，《文物》1983年第10期。

[2] 李肇：《唐国史补·卷下·货贿通用物》，上海古籍出版社1979年版。

[3] 魏征：《隋书·卷一二·礼仪志七》，中华书局1982年版。

[4] 刘昫：《旧唐书·卷四五·舆服志》，中华书局1975年版。

裤褶服用场合更为广泛。

以裤褶为公服,以圆领缺骻袍为常服,外加幞头、靴子、鞢鞢带,可以这样说,这一时期,胡服已经统治了唐朝男人的服饰世界。

第四是靴子。

靴与幞头、圆领缺骻袍相配,构成了这一时期男服的最常见的形式。靴的最大特点是便于骑乘,所以更适于北方游牧民族生活习俗。尽管在内地也有过靴,但农耕地区服用机会少,所以在很长的历史阶段中,一直认为靴是胡服。

图 6-1-5

在唐朝,乌皮六合靴与折上巾(幞头)相组合,成为"贵贱通用"[1]的服装。唐太宗时,马周建议缩短靴勒,并加靴毡,于是作为胡服的靴子就堂皇地进入了庙堂之上。诗人李白在皇宫大殿上"引足令高力士脱靴"[2]便是一个明证。在唐代,靴子不仅进入朝堂,而且普及到了民间,穿不穿靴子已关乎"足礼"。图 6-1-5 为唐代李贤墓壁画(东壁仪卫:幞头、缺骻袍、靴子)。

唐人穿的靴一般是用六块皮革缝缀而成,看上去有六条缝,所以称为"六合靴"或"六缝靴"。在皮靴中,以所谓"皱纹吉莫靴"最为有名。开元间(713—741 年)同州(今陕西大荔)每年向朝廷进献的土贡中有"皱纹吉莫靴二十张",唐宪宗元和年间(806—820 年)的土贡有"皱纹靴"[3]。其实吉莫靴在北齐时就出现了[4],"吉莫"一词可能是鲜卑语的译音,于此也可见吉莫靴的渊源所自。

〔1〕 刘昫:《旧唐书·卷四五·舆服志》,中华书局 1975 年版。

〔2〕 刘昫:《旧唐书·卷一九〇下·文苑列传下·李白》,中华书局 1975 年版。

〔3〕 李吉甫:《元和郡县图志·卷二·关内道二》,中华书局 1983 年版。

〔4〕 李百药:《北齐书·五〇·恩幸列传·韩宝业》,中华书局 1992 年版。

如果"胡"不专指西北、北方等少数民族,而是泛指大唐帝国以外的世界,那么,大唐被胡化的服饰世界更为多姿多彩。女子艳丽的裙装,半掩粉胸的袒胸装,飘逸的帔帛,以及化妆等,无一不受西域、南亚等外来世界的影响。而且,圆领缺骻袍、幞头、靴子等不只为男子专用,亦同时为女子所好。对大唐生活的胡气,元稹在《法曲》[1]中做了总体性的描述:

> 自从胡骑起烟尘,毛毳腥膻满咸洛。女为胡妇学胡妆,使进胡音务胡乐。火凤声沉多咽绝,春莺啭号长萧索。胡音胡骑与胡妆,五十年来竞纷泊。

这是一个"胡化"的世界!无怪乎时人有"长安胡化极盛一时"的惊呼。胡气氤氲,使唐服饰文化热烈多彩,更富有生命活力。

唐代女子服饰,是中国服饰演变史中最为精彩的篇章,其冠服之丰美华丽,妆饰之奇异纷繁,都令人目不暇接。其总体态势,不仅超越前代,而且后世也无可企及者,可以称得上是封建社会中一朵昂首怒放、光彩无比的奇葩。

第一是艳丽的裙装。

在唐代女装中,裙始终是最重要的服装。从图像资料看,东汉及西晋妇女多服袍类长衣,罕见著裙者。十六国时,条纹裙渐多,并一直时兴到了唐初。自盛唐以降,色彩浓艳的裙装取代了较为单一的条纹裙。唐代裙装最显著的特点就是色彩非常艳丽(图6-1-6)。

唐诗中反映出,这时的女裙主要有红、绿、黄、绛、紫等色,都是极鲜艳极亮丽的色彩。

杜甫《陪诸贵公子丈八沟携妓纳凉晚际遇雨二首》:"越女红裙湿,燕姬翠黛愁。"[2]皇甫松《采莲子二首》:"晚来弄水船头湿,更脱红裙裹鸭

---

〔1〕 元稹:《和李校书新题乐府十二首·法曲》,载《全唐诗》卷四一九,中华书局1996年版。

〔2〕 杜甫:《陪诸贵公子丈八沟携妓纳凉晚际遇雨二首》,载《全唐诗》卷二二四,中华书局1996年版。

图 6-1-6

儿。"[1]都选择红裙来描摹妇女的服装。据记载,盛唐时期流行春日郊游,"长安士女游春野步,遇名花则设席藉草,以红裙递相插挂,以为宴幄"[2],可见穿红裙之普遍。在唐诗中,多以石榴花喻红裙,万楚《五日观妓》:"眉黛夺将萱草色,红裙妒杀石榴花。"[3]以红裙与石榴花相对,而杜审言《戏赠赵使君美人》中"红粉青娥映楚云,桃花马上石榴裙"[4]、李元纮《相思怨》中"春生翡翠帐,花点石榴裙"[5]更是径以石榴代红裙。

绿裙也是唐代妇女喜欢的裙装。张保嗣《戏示诸妓》"绿罗裙上标三棒,红粉腮边泪两行"[6]描写了身穿绿罗裙的歌妓形象。当时人们爱以春草来比喻绿裙,白居易《和殷协律琴思》中"秋水莲冠春草裙"[7],刘长卿《湘中纪行十首·湘妃庙》中"苔痕断珠履,草色带罗裙"[8],都是显例。

〔1〕 皇甫松:《采莲子二首》,载《全唐诗》卷三六九,中华书局 1996 年版。
〔2〕 王仁裕:《开元天宝遗事·卷下·裙幄》,丛书集成初编。
〔3〕 万楚:《五日观妓》,载《全唐诗》卷一四五,中华书局 1996 年版。
〔4〕 杜审言:《戏赠赵使君美人》,载《全唐诗》卷六二,中华书局 1996 年版。
〔5〕 李元纮:《相思怨》,载《全唐诗》卷一〇八,中华书局 1996 年版。
〔6〕 张保嗣:《戏示诸妓》,载《全唐诗》卷七七〇,中华书局 1996 年版。
〔7〕 白居易:《和殷协律琴思》,载《全唐诗》卷四四二,中华书局 1996 年版。
〔8〕 刘长卿:《湘中纪行十首·湘妃庙》,载《全唐诗》卷一四八,中华书局 1996 年版。

此外,唐诗中也习惯以翡翠和绿柳比喻绿裙的明艳色彩。戎昱《送零陵妓》:"宝钿香蛾翡翠裙。"[1]戴叔伦《江干》:"杨柳牵愁思,和春上翠裙。"[2]元稹《白衣裳二首》:"藕丝衫子柳花裙,空着沉香慢火熏。"[3]都是显例。

唐代诗人喜用"郁金"来比喻黄裙美丽的色彩。如杜牧《送容州唐中丞赴镇》:"烧香翠羽帐,看舞郁金裙。"[4]李商隐《牡丹》:"垂手乱翻雕玉佩,招腰争舞郁金裙。"[5]诗中所吟郁金裙,就是黄裙。据说,杨贵妃就最喜欢穿黄裙。

绛、紫也是唐代妇女裙装常用的色彩。王涯《宫词三十首》:"绕树宫娥著绛裙。"[6]杨衡《仙女词》:"金缕鸳鸯满绛裙。"[7]卢照邻《长安古意》:"娼家日暮紫罗裙。"[8]都是显例。

唐代妇女的裙装较之前代又别出心裁。裙腰提得极高,有些可以掩住胸部,有些上身仅着抹胸,外披纱罗衫,致使上身肌肤隐隐显露。如周昉《簪花仕女图》中描绘的基本就是这种装束。裙身极长,孟浩然诗云:"坐时衣带萦纤草,行即裙裾扫落梅。"而且裙身丰肥,盖与唐人崇尚丰肥之美有直接关联。李群玉有诗曰:"裙拖六幅湘江水。"孙光宪诗云:"六幅罗裙窣地,微行曳碧波。"武则天时,还有将裙四角缀十二铃的,行走时可以随步叮当作响。真可谓色形声具备矣。唐代妇女裙装不但色彩艳丽,款式新颖,而且追求奢华。唐中宗之女安乐公主所着的百鸟裙更是中国织绣史上的杰作,这种裙用百鸟之毛织成,华贵奇丽,正看为一色,侧看为一色,阳光下、阴影中色彩又不一,而且鸟的形状清晰可见。贵臣富家群

---

〔1〕 戎昱:《送零陵妓》,载《全唐诗》卷二七〇,中华书局1996年版。

〔2〕 戴叔伦:《江干》,载《全唐诗》卷二七三,中华书局1996年版。

〔3〕 元稹:《白衣裳二首》,载《全唐诗》卷四二二,中华书局1996年版。

〔4〕 杜牧:《送容州唐中丞赴镇》,载《全唐诗》卷五二一,中华书局1996年版。

〔5〕 李商隐:《牡丹》,载《全唐诗》卷五三九,中华书局1996年版。

〔6〕 王涯:《宫词三十首》,载《全唐诗》卷三四六,中华书局1996年版。

〔7〕 杨衡:《仙女词》,载《全唐诗》卷四六五,中华书局1996年版。

〔8〕 卢照邻:《长安古意》,载《全唐诗》卷四一,中华书局1996年版。

起仿效，一时"江岭奇禽异兽毛羽采
之殆尽"。[1]

第二是半露粉胸袒胸装（图6-1-7）。

与裙装相配套的是短襦、半臂和帔帛。
唐代女子所着上襦很短，襦的领口变化很
多，有圆的、方的、斜的、直的，还有鸡心领
等。盛唐时，政治宽松，交流广泛，人们思
想开放，在女子服饰界一时流行起袒领，领
口极低，可见女子乳沟。这是中国服饰演
变中少见的服饰和穿着方法。

图 6-1-7

方干曾有《赠美人》诗："粉胸半掩疑暗
雪，醉眼斜回小样刀。"[2]欧阳询《南乡子》诗："二八花钿，胸前如雪脸如
花。"[3]施肩吾诗："漆点双眸鬓绕蝉，长留白雪占胸前。"[4]李群玉诗：
"胸前瑞雪灯斜照，眼底桃花酒半醺。"[5]大都是描写歌妓舞女穿袒胸装
的形象。

袒胸装不仅在宫里和舞女中流行，而且日渐影响到民间，有诗为证：
"日高邻女笑相逢，慢束罗裙半露胸。莫向秋池照绿水，参差羞杀白芙
蓉。"这是周濆《逢邻女》诗对着袒胸装的邻家女子美妙形象的赞美。

与袒胸装配套共同完成对唐代女子美好形象塑造的还有半臂和帔
帛。尤其是帔帛，质地轻柔、飘逸，在裙衫之外十分随意地轻轻地搭在双
臂上，长长地垂挂着，并随披着方式的不同而呈现出纷繁的姿态。特别是
盛唐以后，女装流行褒博，帔帛与褒衣广袖相组合，更突出了这一时期女
子服装丰润飘逸的特色。《簪花仕女图》中：仕女头戴花冠，身着袭地长

〔1〕 欧阳修：《新唐书·卷三四·五行志一》，中华书局1986年版。
〔2〕 方干：《赠美人》，载《全唐诗》卷六五一，中华书局1996年版。
〔3〕 欧阳询：《南乡子》，载《全唐诗》卷六五一，中华书局1996年版。
〔4〕 施肩吾：《观美人》，载《全唐诗》卷四九四，中华书局1996年版。
〔5〕 李群玉：《同郑相并歌姬小饮戏赠》，载《全唐诗》卷五六九，中华书局1996年版。

裙,裙腰及腋,粉胸半露,外罩一件轻薄透明的宽大长衫,一条轻盈的长帔帛随意地搭在肩头,丰腴洁白的肌肤隐隐可见。那舒缓、飘逸犹如行云流水的动感与仕女婀娜的娇姿相辉映,更显迷人的景象。

第三是羃䍦、帷帽与胡帽。

在"男子服饰"中已提到,在唐代,胡帽不仅为胡、汉通用,而且男女通服。其实在胡帽以前,唐代女子首服已有着两种典型的样式:羃䍦和帷帽(图6-1-8)。

图 6-1-8

刘肃曾对此做了比较全面的叙述:

> 武德、贞观之代,宫人骑马者,依周礼旧仪,多着羃䍦,虽发自戎夷,而全身障蔽。永徽之后,皆用帷帽,施裙到颈渐为浅露。显庆中,诏曰:"百官家口咸厕士流,至于衢路之间,岂可全无障蔽。比来多着帷帽,遂弃羃䍦,曾不乘车,只坐檐子,过于轻率,深失礼容。自今已后,勿使如此。"神龙之末,羃䍦始绝。开元初,宫人马上始着胡帽,靓妆露面,士庶成效之。天宝中,士流之妻或衣丈夫服,靴衫鞭帽,内外一贯矣。[1]

刘肃这段话,总结了降至盛唐女帽经历的羃䍦、帷帽、胡帽3个阶段。羃䍦和帷帽也属于胡帽。

羃䍦是北朝时从北方和西北传入的一种胡帽。这种帽周围垂下很长的网帷,可以将骑在马上的妇女全身都遮蔽起来,既防尘,又避免路人窥视。唐初,女子流行戴羃䍦。唐高宗即位后,羃䍦演变成为帷帽而流行于世,帷帽与羃䍦最重要的区别在于前者网帷垂至颈部,刘肃所谓"拖裙到颈";而后者网帷很长,可遮蔽全身。至开元期间,帷帽被一种卷檐虚帽代

---

〔1〕 刘肃:《大唐新语·卷十·厘革》,中华书局1986年版,第151页。

替,卷檐虚帽即刘肃所谓的胡帽。

从遮蔽全身的幂䍦到只及颈部的帷帽,到网帷尽去、靓妆露面的胡帽,唐代女子的首服的变化既反映了胡文化对中原服饰的影响,又昭示了大唐妇女在盛唐之音强烈感召下日益开放的思想情怀。

第四是女着男装。

唐代宗大历年间(766—779 年),李华在晚年写给外孙的信中追忆说:

> 吾小时,南市帽行见貂帽多,帷帽少,当时旧人,已叹风俗。中年至西京市,帽行乃无帷帽,貂帽亦无。男子衫袖蒙鼻,妇人领巾覆头,向有帷帽、幂䍦,必为瓦石所及,此乃妇人为丈夫之像,丈夫为妇人之饰,颠之倒之,莫甚于此。[1]

"妇人为丈夫之像",即"女着男装",这种风气在唐代颇盛(图 6-1-9)。1991 年发掘出的唐高祖李渊孙妇金乡公主墓葬中有两具女性骑马狩猎俑,两具女俑都身着白色圆领窄袖缺骻袍,腰系褡裢,足蹬黑色高勒靴,一身典型的男装装束。另外还有不少女俑,也都身着男装,反映了初、盛唐女着男装的社会风貌。

图 6-1-9

这种风气,在传统文献中也有反映。据《旧唐书》记载,武则天幼时曾"衣男子之服",术士袁天纲以为"郎君子",曰:"必若是女,实不可窥测,后当为天下之主矣。"[2]术士之说往往经民间加工,虽不足为据,但是实际上,在初唐,女孩子着男装的现象已很普遍,并非武则天特例。《新唐书·

---

〔1〕 李华:《与外孙崔氏二孩书》,载《全唐文》卷三一五,中华书局 1986 年版。
〔2〕 刘昫:《旧唐书·卷一九一·方伎列传》,中华书局 1975 年版。

五行志》记载了太平公主着男装之事:高宗在皇宫内设宴。太平公主为高宗、武后舞蹈娱乐,太平公主穿"紫衫、玉带、皂罗折上巾,具纷砺七事"。唐玄宗天宝年间(742—756 年)此风更炽,"士流之妻,或衣丈夫服,靴衫鞭帽,内外一贯矣"。[1] 武宗时,武宗宠爱王才人,经常令其与自己穿一样的服装,当他们一起在禁苑射猎时,"左右有奏事者,往往误奏才人前,帝以为乐"[2]。唐宪宗元和十三年(818 年)进士李廓在《长安少年行》诗中也称:"遨游携艳妓,装束似男儿。"一时风气可知。

第五是张扬的发髻与面饰。

唐代贵族妇女非常看重化妆,杨贵妃姊妹就是其中最突出的例证。在她们得宠之时,仅仅为杨贵妃织锦刺绣的女工就有 700 人,杨贵妃的 3 个姐姐每年由玄宗赏赐的脂粉之资也达千贯之巨,她们出行时,侍从队伍红绿耀映,"如百花之焕发,而遗钿坠舄,瑟瑟珠翠,烂烂芳馥于路"。[3] 据称,当时朝廷宫女"掠鬓用郁金油,傅面用龙消粉,染衣用沉香水"[4],可见使用的化妆品是非常奢华的。

唐代妇女的化妆倾向于浓艳、热烈、夸张。

以发髻言,这一时期妇女发髻名目繁多(图 6-1-10),如堕马髻、朝天髻、危髻、三角髻、反绾髻、惊鹄髻、峨髻、抛家髻、螺髻、盘桓髻、百合髻、百叶髻、两丸髻、小髻、飞髻、宝髻、九骑仙髻、凤髻、闹扫妆髻、交心髻、同心髻、步摇髻、慵妆髻、愁来髻等,除了髻式外,还有各种鬟式、鬓式。其中尤其重视高髻。由于受到高髻流行的影响,这时还出现了假髻,据称杨贵妃好服黄裙,并以假髻为首饰。唐玄宗天宝(742—756 年)末年,长安有童谣称:"义髻抛河里,黄衫逐水流。"[5]"义髻"即假髻,可知当时假髻的盛行。

妇女面部化妆主要为描眉和点唇,此外还有额黄、花钿、妆靥、斜红等

---

〔1〕 刘肃:《大唐新语·卷十·厘革》,中华书局 1986 年版。

〔2〕 王谠撰,周勋初校证:《唐语林校证·辑轶》,中华书局 1997 年版。

〔3〕 刘昫:《旧唐书·卷五一·后妃上》,中华书局 1975 年版。

〔4〕 冯贽:《云仙散录·郁金油》,中华书局 1998 年版。

〔5〕 郑处海:《明皇杂录·辑轶》,中华书局 1994 年版。

图 6-1-10

（图 6-1-11、图 6-1-12、图 6-1-13），多种多样的面膏面膜，构成了这一时期妇女面部化妆的一个重要特点。

图 6-1-11　　　　　　　　　　　　图 6-1-12

描眉方法很多，有玄宗喜爱的小山眉、五岳眉、垂珠眉、月棱眉、分梢眉、涵烟眉，有杨贵妃曾经为之的"白妆黑眉"、有微绿的黛眉、有细长的柳眉、有浓阔的蛾眉等。有一种叫"八字眉"的，大概是自 8 世纪中叶后，在吐蕃的影响下，盛行于唐朝各地。"两头纤纤八字眉，半白半黛灯影帷"[1]，"金丹拟驻千年貌，宝镜休匀八字眉"[2]都是流行八字眉的例证。将眉毛画为"八"字，与人哭泣时的形象很相似，所以白

图 6-1-13

---

〔1〕 雍裕之：《两头纤纤》，载《全唐诗》卷四七一，中华书局 1996 年版。
〔2〕 韦应物：《送宫人入道》，载《全唐诗》卷一九五，中华书局 1996 年版。

居易描述其为"含悲啼",而这种装束又称为"啼眉妆"。唇妆因起画龙点睛的作用,所以尤其受到重视。点唇名目繁多,有石榴娇、大红春、小红春、半边娇、万金红、露珠儿、腥腥晕、眉花奴等。还有一种叫"乌唇"的面饰,也是受吐蕃的影响。白居易曾对天宝末年流行的时世妆作诗进行过形象地描述:

> 时世妆,时世妆,出自城中传四方。时世流行无远近,腮不施朱面无粉。乌膏注唇唇似泥,双眉画作八字低。妍媸黑白失本态,妆成尽似含悲啼。圆鬟无鬓堆髻样,斜红不晕赭面状。昔闻被发伊川中,辛有见之知有戎。元和妆梳君记取,髻堆面赭非华风。[1]

唐代服饰能有如此丰富多彩的拓展,能有如此奇异而新美的创造,这绝非偶然,它是当时难得的客观条件和主观努力完美结合的产物。

第一,大唐帝国的富强,为服饰文化的繁荣提供了较好的物质基础。

大唐帝国取隋而代之。隋王朝立国虽仅短短 38 年,但它却是中国历史上重要时期之一,它使后汉以降分裂与对峙近 4 个世纪的中国,重新归于一统,为社会经济的发展赢来了难得的机遇。随着杨坚父子建立三省六部制,继续推行北魏以来的均田制、租调法和寓兵于农的府兵制,通过输籍定样,大索貌阅,从豪强大族检括出大批劳动人手,积极开展与西域各国的贸易,尤其是凿通南北大运河,大大促进了社会经济的发展,使得户口大增,仓储丰盈,国家富强。[2]

隋王朝后期虽因炀帝穷兵黩武,大兴土木,穷奢极侈,造成"天下死于役而家伤于财"[3],但为时不长。隋王朝,尤其是隋文帝奠定的政治、经济基础,仍具有相当的潜在活力,为李唐的恢复与发展奠定了较好的物质基础。贞观年间(627—649 年)兴洛仓的储粮犹未用完,便是显著之例。

---

〔1〕 白居易:《时世妆》,载《全唐诗》卷四二七,中华书局 1996 年版。
〔2〕 魏征:《隋书·卷二四·食货志》,中华书局 1982 年版。
〔3〕 魏征:《隋书·卷二四·食货志》,中华书局 1982 年版。

《贞观政要·论贡赋》云："比至（隋文帝末年），计天下之储积，得供五六十年。"

脱胎于杨隋的李唐，承袭了隋文帝父子有利于中国历史发展的一系列举措，并进行了一系列改革，进一步完善政治上的三省六部制、科举制，经济上的均田制和租调制，军事上的府兵制，以加强专制主义中央集权。同时以隋为鉴积极推行，与民生息的政策，大力兴修水利，发展生产，因此建唐不久，整个国家较快地走上了正轨。离隋亡仅 12 年，即贞观四年（630 年），就出现了著名的"贞观之治"。虽然这主要是指封建政治的清明，但经济也确实得到了初步的恢复。

高宗继承贞观遗风，继续推行武德、贞观以来制定的政策，使得农业、手工业和商业不断得以发展，人口由唐初的 200 余万户增至 380 万户。[1] 东边彻底打败了隋文帝、炀帝和唐太宗多次征讨不下的高丽，西边收复了安西四镇，唐王朝国威远扬。

武则天改唐为周后，仍奉行李唐治国方略，社会经济一直保持不断发展的势头。

开元初年，玄宗在名相姚崇、宋璟的辅佐下，革除武则天晚年以降诸种弊政，澄清吏治，倡导节俭，兴修水利，至"开元、天宝之中，耕者益力，四海之内，高山绝壑，耒耜亦满"[2]。至天宝十三载（754 年），有户 9069154，口 52880488，史称"有唐户口之盛，极于此"[3]。

总之，经过建唐以来 130 余年持续发展和积累，大唐帝国不仅农业发达，户口增多，而且手工业兴盛，商业繁荣，中外经济文化交流频繁。

当时唐代有许多著名的大城市，首都长安是最大的政治、经济、文化中心。长安的人口近 100 万。在这里聚集了大量的农产品、手工业品，不仅可以供应着城市需求，还可以提供给对外贸易。因此，中外商人云集长

---

〔1〕 司马光：《资治通鉴·卷一九九·唐纪一五》"永徽三年七月"条，中华书局 1956 年版。

〔2〕 元结：《问进士第三》，载《全唐文》卷三八〇，中华书局 1986 年版。

〔3〕 司马光：《资治通鉴·卷二一七·唐纪三三》"天宝十三载十一月"条，中华书局 1956 年版。

安，长安的东、西两市成了繁荣的商业区。东市有 220 个行业，货栈、店铺鳞次栉比，四方珍奇，皆所集结[1]；西市的繁荣情况，与东市不相上下，在这里居住很多西域胡商，还有大食、波斯的商人。唐朝后期，西市的繁荣情况超过了东市，店肆行业远远比东市多，还有收买各种宝物的胡商和波斯邸。这些都充分说明，长安不仅是唐王朝的首都与重要的工商业城市，而且也是国际性的城市。

商业的繁荣，进一步推动了手工业的发展。在唐朝，跟服饰文化直接有关的染织手工业十分兴旺。官府专设染织部门，下设织锦坊、绫锦坊、染坊等作坊，不仅京城有这种官设作坊，东京及各州县也有这种作坊。

除了官营作坊外，还有民营纺织业，民营纺织业除了农村中家庭手工业外，在都市里也有民营的生产各种纺织品的手工业作坊。当时纺织业最为发达的地方是四川、河北、山东、扬州等地。

四川是唐代织造进贡丝织品的主要地方，蜀地生产的蜀锦，益州生产的金银丝织物，是当时名贵产品。据《旧唐书·五行志》记载："安乐初出降武延秀，蜀川献单丝碧罗龙裙，缕金为花鸟，细如丝发，鸟子大如黍米，眼鼻嘴俱成，明目者方见之。"河北定州是一大纺织业中心，据《通典》记载，从全国州郡贡丝织品的数量上说，定州在当时为第一。此外，青州纺织业也十分发达，所织的绢质量极好。

在北方纺织业发展的同时，江南的丝织业也十分发达。据《新唐书·地理志》记载，江南各州也都有著名产品。如润州有衫罗、水纹绫、方纹绫、鱼口绫、绣叶绫、花纹绫；湖州有御服乌眼绫；苏州有八蚕绫、绯绫；杭州有白编绫、绯绫；常州有绸绫、红紫绵巾、紧纱；睦州有文绫；越州有宝花罗、花纹罗、白编绫、交梭绫、十样花纹绫、轻容生縠花纱、吴绢；明州有吴绫、交梭绫。

唐代丝织业的发达，不仅反映在丝织物名目繁多、产量丰富方面，在生产技术上也十分精湛。如浙江民间用青白等色细丝织成的缭绫，丝细

---

〔1〕 宋敏求：《长安志·卷八·东市》，中华书局 1991 年版。

质轻,极其精致,其中"可幅盘绦缭绫"花回循环与整个门幅相等,花纹复杂,交织点少,视感、手感和光泽都非常好。白居易在诗中这样描写道:"缭绫缭绫何所似,不似罗绡与纨绮,应似天台山上月明前,四十五尺瀑布泉。中有文章又奇绝,地铺白烟花簇雪。……异彩奇文相隐映,转侧看花花不定。"[1]

在亳州纺织出的一种无花薄纱,名为轻容,手感特别轻柔,做成衣服穿在身上就如披上一层轻雾。在新疆阿斯塔那出土的大历十三年(778年)的锦鞋,鞋面用 8 种不同颜色的丝线织成,图案为红地五彩花,以大小花团组成团花中心,绕以禽鸟行云和零散小花,外侧又杂置折枝花和山石远树;近锦边处,还织出宽 3 厘米的宝蓝地五彩花卉带状花边。整个锦面构图较复杂,形象生动,配色鲜丽,组织密致,即使与现代丝织物相比,也毫不逊色。

据《太平广记》记载,唐代有一种轻绢,一匹 4 丈长,但重量只有半两。这些记载,都说明唐代丝织业的发展已达到很高的水平。

唐代纺织业中,除了丝织业发达外,棉纺织业也得到了发展。

另外,印花和染色业的技术也有了很大的提高。在玄宗以前就掌握了绞缬、夹缬、蜡缬等技术,高宗时的绞缬染色绢、蜡缬绢和蜡缬纱,花纹灵巧生动,色彩斑斓,这在一定程度上反映了当时的印染水平。

社会经济的发展,商业的繁荣,尤其是手工业中丝织业和棉纺织业的高度发达,印染技术的发展,都为唐代服饰的新颖富丽在客观上提供了坚实的物质基础。

第二,大唐帝国的宽松氛围,为服饰文化的繁荣开辟了肥沃的土壤。

文化生长的生态环境既包括地理条件、经济手段、社会组织,又包括国家的文化政策。压抑的、禁忌的、强求一律的文化政策肆意蹂躏文化健康的生命,窒息它的内在活性;而开明、宽容的文化政策则推动文化在多元扩展和深化中崭露新颖性。

---

〔1〕 白居易:《缭绫》,载《全唐诗》卷四二七,中华书局 1996 年版。

唐代便是一个文化政策开明宽松的时代。

比如在文学艺术创作上,罕见的英主李世民与以魏征为首的儒生官僚集团积极鼓励创作道路的多样性。虽然,他们对六朝淫靡文风强烈不满,以为梁陈文学内容贫乏、与政无补、文体淫放、危害风俗,并高度强调文学艺术"经邦纬俗"的社会功用,但是,他们绝不推行文化偏至主义,绝不以强硬的手段重质轻文,重道制艺,而是仍然鼓励"纯文学"、"纯艺术"的发展。唐太宗论文学,盛赞陆机"文藻宏丽";论书法,心慕手追王右军;论音乐,呼应嵇康之论,认为"声无哀乐","悲悦在于人心,非由乐也"。魏征对江淹、沈约等人的文学成就多有肯定,以为他们"缛彩郁于云霞,逸响振于金石,英华秀发,波澜浩荡。笔有余力,词无竭源"。在《隋书·文学传序》中,魏征平实地分析了南方文学与北方文学之短长,提出了"各去所短,合其两长"的卓越见解。如此文艺思想、文艺政策,自然推动文学艺术生动活泼地发展,而不是僵死地囿于政教一隅。

在意识形态上,唐代统治者奉行道、释、儒三教并行的政策。虽然有唐一代,不同的君主由于不同原因而在三教之中各有侧重,如唐武宗一度灭佛,但总的说来,还是三教并行。

唐代道教在上层统治者中格外得宠。李唐王室奉老子李聃为先祖,故唐高宗封老子为太上玄元皇帝。东都洛阳的玄元皇帝庙气派格外宏大。长安的太清宫中,先有玄宗雕像,后又有高祖、太宗、高宗、中宗、睿宗五帝侍立老子塑像左右,毕恭毕敬。追求仙人羽化的道观发展势头也极为高涨,《唐六典·祠部》记载"凡天下观总一千六百八十七所",天台山、茅山、华山、青城山、王屋山等名山幽谷无不香雾弥漫、仙乐嘹亮。

初盛唐也是佛教扶摇直上的时代。京畿长安,寺庙荟萃,其中规模大者,"穷极壮丽,土木之役愈万亿"[1]。日本僧人圆仁在《入唐求法巡礼行记》中说:"长安城里,一个佛堂院,可敌外州大寺。"长安城内的佛塔更难以备数,它们造型优美,引人入胜;长安城内的和尚们也春风得意,他们

---

〔1〕 刘昫:《旧唐书·卷一八四·宦官列传·鱼朝恩》,中华书局1975年版。

"街东街西讲佛经,撞钟吹螺闹宫廷"[1]。在东都洛阳,武则天大规模开窟造像于龙门,据说她曾命僧徒怀义造夹纻大像,大像的一个小拇指上就能站下数十人。举世闻名的卢舍那大佛高 17.14 米,端坐正中,神王、金刚、菩萨、弟子侍立左右,如众星拱月,当人们在群像环顾中瞻仰大佛,不由产生一种渺小之感,仿佛是一个微小的生命匍匐在巨大的、超然的神灵面前。

一度式微于魏晋南北朝的儒学在唐代也开始振兴。唐高祖颇好儒臣。唐太宗锐意经术,他宣称:"朕今所好者,惟在尧舜之道、周孔之教,以为如鸟有翼,如鱼依水,失之必死,不可暂无耳。"[2]他诏求前代通儒子孙,特加引擢;他命国子祭酒孔颖达等撰定《五经经义》,令天下传习;他又诏以左丘明、公羊高、谷梁赤等 21 位经学家配享孔子庙庭。重儒术的大力倡导,在唐代学术界造成"学者慕响,儒教聿兴"的新局面。

唐代统治者在尊道、礼佛、重儒的同时,更鼓励三教自由展开辩论。德宗贞元年间,儒、释、道三家大论辩于麟德殿,"始三家若矛盾然,卒而同归于善"[3]。

三教并行,不仅有力地促使道、释、儒三教相互吸收,而且造成一种开放的宽容的文化心态:人们不以一教为尊,亦不必以自己的信仰去屈从于一尊意志,所以在唐代朝野弥漫着自由的文化空气。儒学可以被嘲讽,如李白曾狂歌——"我本楚狂人,凤歌笑孔丘","儒生不及游侠人,白首下帷复何益"。杜甫亦有言——"儒术与我何有哉,孔丘盗跖俱尘埃"。君主也并非至尊至贵,诗人可以"长安市上酒家眠,天子呼来不上船",倒是唐玄宗见到李白要"降辇步迎"。诗人作诗也少有忌讳,对此,宋人洪迈在《容斋随笔》中曾专文加以论述:

> 唐人歌诗,其于先世及当时事,直辞咏寄,略无避隐。至官

[1] 韩愈:《华山女》,载《全唐诗》卷三四一,中华书局 1996 年版。
[2] 吴兢:《贞观政要·卷六·慎所好》,四川人民出版社 1987 年版。
[3] 欧阳修:《新唐书·卷一七四·徐岱传》,中华书局 1986 年版。

禁嬖昵，非外间所应知者，皆反复直言，而上之人亦不以为罪。如白乐天《长恨歌》讽谏诸章、元微之《连昌宫词》，始末皆为明皇而发。杜子美尤多，如《兵车行》、《前后出塞》、《新安吏》、《潼关吏》、《石壕吏》、《新婚别》、《垂老别》、《无家别》、《哀王孙》、《悲陈陶》、《哀江头》、《丽人行》、《悲青陵》、《公孙舞剑器行》终篇皆是。……此下如张祜赋《连昌宫》……《雨霖铃》等 30 篇，大抵咏开元、天宝间事。李义山《华清宫》、《马嵬》、《骊山》、《龙池》诸诗亦然。今之诗人不敢尔也。[1]

这种宽松的文化政策同样体现在服饰文化制度上。唐代服饰制度是建立在隋朝的舆服制度之上的。隋代对皇帝、皇太子、皇室成员、各级官吏规定了在各种正式场合服用的不同服装，唐朝冠服继承了隋制并做了进一步的变通，做了具体细致的规定：皇帝冕服有大裘冕（祀天神、地祇服用）、衮冕（诸祭祀及庙、遣上将、征还、饮至、加元服、纳后、元日受朝服用）、鷩冕（有事远主服用）、毳冕（祭祀海岳服用）、绣冕（祭祀社稷、帝社服用）、玄冕（蜡祭百神、朝日、夕月服用）、通天冠（诸祭还及冬至、朔日受朝、宴群臣时服用）、武弁（讲武、出征、四时搜狩、大射等服用）、黑介帻（拜陵服用）、白纱帽（视朝、听讼、宴见宾客服用）、平巾帻（乘马服用）、白帢（临大臣丧服用）等 12 等。[2]

百官服饰根据地位、品级等不同，分为衮冕、鷩冕、毳冕、绣冕、玄冕、爵弁、远游冠、进贤冠、武弁、獬豸冠等 10 等。

制度很完备，很清楚，很具体，但是实施起来却是难度很大，所以与隋代一样，唐代冠服制度也大多徒具形式，备而不用。根据《旧唐书·舆服志》记载，《衣服令》颁布未几，唐太宗在朔望视朝时便"以常服及白练裙、襦通着之"，对刚刚制定的服饰制度打了一个大大的折扣。

高宗显庆元年（656 年）又规定"诸祭并用衮冕，并在举哀场合使用素

---

[1] 洪迈：《容斋随笔·续笔·卷二·唐诗无讳避》，中国社会科学出版社 2005 年版。
[2] 刘昫：《旧唐书·卷二五·舆服志》，中华书局 1975 年版。

服,废白帢"。

到玄宗开元十一年(723年),更是"元正朝会用衮冕及通天冠,大祭祀依郊特牲,亦用衮冕。自余诸服,虽著在令文,不复施用"〔1〕。

到中晚唐时,冠服制度更趋简化,连衮冕和通天冠也逐渐退出了实用的领域,成为具文。贞元七年(791年),唐德宗受朝,"初欲冕服御宣政殿",后竟"以常服御紫宸殿"〔2〕。

如果说德宗时穿常服受朝还是偶然为之,那么,到唐文宗时,常服受朝已经成为惯例。史载,开成元年(836年),文宗"常服御宣政殿受贺,遂宣诏大赦天下,改元开成"〔3〕。元正受朝及改元,都是朝廷特别注重的隆重场合,然而即便这样的场合一国之君也身服常服,可知这冠服礼仪已是徒具形式而已,大唐服饰制度在具体实施过程中宽松到何种程度已是一目了然了。

然而,中国毕竟是礼仪之邦,这样上下混淆分不清官民总是不合体统,于是,统治者便在服色上做文章。继隋以后,唐统治者对百官常服的服色作了一定的调整,使之进一步完善。

唐高祖武德四年(621年)规定三品以上常服为紫色,五品以上为朱色,六品以下为黄色。贞观四年(630年),进一步规定三品以上服紫,五品以上服绯,六、七品服绿,八、九品服青,仍以黄色为通用色。上元元年(674年),因为洛阳尉柳延穿着黄色的衣服夜行,结果分辨不出身份,遭其部下殴打,因此,唐高宗规定官员不许着黄。〔4〕以后虽然屡有改易,但只是略作调整,并无整体变化。官阶高者衣紫衣绯,官阶低者衣绿衣青,兵士服黑,布衣百姓衣黄衣白。

然而,从服色制度纳入到常服开始,僭越违制就成了政府面临的一个难以解决的问题。

---

〔1〕 王溥:《唐会要·卷三一·舆服上·裘冕》,中华书局1990年版。
〔2〕 王溥:《唐会要·卷二四·受朝贺》,中华书局1990年版。
〔3〕 刘昫:《旧唐书·卷一七下·文宗本纪下》,中华书局1975年版。
〔4〕 王溥:《唐会要·卷三一·舆服上·裘冕》,中华书局1990年版。

永隆二年(681年),唐高宗就在诏令中特别提到长安地区一般民众服色违制现象,称"紫服赤衣,间阎公然服用"〔1〕,可知,服色令颁行未几,违制现象就已相当普遍,甚至到了无所忌惮的地步。

此外,在贞观四年(630年)、上元元年(760年)、大中六年(852年)颁布的诏令中,唐朝政府也都反复强调百姓必须服黄〔2〕,表明服色违制现象一直未能断绝。

另外,百姓违制着黑也很普遍。唐人小说名篇《东城老父传》中提到,开元(713—742年)盛世,老父经过街市,见到街上多有卖白衫、白叠布者,有人褴病需要一块皂布,竟然四处求购不得,只能以幞头罗替代。元和五年(810年)老人已近百龄,偶然出门,见街门之上服白衫者不满百,老人惊呼"岂天下之人皆执兵乎!"百姓穿黑衣者,竟然大大超过了白衫。

统治阶层对女子的服制也做了一定的规定,但根据记载,并未得到很好的实施,尤其是常服的相关制度,根本没有得到严格的贯彻。《旧唐书·卷四五·舆服志》是这样描述唐代女装违制现象的:"风俗奢靡,不依格令,绮罗锦绣,随所好尚。上自宫掖,下至匹庶,递相仿效,贵贱无别。"裸露粉胸、女着男装等创造性的服饰现象可以证之。

制度成为具文,违制现象不断发生,这些都与统治阶层对制度本身是否重视有直接关联。

从前面的史料中不难看出,对于冠服制度,统治阶层往往或以"周礼此文,久不施用",或以"临事施行,极不稳便",或以气候相异,"如何服之"等为由自立自破,使冠服制度成为一纸空文;对于常服中出现的违制现象,在唐代的史料中,很难找到有一条非常严厉的禁令,如宋代的"违者,犯人及工匠皆坐"、"犯者必置于法"、"如违,并行重断"等。因此,这些常服制度也便如同虚设,大家还是我行我素,在开明宽松的文化氛围里,面对千姿百态的异域服饰文化,将自己的心灵感受与内心的本质力量,自由

---

〔1〕 刘昫:《旧唐书·卷五·高宗本纪下》,中华书局1975年版。
〔2〕 王溥:《唐会要·卷三一·舆服上·裙冕》,中华书局1990年版。

地转化为美的艺术形象,从而赋予唐代服饰文化璀璨而又新异的气质。

第三,大唐帝国的对外开放,为服饰文化的繁荣凿通了不竭的源泉。

华夏民族由于"固土重迁",习惯于安居一方,所以面对外来事物向来具有受容性。在唐代,经济发达,国家富强,文化政策宽松,大唐人以强者的身份、以博大的胸襟、以宽厚和兼容并包的精神主动地与东西方进行交往,并自信地接纳四方远近外来文化。

就以唐太宗为例,在励精图治的同时,唐太宗对周边少数民族的基本态度十分明确:降则抚之,叛则讨之。[1] 只要不公开与唐对抗,就对其实行怀柔羁縻政策,以各部的酋长为都督、刺史,仍按其原来的风俗习惯、社会制度,对本族进行统治。反之,侵扰内地或对唐有严重威胁者,则用武力解决。

唐初,突厥经常大兵压境,甚至进兵关中,威胁京师。贞观三年(629年),唐太宗出兵十几万击败东突厥,俘获颉利可汗。"突厥既亡,其部落或北附薛延陀,或西奔西域,其降唐者尚十万口。"[2]降唐的东突厥酋帅有大批留于朝中任职,"皆拜将军中郎将,布列朝廷,五品以上百余人,殆与朝士相半"。这种情况给长安居民的社会生活以颇大的影响,突厥习尚不仅渗透民间,连上层社会亦为所染。另外,对隋末没于突厥的内地人,不是迫使突厥送回,而是以金帛赎之,凡得男女八万口。唐太宗的作为使得"四夷君长诣阙请"其为"天可汗"[3]。贞观二十一年(647年),诸酋长自称"唐民",要求"于回纥以南、突厥以北开一道,谓之参天可汗道,置六十八驿,各有马及酒肉以供过使,岁贡貂皮以充租赋,仍请能属文人,使为表疏"。[4]唐太宗同意了他们的要求。

贞观七年(633年),上皇(唐高祖)于故汉未央宫置酒,命颉利可汗起

〔1〕 司马光:《资治通鉴·卷一九八·唐纪一四》"贞观二十年"条,岳麓书社1990年版。
〔2〕 司马光:《资治通鉴·卷一九三·唐纪九》"贞观四年"条,岳麓书社1990年版。
〔3〕 司马光:《资治通鉴·卷一九三·唐纪九》"贞观四年"条,岳麓书社1990年版。
〔4〕 司马光:《资治通鉴·卷一九八·唐纪一四》"贞观二十一年"条,岳麓书社1990年版。

舞,南蛮酋长冯智戴咏诗,既而,上皇笑曰:"胡越一家,自古未有也!"[1]这种和谐的气氛,正说明唐太宗民族政策的胜利。贞观二十一年(647年),唐太宗在总结历史经验后认为:自古帝王虽平定中夏,却不能服戎、狄,而自己才不逮古人功却过之的原因之一便是"自古皆贵中华,贱夷、狄,朕独爱之如一。故其种落皆依朕如父母"[2]。正是由于这种良好的民族关系,所以才出现了"四夷大小君长争遣使入献见,道路不绝,每元正朝贺,常数百千人"[3]的盛况。

6—8世纪的长安,还是一个世界性都市。长安的鸿胪寺接待了70多个国家的外交使节,他们多率领颇具规模的使团来到大唐,造成"万国衣冠拜冕旒"的盛大景象。唐的国子学和太学,接纳了30000余人的外国留学生,其中日本留学生最多时可达万余名,其他亚洲国家也为数不少。来自中亚、西亚的商人在长安广设酒店、珠宝店。长安贵族府中常有所谓昆仑奴为家仆,这些黑人奴隶多经波斯、大食辗转而来。外来僧侣在长安与其他城市都十分活跃。据《大唐西域求法高僧传》、《续高僧传》记载:当时来自南亚的高僧在长安有中天竺僧那提三藏。在洛阳有南天竺僧跋日罗菩萨。在广州有北天竺僧般刺若及中天竺僧莲华。见之于《入唐求法巡礼行纪》、《佛祖统记》的,还有传说在五台山得遇文殊菩萨化男的天竺僧佛陀波利,在长安参与译经事业的罽宾国僧般若三藏等。日本僧人也多汇聚长安。日本佛教真言宗的创始人空海便曾在长安青龙寺问学于惠果大师。摩尼教、景教、祆教、伊斯兰教等外来宗教亦各自在长安建立本教派的庙祠。中亚乐舞艺术家与天竺杂技、魔术艺人在长安各阶层中亦大为活跃、大受欢迎。《唐六典·卷四·尚书礼部》记载了开元年间与唐交往之蕃国:

---

〔1〕 司马光:《资治通鉴·卷一九四·唐纪一四》"贞观七年"条,岳麓书社1990年版。

〔2〕 司马光:《资治通鉴·卷一九八·唐纪一四》"贞观二十一年五月"条,岳麓书社1990年版。

〔3〕 司马光:《资治通鉴·卷一九八·唐纪一四》"贞观二十二年二月"条,岳麓书社1990年版。

凡四蕃之国，经朝贡已后自相诛绝，及有罪见灭者，盖三百余国。今所存者，有七十余蕃。谓三姓葛逻禄，处蜜，处月，三姓咽蔑，坚昆，拔悉蜜，窟内有姓杀下，突厥，奚，契丹，远番靺鞨，渤海靺鞨，室韦，和解，乌罗护，乌素固，达末娄，达垢，日本，新罗，大食，吐蕃，波斯，拔汗那，康国，安国，石国，俱战提，教律国，罽宾国，东天竺，西天竺，南天竺，北天竺，中天竺，吐火罗，米国，火寻国，骨咄国，诃毗施国，曹国，拂菻国，勃时山屋驮国，狮子国，真腊国，尸利佛誓国，婆利国，葱岭国，俱位国，林邑国，护密国，恒没国，愊恒国，乌苌国，迦叶弥罗国，无灵心国，苏都瑟那国，史国，俱密国，于建国，可萨国，過曜国，习阿萨般国，龟兹国，疏勒国，于阗国，焉耆国，突骑施等七十国，各有土境，分为四番焉。其朝贡之仪，享燕之数高下之等，往来之命，皆载於鸿胪之职焉。

以上诸国大致范围是：东起今日本、朝鲜，南达南亚次大陆，西及中国的新疆、西藏，中亚、西亚以至地中海沿岸地区，北至蒙古、苏联西伯利亚、中国东北等国家和地区，包括外国和国内少数民族建立的政权。

另据统计，"在长安城一百万总人口中，各国侨民和外籍居民约占到总数的百分之二左右，加上突厥后裔，其数当在百分之五左右"[1]，外人在都城人口所占比例之高，为历朝所少见。

总之，进入大唐土地的不仅有周边少数民族的居民，还有外国使节、商人、留学生、宗教徒、艺术家、天文家、质子和昆仑奴等；不仅有少数量的短时的出使、经商、交流等来唐者，还有大量的长期定居的内迁居民和外国移民。这些形形色色的外来民众来到大唐，与华夏民族杂居一地，使诸种文化、风俗相互交流，相互影响，为唐人文化生活增添了万千风采，为唐文化的发展和繁荣营造了优越的环境。

---

〔1〕 沈福伟：《中西文化交流史》，上海人民出版社 1985 年版。

比如,胡曲和胡舞在唐代大为流行。四方少数民族音乐传入的有十几种,唐代士大夫亦多醉心于胡乐。王建在《凉州行》诗中这样写道:"城头山鸡鸣角角,洛阳家家学胡乐。"琵琶等胡乐器亦与胡乐一起流布于唐人文化生活中。风靡长安的胡舞更使唐人眼迷心醉。从中亚康国、史国、米国等国传来的节奏明快、舞姿刚健优美的胡旋舞、胡腾舞、柘枝舞,在宫廷、宴会、酒肆、茶楼和民间节日庆典,常演不衰。"胡食"在唐代也广为流布。有饆饠、烧饼、胡饼、搭纳等,其中香脆可口的胡饼尤受欢迎。日本僧圆仁入唐,曾见"时行胡饼,俗家皆然"。再如来自中亚粟特、西亚波斯和东罗马的金银器,纹样新颖,制作精良,也是备受唐人赞赏。

这里特别要指出的是外来文化对唐人服饰的影响。在唐代,无论是男人还是女人都钟爱胡服,"士女衣胡服"[1]已成为有唐一代的风气。

幞头是受鲜卑帽直接影响的产物,渊源于北魏,创制于北周,定型于隋,盛行于唐;胡帽是唐及以前由西北或北方非汉民族中传入并在唐朝境内流行的又称"蕃帽"的皮帽或毡帽;圆领缺胯袍是在旧式鲜卑外衣的基础上参照西域胡服改革而成的典型的胡服;鞢韄带也是鲜卑装的特色之一;裤褶服更是北方少数民族的服装;靴子也与北方游牧民族有密切的关系。而以裤褶为公服,以圆领缺胯袍为常服,外加幞头、靴子、鞢韄带,这是唐朝男人服饰世界的主流。

至于唐代的女子服饰,与男子服饰相比,受胡气浸染可谓有过之而无不及。艳丽的裙服、粉胸半露的袒胸装、帔帛、羃䍦、帷帽、胡帽、女着男装、化妆等,无不受到周边少数民族和中亚、南亚、西亚等异族胡人风俗的影响。这些着装现象在本节"女子服饰"中已有较具体的阐述。这里只想说明一点:胡服在唐代女子中盛行,在一定程度上反映了在开放的社会里,唐人在观念、气质等方面受胡气浸润的程度。

胡文化充溢着豪爽、刚健气概,"新买五尺刀,悬置中梁柱。一日三摩

---

[1] 欧阳修:《新唐书·卷二四·车服志》,中华书局 1986 年版。

娑,剧于十五女"[1],"遥看孟津河,杨柳郁婆娑。我是虏家儿,不解汉儿歌。健儿须快马,快马须健儿。跸跋黄土下,然后别雄雌"[2]。受胡风影响,唐人亦逐渐感染了这种劲健侠爽之气,女着男装充分体现了这一特点。按中国传统礼教,男女不通衣裳,可是唐人的思想不受这种桎梏,女着男装竟然成为一种时尚的服饰文化现象在当时流行开来。自太平公主、王才人,到歌舞艳妓,女着男装已不是个别现象。由此可见,在唐代,上自皇帝,下至普通士人,无论男人,无论女人,都普遍欣赏女子穿着男装时于秀美俏丽之中平添一种潇洒英俊的风度;不仅如此,而且从人们对女着男装欣赏的态度中可以明晰地察看到桎梏人们思想的精神枷锁——礼法观念在唐人心中已趋于淡薄,人们的思想已逐渐走向开放。

唐人礼法观念渐趋淡薄还可从唐代女子两种典型的服饰现象上看出。

一是女子普遍喜欢袒胸装。这种服装,后世道学家者流视其为有伤礼教风化,甚至身处开放时期的中国某些今人,也感到不可思议,而在1000多年前的唐人非但不认为这种服饰不好,而且非常喜欢穿着,今存唐诗、壁画、雕塑、石椁线刻画和三彩陶俑等大量文图均可证。据文献资料记载,从贵族官僚士大夫家妇人,到歌舞妓女,以至普通百姓人家的女子,甚至德高思精的女道士,都有着袒胸装的情况。我们且不去管它是源自于天竺佛教还是西方柘枝舞女的服装或是唐人继承北朝开领服饰而进一步创造的产物,只要一想到早在1000多年前,中国的唐代妇女就敢于穿着袒胸露乳的服装,充满自信地亮相于公众场合,便会惊诧唐代的开放,在惊诧的同时,更多的也许是会赞叹大唐时代华夏民族大胆勇敢、蔑视刻板的礼法和傲视世界的民族精神。二是女子首服的变化,从遮蔽全身的幂䍦到只及颈部的帷帽,到网帷尽去、靓妆露面的胡帽,唐代女子首服的变化既反映了胡文化对中原服饰的影响,唐人礼法观念渐趋淡薄,又昭示

---

〔1〕 无名氏:《琅邪王歌》,《南北朝诗选评》,三秦出版社2004年版。
〔2〕 无名氏:《折杨柳歌》,《南北朝诗选评》,三秦出版社2004年版。

了大唐妇女在盛唐之音强烈感召下日益开放的思想情怀。

总之，唐王朝对外来服饰文化采取兼收并蓄方针，来者不拒，好者汲之，为我所用，这一过程充分显示了大唐帝国自信，不因循守旧，不故步自封，而是善于吸纳百川的博大胸怀。

"好者汲之，为我所用"，这说明了华夏民族的文化受容性并非是对外来文化无所抉择地一味收受，更不意味着是对自身文化传统的任意摈弃。事实上，在以农民为主体的汉人那里，始终深蕴着执着的本位文化精神，他们往往以冷峻的态度迎候外来文化的纷至沓来，在骨子里却抱定一种"以不变应万变"的信仰和"以我化人"不许"以人化我"的心态。大唐人就是这样，面对西亚、南亚、中亚等形形色色的外域服饰文化以八面来风之势从唐帝国开启的国门中一拥而入的时候，他们没有忘记中国传统服饰文化，而是始终保持民族文化的本土主体性，并通过能动的选择与改造，将外来服饰文化的精英消化吸收，创造出具有中外合璧特色和浓郁民族风格的更新更美的开放性的文化——唐代服饰文化。

所谓"不同同之为大"、"有容乃大"，这是唐服饰文化超轶前期的特有气派，也是唐服饰文化金光熠熠的深厚根基。

相比异彩焕发的唐代文化，同时期的亚欧文化尚在低谷徘徊。缤纷灿烂的中国文化，赢得了域外人士衷心的倾慕。

巴黎所藏敦煌伯 3644 号写卷中有一首《礼五台山偈一百十二字》，作者是一位来中国礼偈的梵僧，他仰慕中华文化，"天长地阔杳难分，中国中天不可论。长安帝德谁恩报，万国归朝拜圣君。汉家法度礼将深，四方取则慕华钦"，因此远道而来，在即将辞别之时，不禁涕泪沾裳，"何期此地却回还，泪下沾衣不觉斑"，"愿身长在中华国，生生得见五台山"，对中国的依恋之情溢于言表。

强大的文化力度的拥有，使唐代中国成为向周边文化地区辐射的文化源地。包括日本与朝鲜半岛在内的东北亚地区，由于地理上的临近，而在文化力度上与中国又相距甚远，因此，唐文化自然而然成为这些国度接受外域文化的首选。

日本在飞鸟、奈良以及平安前期社会、经济、文化的繁荣，正是全面而又充分地汲取隋唐文化的结果。

二、唐日交往与日本"唐风化"

589 年隋灭南朝陈，统一中国。593 年，日本进入推古朝时期，圣德太子摄政，日本亦以是年作为进入飞鸟时代的标志。

飞鸟时代的日本还处于奴隶制末期，部民制经济阻碍了社会生产力的发展，社会矛盾日益加剧。为缓和社会矛盾，建立以天皇为中心的中央集权体制，圣德太子通过朝鲜半岛间接吸收中国大陆儒、法、道及佛教文化，在日本进行了推古朝改革，制定"冠位十二阶"和"宪法十七条"。"冠位十二阶"制度和"宪法十七条"日后成为日本封建社会的重要理论基础和法律基础，而其中的主要内容是中国儒学和佛教等文化思想。

与此同时，恢复了中断 1 个多世纪的中日国交。圣德太子摄政期间，主动派出遣隋使与中国交往，在 600—614 年间，共 6 次派出遣隋使，并有不少遣隋留学生（僧）与之同行。

600 年（开皇二十年），"倭王……遣使诣阙"[1]，当时隋文帝向使者询问日本风俗。

607 年，圣德太子又派大礼小野妹子、通事鞍作福利使隋。《日本书纪·卷二二·推古天皇纪》对此有记载：

> （推古十五年七月）大礼小野臣妹子遣于大唐，以鞍作福利为通事。

《隋书·卷八一·东夷列传》"矮国"条也记载了此事：

> 大业三年，其王……遣使朝贡。

---

〔1〕 魏征：《隋书·卷八一·东夷列传》"倭国"条，中华书局 2000 年版。

这次遣隋使者于第二年到隋都,炀帝派裴世清等与小野妹子一起去日本。

608年(大业四年),裴世清回中国时,小野妹子又以使者的身份来到中国,并有8位留学生(僧)相随。同年三月"百济、倭、赤土、迦逻舍国,并遣使贡方物。"[1]

610年(大业六年)正月,"倭国遣使贡方物。"[2]

614年(推古二十二年)六月,"遣犬上御田锹……于大唐"[3],并随有惠日、灵云等5位学问僧。

这些遣隋留学生(僧),往往在中国学习、求法长达二三十年之久,回日本时已是中国盛唐时期,因而在传播中国先进文化、促进中日文化交流和推动日本大化改新等方面,都起了极其重大的作用。

618年,隋灭唐兴,当时日本正处于社会制度变化发展时期,为学习唐朝先进文化、引进唐朝文物制度,日本朝廷从630年开始,到894年停派遣唐使为止,共向唐派出遣唐使20次(实际成行16次,真正到达中国的15次,其中894年为最后一次遣唐,但后未成行,且于此年停派),次数之多、规模之大(前期一般为2船250人左右,后期一般为4船550人左右)、持续时间之长、旅途之艰险,为当时及以前历史上所罕见。具体见表6-2-1。

表6-2-1　飞鸟、奈良时代日本遣唐使列表

	时　间	内　容
1	630年	第一次遣唐使。舒明二年(630年)任命,具体船只和人数不详。此次遣唐便由犬上君三田耜(犬上御田锹)、药师惠日率领,次年十一月到达长安,舒明四年(632年)经新罗回国,唐派新州刺使高表仁相送

[1] 魏征:《隋书・卷三・炀帝本纪上》,中华书局2000年版。
[2] 魏征:《隋书・卷三・炀帝本纪上》,中华书局2000年版。
[3] 舍人亲王:《日本书纪・卷二二・推古天皇纪》,株式会社岩波书店1967年版。

	时间	内容
2	653 年	第二次遣唐使。白雉四年（653 年）任命，以吉士长丹为大使、吉士驹为副使的第一船乘坐 121 人，以高田根麻吕为大使，扫守小麻吕为副使的第二船搭乘 120 人。第二船在海上遇难，仅五人生还；第一船到达唐境，白雉五年（654 年）七月随百济、新罗送使而归
3	654 年	第三次遣唐使。白雉五年（654 年）二月，遣唐押使高向玄理、大使河边麻吕、副使药师惠日等分乘两船，辗转数月抵达莱州，随后晋京谒见高宗。齐明元年（655 年）八月归国。此行人数不详，从第二次的规模类推，当为 240 人左右
4	659 年	第四次遣唐使。齐明五年（659 年）八月，大使坂合布石布、副使津守吉祥等分乘两船从筑紫出发。大使的船只遇风飘至南海尔加委岛，大使以下多被土人所杀。唯 5 人脱险至括州（今浙江丽水），再北上到达洛阳。副使的船只驶抵越州境，遂晋京谒见高宗。此行每船搭乘 120 人左右，包括两名虾夷男女
5	665 年	第五次遣唐使。为送唐客使。天智四年（665 年）十二月遣派守大石、坂合布石积等送唐使刘德高归国，参加了干封元年（666 年）正月五日的高宗泰山封禅之仪，次年十一月九日回到筑紫
6	667 年	第六次遣唐使。为送唐客使。天智六年（667 年）十一月十三日，唐使司马法聪回国时，伊吉博德和笠诸石作为送使相随，次年正月二十三日归国复命。从往复行程所用时间判断，伊吉博德等很可能送至百济即归，即使入唐也无暇晋京朝拜。此行人数不详，因其使命仅是护送唐使，不会有留学生等搭乘，规模当比一般遣唐使团要小
7	669 年	第七次遣唐使。天智八年（669 年）遣河内鲸使唐，同年十一月入京贡献方物。次年三月贺平高句丽。此行似有两船，河内鲸先到贡方物，另一船后至贺平高句丽，人数亦在 240 名左右
8	702 年	第八次遣唐使。大宝元年（701 年）任命粟田真人为执节使，坂合布大分为副使。一行 160 人分乘 5 船（从船只判断，人数疑有误），于大宝二年（702 年）六月二十九日扬帆出海，同年十月抵楚州境，随即入京朝贡。此行往路甚顺，归途则不易。大使粟田真人于庆云元年（704 年）回国，副使坂合布大分直到养老二年（718 年）才得返归。其时距入唐已有 16 年

中国与东北亚服饰文化交流研究

	时　间	内　容
9	717 年	第九次遣唐使。养老元年(717 年)三月九日赐押使多治比县守节刀,此行大使为大伴山守,副使是藤原马养,557 人分乘四船,周年十月入京朝贡,养老二年(718 年)十月归国。此次使团规模庞大,人数众多,往返海途均未遇险,《续日本纪》特记"此度使人略无阙亡",说明是非常罕见的例子
10	733 年	第十次遣唐使。天平四年(732 年)八月十七日,任命多治比广成为大使、中臣名代为副使,一行 594 人分乘四船,次年八月先后抵达苏州,玄宗遣通事舍人魏景先慰劳。开元二十二年(734 年)四月,遣唐使到达洛阳朝见唐帝,同年十月从苏州解缆归国。途中四船在风暴中离散,第一船于天平六年(734 年)十一月在多祢岛(种子岛)着岸,第二船折回唐土,天平八年(736 年)五月经萨摩抵达大宰府;第三船随风漂至昆仑国,船员大多被土著杀害或死于瘴疫,仅存四人于天平十一年(739 年)七月经渤海国回到出羽;第四船失散之后再无音信
11	746 年	第十一次遣唐使。中止。天平十八年(746 年)正月七日,任命石上乙麻吕为大使,后因故中止。此次遣唐使鲜见着录。《怀风藻》所收入《石上乙麻吕传》云:"天平年中诏简入唐使,元来此举难得其人。时选朝堂,无出公右,遂拜大使,众金悦服。"收录在《正仓院文书》中的《经师等调度充帐》,其尾有"天平十八年正月七日召大唐使迄"一句,佐证《石上乙麻吕传》中所记无误
12	752 年	第十二次遣唐使。天平胜宝二年(750 年)九月,任命藤原清河为大使、大伴古麻吕为副使,次年十一月追加任命吉备真备为副使。天平胜宝四年(752 年)闰三月出发,先抵明州和越州,然后北上朝贡,受到唐玄宗接见。天宝十二收入(753 年)十一月十五日,从苏州解缆归国。吉备真备的第三船于同年十二月经益久(屋久)岛漂至纪伊国;鉴真搭乘的第二船也于同年到达萨摩国;第四船于天平胜宝六年(754 年)四月亦至萨摩国;唯大使所乘第一船被风吹至安南,乘员多被土著杀害,藤原清河与阿倍仲麻吕等人幸免于难,后辗转返唐,埋骨异乡。第二船和第三船回国后,有 220 人受到朝廷赏赐,以此推算四船合计 500 人左右
13	759 年	第十三次遣唐使。迎入唐大使使。天平宝字三年(759 年)一月三十日,任命高元度为入唐大使,以召还前遣唐大使藤原清河。一行共 99 人,于二月十六日随渤海国使赴唐,时逢"安史之乱",实际入唐仅 11 人,其余人员从渤海折回日本。高元度一行从登州上岸,然后陆路至长安。天平宝字五年(761 年)八月乘唐船回国,唐遣沈惟岳等 39 人相送

续表

	时　间	内　容
14	761 年	第十四次遣唐使。中止。天平宝字五年(761 年)十月二十二日,任命仲石伴为大使,石上宅嗣为副使(次年三月改由藤原田麻吕代之)。安艺国所造四船在驶往难波途中,一船破损沉没,使团遂中止不发
15	762 年	第十五次遣唐使。中止。天平宝字六年(762 年)四月十七曰,任命中臣鹰主为大使,高丽广山为副使,船只减为两艘,七月将发之际,不得便风,终未成行
16	777 年	第十六次遣唐使。宝龟六年(775 年)六月十九日,任命佐伯今毛人为大使、大伴益立和藤原鹰取为副使。次年闰八月 4 船一度扬帆进发,因不得顺风而返。同年十二月免去大伴益立副使之职,以小野石根,大神末足补任。大使称病不发,遂以小野石根为执节副使,宝龟八年(777 年)六月再次扬帆,分别到达扬州和楚州。小野石根以下 43 人获准上京,次年三月拜见唐帝。宝龟九年(778 年)十月,第三船返回肥前国;第二船于次月漂至萨摩国;第四船遇风飘至耽罗(济州岛),生还者仅四十余人;第一船途中遇难,船体断为两截,副使小野石根、唐使赵宝英等溺死
17	779 年	第十七次遣唐使。送唐客使。宝龟九年(778 年)十二月十七日,任命布势清直为送唐客使。一行分乘朝廷新造的两船,于五月二十八日西渡,天应元年(781 年)六月安然归返
18	804 年	第十八次遣唐使。延历二十年(801 年)八月十日,任命藤原葛野麻吕为大使,石川道益为副使。延历二十二年(803 年)四月从难波出发,因船只破损折返,次年七月改由肥前启航。空海等搭乘的第一船,在海上漂泊 34 日,于八月十日幸抵福州长溪县;最澄等搭乘的第二船,大概在此前驶抵明州;第三船出海不久被暴风吹至荒岛,判官三栋今嗣等脱身上岸,其余船员继续漂流,终不知去向;第四船出发不久即失去联络,历经艰辛也到达唐境
19	838 年	第十九次遣唐使。承和元年(834 年)正月十九日,任命藤原常嗣为大使,小野篁为副使。承和三年(836 年)七月二日从筑紫启程,第三船桅折帆落,140 人中仅 25 人生还;其余三船先后漂至肥前。次年七月再度出发,复因逆风而返。承和五年(838 年)第三次渡海前夕,小野篁称病拒行,第二船遂由判官藤原丰并代统。第一、四船由六月十三日出航,七月二日到达扬州;后发的第二船约在九月抵达中国。承和六年(839 年)使团返航时,大使弃用破损严重的第一、四船,从楚州分乘九艘新罗船回国;第二船单独出发,途中漂至南海岛屿,承和七年(840 年)四月与六月分两批安返大隈。此行四船共 651 人,除第三船 140 人未往,实际成行 511 人。由于随行的请益僧圆仁留下传世名著《入唐求法巡礼行记》,有关此次遣唐使的资料保存得最为详备
20	894 年	未成行,并停派遣唐使

　　日本遣唐使除了正式外交官员外，随行的往往还有留学生（僧）、各类职别的成员，譬如船长、造船技师、水手、翻译、医师、画师、文书、各行业工匠、乐师，甚至还有主神祭祀、阴阳师等。这些人中既有对唐进行外交活动的使者，负有与唐通好的外交使命，又是对唐进行商业活动的贸易团体，特别引人注目的是历次遣唐使团中都有不少颇有名望的文化使者。

　　遣唐使团到了唐境后，全面广泛地考察中国的政治法律制度、经济制度，学习中国的工艺、生产、建筑等技术，吸收儒、佛、道思想，及中国的文化艺术，诸如天文历法、书画、音乐及舞蹈等，当然还有对中国衣食住行等生活习俗的模仿。

　　总之，遣隋、遣唐使作为中日文化交流的使者，为两国建立起悠久而深厚的交往关系做出了重要贡献。通过他们，中国隋唐文化不断传入日本，极大地丰富了日本的物质文化和精神文化生活。隋唐时代中日之间掀起的第二次文化交流高潮，在古代和近代社会里可谓空前绝后，是中日文化交流的巅峰时期。

　　交流总是相互的，在日本频繁派遣使团赴唐的同时，唐朝政府也在经常派遣使者赴日。在长达 200 多年的时间里，唐中央政府、唐驻百济镇将、唐东北地方政权渤海国都与日本进行着友好的交往。其中，唐中央政府 3 次赴日，百济镇将 5 次赴日，尤其值得重视的是渤海国政权与日本的交往。渤海国赴日使节团从 727 年首次派出使节至 919 年最后一次派出使节，多达 34 次；而日本赴渤海国使节团从 728 年至 810 年亦有 13 次。渤海国政权与日本的交往以使节往还为中心，进行了极为丰富、极有特色的文化交流，进一步促进了盛唐文化对日本的传播与影响，特别是 838 年后至 919 年，日本实际停止了遣唐使的派出，那么渤日之间的交往实际上填补了这 80 多年间中日交往史的空白，成为中日文化交流的一条重要渠道，在传播中国隋唐文化中具有不可估量的作用。

　　由于文化流向从高势位向低势位的特点，这些赴日使节为日本带去了大量的中国隋唐文化，促使日本在大量吸收、摄取隋唐文化以后，在各个领域均发生了巨大的变化,形成了"唐风化"现象。

第一,政治经济体制唐风化。

从政治经济体制来看,对日本影响最大的当属646年孝德天皇的大化改新。大化改新是以隋唐的政治、经济、学制、服饰制度等为效法模式进行的一次重大的社会政治、经济制度改革。在这次改革中,二三十年前随遣隋使赴中国的留学生(僧)发挥了极大的作用,他们将中国隋唐时期先进的制度文化带回日本运用到当时的改革之中。大化革新后的日本,政治上效仿唐朝的三省六部制和州县制,"置八省百官",加强了中央集权。在经济体制上,仿效唐朝的制度,实行租、庸、调法,尤其是土地制度方面效唐朝之均田制,制定并颁行了班田收授制。在学制方面,也仿效唐朝的学制在中央设大学寮,在地方设国学,所学课程与唐朝一样。在服饰制度方面,仿效唐朝的服色等级制度,制定了"七色十三阶冠位"制度。

第二,生产技术唐风化。

隋唐时期中国先进的手工业生产技术持续不断地传入日本,并被普遍应用。譬如:手推、脚踏、牛拉的各种类型的水车是仿效中国的,大型农锄唐镘是从中国引进的,冶炼技术被称为"唐锻冶",还有唐纸、唐织、唐物、唐绘等等,从名称便可知是学习、模仿中国的生产技术的。中国的医学、医术也相继传入日本,尤其是鉴真大师将大量的中国医学知识带到了日本。唐代医学传入日本后经补充发展,在日本形成"汉方医学"。天文、历算方面的知识也传入日本并被采用。譬如日本在7世纪中叶,开始用漏刻器计时,设占星台(天文台),在中务省设立阴阳寮等,都是仿照中国唐代的做法;9世纪中叶后,当中国历法传入日本,日本改用唐宣明历,直至17世纪末。

第三,思想意识领域唐风化。

首先是中国儒家思想的影响。这在推古朝改革时,圣德太子所推行的"冠位十二阶"和"宪法十七条"就得以明显的体现。而后的大化改新中的施政、律令的制定,受儒学思想的影响亦极大。701年开始的祭孔以及追尊孔子为文宣王等都是崇尚儒家思想的表现。日本的 6 部国史(《日本书纪》、《续日本纪》、《日本后纪》、《续日本后纪》、《文德天皇实录》、《三代实录》)宣扬天皇万世一系的思想与中国史书中宣扬帝王圣明思想如出一辙,都是儒家"德治"和"王名论"思想的体现。

其次是由中国传入日本的佛教思想的影响。大化改新以后,佛教在日本受到以天皇为中心的整个统治阶级的尊崇。在奈良时代(710—784年)唐代的佛教 6 个宗派传入日本,被称为"奈良六宗"(三论宗、成实宗、法相宗、俱舍宗、华严宗、律宗)。随佛教六宗传入的还有大量的佛经:譬如留学僧玄昉仅一次就从中国带回佛教经论 5000 多卷至日本,号称"入唐八家"的最澄、空海及其弟子常晓、圆行、圆仁、惠运、圆珍、宗睿,在中国求得数以千计的经卷,其所编的"请来目录",传承至今。这一时期日本在奈良建造了东大寺,在全国各地建立国分寺,建成了一整套"镇护国家"、与政治密切结合的国家佛教体系。在日本,佛教曾被当作大陆先进文化的代表,长期处于施政、施教的指导地位,在维护日本国家统一和吸收大陆先进文化中起着重要作用。

第四,文学艺术领域唐风化。

首先是文学的影响。日本统治阶级一直努力学习掌握汉语,在奈良时代形成了日本的汉文学。日本也仿效唐朝重视文章诗赋,贵族中涌现出不少汉诗人。《怀风藻》、《凌云集》、《文华秀丽集》、《经国集》都是此时期著名的汉诗集。白居易的《白氏文集》于 9 世纪 20 年代传入日本后影响极大,其中以《长恨歌》为最。唐人传奇小说《游仙窟》等也在日本流行。日本的和歌及长篇小说《源氏物语》都是有受到中国文学的影响的。

其次是书画建筑的影响。在书法方面,王羲之、王献之父子及欧阳询等人的书法在日本风靡一时,出现了号称"三笔"的桔逸势、空海和嵯峨天皇 3 位深得唐人三昧的书道大家。在佛教画和装饰画方面,如正仓院的《鸟毛立女图》屏风画(图 6-2-1),药师寺的吉祥天画像等,都与唐代风格极为相似。《鸟毛立女图》画面上美人的丰肥、恬静,加之富贵典雅,一下子使人们想到大唐，想到中国新疆出土的《树下美人图》。而且画中人物的头发、服装，以及树木、小鸟、石头、花草均不着彩，而是用羽毛粘贴。这又不禁使人想到杨贵妃舞"霓裳羽衣曲"时的舞服形象了。在奈良正仓院的《东大寺献物帐》上，曾记载有100套屏风画。《日本美术史话》作者刘晓路曾详尽地描述了这些唐风绘画。书中说：

图 6-2-1

> 上面绘有唐朝风格的仕女、宫室、宴会、马匹、禽鸟、花木，是天平盛期世俗画的代表作品。可惜今天仅存其中的六扇，每扇都绘有一位美丽的唐装贵妇，在树下或坐或立。这种画法也许渊源于印度或伊朗，中国吐鲁番和西安的唐墓中也发现有类似的绢画或壁画。正仓院屏风画上的6个美女均丰颊肥体，蛾眉，长目，樱嘴，呈盛唐审美情趣；服装、发型、面饰如额上的绿点画钿，焕发长安风采。美女的脸部、手部丰腴鲜嫩，服饰和头饰上以前覆有彩色羽毛，可惜今已脱落，露出起稿的墨线。长期以来，它被称为《观音像》、《树下美人图》或《树石仕女图》。直至明治时期才确认：它们就是《东大寺献物帐》上所说的《鸟毛立女屏风》。

建筑也普遍受到唐朝的影响：宫城建筑依照长安的布局建造了首都平城京（奈良）和规模更大的平安京（京都）；佛教寺院建筑更是受到中国建筑的影响，如东大寺的三月堂和唐招提寺金堂等，与唐朝佛殿相似之处极多，成为后来日本寺院建筑的基本模式。

还有音乐舞蹈艺术也深受唐朝影响。在 8 世纪初，日本模仿唐朝设立了"雅乐寮"，教授歌舞音乐，有唐乐师、伎乐师等，并传入隋唐乐曲 100 多首。日本遣唐使中有乐师随行，中国留居日本的唐人中也有不少对传播唐乐做出贡献的。隋唐时期的音乐舞蹈传到日本后，得到长时期的流传。譬如中国南北朝和隋唐时期的著名乐舞《兰陵王破阵乐》在唐代传入日本后，其乐曲和舞蹈所带的假面等，都一直保存至今。奈良正仓院保存有许多音乐舞蹈的用具，如假面、和笛、琴、筝、箜篌、唐琵琶、排箫等古乐器。

第五，社会风俗唐风化。

日本的衣食住行等生活习俗都受到唐人的影响，而且很多习俗至今仍然保留着。如正月饮屠苏酒、端午饮菖蒲酒，以及七夕、七月十五盂兰会、九月九重阳等节令活动都是唐时传入日本的。饮茶之风、席地而坐的习惯等都是源于中国。这一时期，中日在服饰文化交流上形成了第二次高潮。日本模仿隋唐的服饰制度制定了冠服制，在全国范围内全面推广隋唐服装。从服装形制可以看出，奈良时期的服饰同唐前期的几乎完全相同[1]：男子幞头靴袍；女子大袖襦裙加帔帛，而且一如唐朝盛行女着男装之风。到了平安时期，服装的式样渐渐发生了变化，由奈良时期的上衣下裙或上衣下裤的唐装式样一变而为上下连属的"着物"，即和服的雏形，自此以后，日本的服饰脱离模仿的阶段，走上了具有民族特点的自我发展道路。

总之，在飞鸟、奈良、平安前期，日本大量吸收了中国的文化和制度，甚至可以说，日本如果没有与隋唐文化交流，那么它后来的历史发展可能是另一面貌。[2]

---

〔1〕　赵丰、郑巨新、忻亚健：《日本和服》，上海文化出版社 1998 年版，第 6—7 页。

〔2〕　周一良：《一衣带水　源远流长——中日文化交流》，载《文明的运势》，人民出版社 1992 年版，第 4 页。

三、中日服饰文化交流形成第二次高潮

唐帝国的强盛和高度发展的文明,使盛唐具有海纳百川的气魄。一方面她以中华文明的开放性、包容性对待外来文化和文明,采取兼收并蓄方针,来者不拒,好者汲之,为我所用,最终形成令人仰慕的盛唐文化。另一方面,她又以宽阔的胸怀和气度,任凭愿意吸纳唐文化的民族、国家吸收移植,亦凭借强大的国力,使唐文化向四域广泛传播。体现在服饰文化上,一方面大唐服饰文化融汇了北方游牧民族服饰、西域服饰,以及西亚、南亚、中亚等形形色色的外域服饰文化,表现出胡气氤氲、大胆开放、艳丽多姿的特色;另一方面,大唐人又以宽广的胸襟对待周边民族和国家,将这中外合璧的大唐服饰文化源源不断地向四域传播。就是在这种总体背景下,中日服饰文化交流迎来了第二次高潮。

如前所述,在7世纪初,圣德太子便派出遣隋使,学习、吸收中国服饰文化,按隋制制定反映冠服和朝服制度的"冠位十二阶"。遣隋使的派遣,加快了日本服饰汉化的速度。日本统治者意识到汉民族服饰制度深远的政治功用性,因此在主观上,几乎是急不可待地希望"全盘汉化"。

到唐代,日本与中国文化交流达到了顶峰。自630年始到894年止,日本频繁派遣遣唐使,无论是在规模和人数等各方面都是空前绝后的。[1] 随着文化交流的不断深入,日本广泛地吸收了唐代政治、经济、文化的各方面,掀起了一场空前绝后的唐化运动。在服饰文化领域,日本进行了自上而下的服饰改革:孝德年间(645—654年)始用唐服;天智天皇年间(662—671年),大礼大祀,并着唐制礼服;8世纪初,制定《大宝律令》,并开始依新令改制冠位服色;718年,颁布了《养老律令》,进一步规定了服制和服色;719年,命令天下百姓的服装都改成右衽;到9世纪,嵯峨天皇诏令天下"朝会之礼,常服之制,拜跪之等,不论男女,一准唐仪";818年,

---

〔1〕 赵建民、刘予苇:《日本通史》,复旦大学出版社1989年版,第44页。

菅原清公任式部少辅时,奏请朝廷规定天下礼仪、男女衣服悉仿唐制,五位以上的位记都改汉式……

总之,伴随大唐300年的日本飞鸟、奈良、平安前期3个时代,是日本全面向隋、唐学习的时代。日本模仿隋唐服饰在全国范围内全面推广隋唐服装,形成了鲜明的"唐风时代"。

一是服饰制度唐风化。

从圣德太子制定"冠位十二阶",随后历经大化改新,制定"七色十三阶冠位",以及天武、持统之制,终于在700年完成《大宝律令》,模仿唐朝的封建服饰制度得以确立。718年,在《大宝律令》的基础上,又编纂了《养老律令》,具体规定了不同品位级别官员的礼服、朝服和制服的种类,以及着用场合。服饰等级制度正式形成。日本服饰等级制度的确立与中国有着渊源关系,中国唐代的服色制度对日本服色制度有着很大的影响(详见下一节阐述)。

二是织造技术唐风化。

中国纺织服装制作技术传播到日本,有着悠久的历史。早在中国秦汉时代,随着大陆移民直接或间接来到日本,中国的农耕、冶炼以及手工业技术(包括纺织、缝纫技术)也传到了日本。秦人和汉人使日本的养蚕织绸业得到显著发展,改变了日本列岛上居民纺织与缝制技术十分落后的状况。据《姓氏录》载,在仁德天皇时代,曾把秦人分置各郡,让他们养蚕织绸,传授技艺。允恭天皇时期,为促进纺织事业的发展,朝廷下令将原制绢的工人集中一处,统一管理,赐姓服部连。在日本的"秦人"、"汉人",不仅推广了养蚕织绸的方法,而且传播了织锦、纺花技术。[1]

魏晋南北朝时期,倭王又主动向中国聘请缝纫技术人才。其中雄略天皇十二年(468年),日本派人到中国南朝聘请缝衣技工,南朝为其派出了汉织、吴织、衣缝兄媛、弟媛等缝纫技术人才。这些织工和缝纫技术人

员在日本定居,对日本古代纺织、印染、缝纫技术的发展,做出了特殊的贡献。至今在日本寿命寺所藏的古画中,还保留有古代中国纺织女工的画像。

除了聘请缝衣女工等主动学习以外,在隋唐时期,日本以遣唐使的形式组织有关人士到中国观摩学习,而且唐政府对前来中国的日本遣唐使和学问僧,每人每年赠给丝绸25匹及四季衣服以资鼓励。这些留学生或学经的人,在返归日本时,带回大量的丝织品。

在日本,收藏丝织品最多的应该是正仓院。正仓院原是东大寺的仓库,后成为宝物殿,光明皇后的呈献物便收藏在此。到明治时代,整个正仓院连同宝物划归皇室专有,脱离东大寺,直接由宫内厅管理。正仓院所藏的丝织品主要有3种来源:第一是直接从唐朝传入的丝织物;第二是途经中国传入的西域丝织物;第三是当时日本模仿中国或西域丝织物而织造的丝织品。正仓院收藏的丝织品数量大、种类多,有各种文锦,如鸳鸯唐草纹锦、狮子唐草奏乐纹锦、莲花大纹锦、唐花山羊纹锦、狩猎纹锦,等等,有绫、绮、罗、纱、织成和缂丝等织锦,有各种蜡缬、夹缬、绞缬等印染品,此外还有手绘、刺绣等。这些丝织品中最为盛行的图案是大唐花文(宝花纹样)和唐草文,是典型的中国唐代风格的体现。除此以外,还有不少联珠文,这是萨珊波斯的艺术风格,这些织物或是传经中国的西域织物,抑或是受了萨珊波斯艺术风格影响的中国织物。

对于中国织造技术对日本的影响问题,《正仓院刊》明确肯定:"唐代运去了彩色印花的锦、绫、夹缬等高贵织物,使日本的丝织、漂印等技术获得启发。""绞缬"、"蜡缬"、"罗"、"毡"、"绫"、"羽"等汉字,在日本纺织印染技术书籍中,仍大量沿用,这也是中国丝织文化影响日本的明证。日本织造技术受中国或经由中国的丝路服饰文化的影响,可从织物的工艺中得到印证。

譬如"赤地鸳鸯唐草纹锦大幡垂饰"(图 6-3-1),这是天平胜宝九年(757 年),在东大寺举行大罐顶盛典时所使用的唐锦。此唐锦图案正中是一对鸳鸯，呈左右对称，这种以动物组成的左右相对的对称纹格式，是唐代流行的一种花纹。据传是唐代丝织工艺家、画家窦师纶所创，他常以鸡、羊、凤、麒麟等动物为题材，组成对称纹样，因窦师纶封爵"陵阳公"，于是时人就称这类花纹为"陵阳公样"。张彦远在《历代名画记》中对此有记载："高祖太宗时，内库瑞锦对鸡、斗羊、翔凤、游麟之状，创自师纶，至今传之。"图案两边为卷草，卷草纹样在汉代装饰中就已经出现，六朝时往往见于石刻的边饰，大多简朴，一般为波状组织，两侧饰以 3 片和 1 片叶子；至唐朝时，变得繁复华美，叶片的卷曲，叶脉的旋转，具有旺盛的生机和强烈的动感。卷草纹样在唐代装饰纹样中应用极为广泛，所以日本人称其为"唐草"。

图 6-3-1

正仓院南仓所藏 2 片"狩猎纹锦"是典型的联珠纹织物（图 6-3-2）。织物图中央有 4 组骑马狩猎人物，四周的主题花纹是对荷花、对狮、对飞鸟联珠纹，圈外辅以缠枝葡萄联珠花纹。连珠纹样式是波斯萨珊王朝时期（226—624年）最为流行的图案纹样。其特征是以圆珠缀联成圈，圈中有动物、人物、花草等为主题的纹样。隋唐时这种纹样传入中国后，成为当时最为盛行的丝织纹样。在新疆阿斯塔那墓地出土的唐代丝织品中，有许多联珠纹样丝织品，这些丝织品从构图到内容都具有明显的波斯风格，而有些联珠纹中的填充图案

图 6-3-2

则是汉民族传统的装饰纹样,如禽兽纹、兽首纹、对鸟对兽纹和骑士纹等。狩猎纹锦无疑是从西域经新疆传入中原再东渐日本的,是盛唐时期中日、西域等地区服饰文化交流的见证。

除了正仓院以外,在日本的许多寺院也珍藏着这样的宝物,譬如奈良的法隆寺,寺中保存着大量与皇室及佛教有关的器物及其所用的丝织物,有四天王狩猎文锦、葡萄唐草文锦、蜀江锦幡、广东绢幡等等。

三是衣着样式唐风化。

如前所述,早期日本服饰相当简陋,男子"衣横幅,但结束相连,略无缝",女子"作衣如单被,穿其中央,贯头衣之"[1]。到古坟时代,男女都穿上了成套的衣服,男子上衣下裤,女子上衣下裙(图 5-3-1、5-3-2、5-3-3)。到了飞鸟、奈良时代,随着唐日交往的不断深化,日本服饰出现了唐风化现象。

以男子服装为例,头戴幞头,身着圆领缺骻袍,腰系鞢韘带,脚着乌皮靴:这是隋唐代男子风行的常服。这身打扮在日本飞鸟奈良时期也十分普遍。《奈良国立博物馆の名宝——一世纪の轨迹》中有一幅圣

图 6-3-3

德太子画像(图 6-3-3):画像中的圣德太子和身边的两位侍女均着隋唐时期男子服装。圣德太子戴幞头,着圆领缺骻袍,手持笏板,脚着皮靴;两位侍女着男装,梳环髻。日本男人戴幞头和着圆领袍的画像并不太新鲜,在飞鸟时代、奈良时代和平安时代的画像中可以说经常见到。但值得重视的是圣德太子,这是一个引进中国服饰最彻底的统治者。

圣德太子约生于 574 年,约逝于 622 年。血统属苏俄氏,为用明天王

---

〔1〕 陈寿:《三国志·卷三〇·魏志·乌丸鲜卑东夷传》,中华书局 1959 年版。

的次子,原名厩户丰聪耳。592 年,推古天王即位,他于次年被推古天王册封为皇太子,任摄政,直到去世为止。他不仅信奉佛教,还特别注重从中国学习文物制度,于 603 年定官位 12 阶,而且强调论功受爵,不得世袭,这种官级定制直接来源于中国。604 年,制定"十七条宪法",推行中国的官僚制度。607 年,值中国隋朝大业三年时,派小野妹子为遣隋使,大力开展日中邦交,后又多次派留学生和僧人到中国学习中国文化。他采用中国历法,仿照中国方式编修史书,以不同颜色的冠来标志官位的高低。

正是这样一位极力主张效仿中国的日本古代政治家,穿着全身中国隋唐男子的典型服装在画像上留下了形象。不仅这样,他身旁的两个侍女也是梳着环髻,而且女着男装,完全是形同于唐代宫廷中侍女的一种典型装束——头上簪花、身穿男子袍衫、下为长裤、腰系革带,带上垂着鞶囊。圣德太子本人除了腰系革带以外,双手还拿着笏板,这幅画的构图以及人物大小比例完全仿唐初阎立本《历代帝王图》,区别只在于《历代帝王图》中多位帝王戴冕冠,着上以玄衣下以纁裳的冕服,而圣德太子却一身隋末唐初的打扮,无论怎么看,从他和宫女的着装上,从整幅画的构图上,都可以看出圣德太子极力效仿中国的决心与力度。

女子服装也同样受到大唐服装的影响。唐初女装沿袭隋朝女装习俗,仍以短襦或衫、长裙和披帛为主,女子大多上穿窄袖襦衫,衣身短窄,仅至腰部,下着长裙,腰系长带,裙腰及胸,下摆圆弧,裙型瘦窄。这种形象在莫高窟唐代壁画中颇多(图 6-3-4)。

奈良时期女子着装,与初唐女子着装很相近,图 6-3-5 为奈良时期女装,图中人物身着短襦、高腰裙、披帛,而且束发,两图比较可以看出,无论是服装款式还是整体造型,奈良时期女装与唐初女装都非常相似。

盛唐之后,受社会整体氛围的影响,人们思想开放,唐朝女装呈现两个鲜明的特点:一是衣身宽肥,人物丰腴,神态安详;二是着装开放,甚至一时流行起袒领,领口极低,可见女子乳沟。据文献资料记载,从贵族官僚士大夫家妇人,到歌舞妓女,以至普通百姓人家的女子,甚至德高思精

图 6-3-4

的女道士,都有着袒胸装的情况。周昉的《簪花仕女图》(图 6-3-6)便生动地体现了这种造型:仕女头戴花冠,身着袭地长裙,裙腰及腋,粉胸半露,外罩一件轻薄透明的宽大长衫,一条轻盈的长帔帛随意地搭在肩头,丰腴洁白的肌肤隐隐可见。盛唐贵妇的这种形象在敦煌莫高窟壁画也很常见,如盛唐第 45 窟《未生怨》故事中的王后形象(图 6-3-7)就是属于丰颊肥体型的。

图 6-3-5   图 6-3-6   图 6-3-7

同一时期的日本女子服饰,出现了领口凹陷型设计,将女子细嫩、修长的脖颈肌肤显露无遗。这种大胆的设计风格与唐朝出奇的相似,此款服装作为日本歌舞伎的服装保留至今。其实前面提到过的正仓院所藏

《鸟毛立女屏风画》中的人物形象（图 6-2-1）便是很好的一个例子，图中人物衣衫褒博，V 形领衬托出修长的颈项，裙腰及胸，裙身宽博冗长，裙裾曳地，既有《簪花仕女图》中人物形象的神韵，又与《未生怨》故事中的王后形象十分逼近。《续日本纪》天平二年四月（正值盛唐）记载，"自今以后，天下妇女，改旧衣服，施用新样"，就反映了这一时期日本女子服饰的变化。

在服饰图案及色彩上。日本服饰图案花纹丰富，尤其是创制于平安后期的和服花纹与中国古代文化有着历史渊源。唐代服饰图案用真实的花、草、鱼、虫进行写生，图案形态饱满，生气蓬勃，设计表现出自由、丰满、华美、圆润的神韵。而古代日本的服装几乎都是素地，不绘图案。随着隋唐服饰文化的传入，自天平胜宝年间（750—756 年）开始，服装上开始出现花纹图案，而且明显受中国传统思想影响。中国古代文化认为，龙、凤凰、麒麟、龟为灵性动物，人们将它们作为祥瑞的标志；梅花常被看作传春报喜的象征，竹是平安吉祥的象征，松是长寿的代表，兰花则被认为是君子兰。日本和服刺绣中植物代表有松、竹、梅；动物以鹤、龟、凤凰为代表，每种图案的含义都是对中国古代文化的吸收。例如：平安时代天皇的冕服，上衣绘有日月星辰、龙凤虎猿，御裤上半黑色的花纹，是受《礼记》的影响。这些图案中，由中国传入的松、竹、梅和动物图案居多，且颇受欢迎。民间艺人手工染织的牡丹与狮子的友禅棉布坐垫就绘有鹤、龟与松的图案，镰仓时代发展为鹤龟松梅图案，到了室町时代又增加了竹。[1] 像现在日本皇室专用的 16 瓣菊花花纹，在日本国内被称为"唐草"，在唐代时流行的宝相花纹也被日本广泛使用。代表瑞兆的龙、麒麟、凤凰的图案，不仅装饰朝廷礼服，而且出现在农民、渔民喜庆节日的服装上。例如，婚礼上的新娘和服绣上龙凤呈祥图案，既象征着喜庆和富贵，也象征着夫贵妻荣、恩爱同心，在一定程度上继承了中国的传统文化。

服饰色彩及用色习俗也受中国传统文化阴阳五行思想理论影响。

---

〔1〕 崔蕾、张志春：《从汉唐中日文化交流史看中国服饰对日本服饰的影响》，《西北纺织工学院学报》2001 年 12 期。

"五行"的概念在中国出现甚早,《尚书·洪范》明确指出:"五行:一曰水,二曰火,三曰木,四曰金,五曰土。"显然,至迟在东周时代,已经形成了"五行"的概念。中国封建统治者历来重视服色,按照"五行相克"或者"五行相生"的学说,新王朝确立,必须先确定自己的五行德属,定下基本色调,再制定车辂、冠冕、礼服的形制色彩。不同朝代对颜色的崇尚各不相同:夏朝尚黑;商朝尚白;周朝尚赤;秦朝尚黑;汉初沿袭秦代,汉武帝始,改属土德,色尚黄。特别是隋代以后,将服色等级区别纳入了服饰等级制度。隋炀帝大业元年(605年)诏令"宪章古制,创造衣冠,自天子逮于胥皂,服章皆有等差"[1],"五品已上,通着紫袍,六品已下,兼用绯绿,胥吏以青,庶人以白,屠商以皂,士卒以黄"[2]。到了唐代,进一步用不同的颜色细分官品等级。唐高祖武德四年(621)规定:三品以上常服为紫色,五品以上为朱色,六品以下为黄色。贞观四年(630年),进一步规定三品以上服紫,五品以上服绯,六、七品服绿,八、九品服青,仍以黄色为通用色。

隋唐的服色制度对日本文化产生过重要影响。圣德太子的改革就是吸取了隋代的经验从冠位制开始的。《日本书纪》卷二十二记载:"(推古十一年)十二月戊辰朔壬申,始行冠位。大德、小德、大仁、小仁、大礼、小礼、大信、小信、大义、小义、大智、小智,并十二阶,并以当色絁缝之,顶撮总入囊,而著缘焉,唯元日著髻华。""仁礼信义智"五德和五行是如何对应的呢?《太平御览》卷九百一十五《羽族部二·凤凰》保留了《抱朴子》的一段佚文:"《抱朴子》曰:夫木行为仁,为青,凤头上青,故曰戴仁也。金行为义,为白,凤颈白,故曰缨义也。火行为礼,为赤,凤背赤,故曰负礼也。水行为智,为黑,凤胸黑,故曰向智也。土行为信,为黄,凤足下黄,故曰蹈信也。古者太平之世,凤凰常居其国而生乳焉。"根据这段重要的佚文,我们可以得知东晋南北朝时期,"仁义礼智信"五德与五行、五色的对应关系

---

〔1〕 魏征:《隋书·卷十二·礼仪志七》,中华书局1973年版,第262页。
〔2〕 魏征:《隋书·卷十二·礼仪志七》,中华书局1973年版,第279页。

为:仁—木—青;义—金—白;礼—火—赤;智—水—黑;信—土—黄。在五行之上,增加了最高的"德"。而德以上的颜色,取中国最高级别官服颜色的"紫"〔1〕。故圣德太子时期"当色之制"的颜色顺序为紫、青、赤、黄、白、黑。由此可以确定,圣德太子的冠位服色改革,深受中国传统五行说的影响,尤其受到隋朝职官、舆服制度的影响,并依据中国传统理论确定其冠位服色顺序。

飞鸟、奈良时代及平安前期日本对中国服饰制度的学习是一场由上层统治者发起的自上而下的政治改革,是伴随着日本对中国隋唐时期政治、经济制度的学习而同时进行的,它的意义远远超过了服饰本身。众所周知,服饰具有区别角色、身份和地位的社会功能,尤其是在中国的封建社会,服饰的这种社会功能表现得尤为突出。中国的服饰制度是政治制度的重要组成部分。日本通过对中国政治制度的学习,引进并建立了唐风化的服饰制度,这一举措不仅丰富了日本的衣着文化,更重要的是,通过服饰制度的建立促进了日本的封建化进程。隋唐之际,短短几个世纪,日本完成了中国经过十几个世纪才完成的封建化过程。而一旦这种政治需要得到了满足,日本的服饰便完成了其政治使命,消隐了它的政治工具性,走上了自我发展的道路。这也是为什么宋以后尽管中国同日本经济文化交往依然很密切,而服饰的学习几近于消失的深层原因。

中国的服饰文化对日本的影响是非常深远的。唐风服饰的盛行,为平安时代遣唐使终止后,日本服饰走向独立发展奠定了基础。朝廷的礼服由于不常使用,逐渐形同废止,而且形制上与奈良时代相比也有了较大

---

〔1〕 至于高官服色用紫,其来已久。《论语·阳货第十七》记载:"子曰:'恶紫之夺朱也,恶郑声之乱雅乐也,恶利口之覆邦家者。'"按五行五色,朱乃正色,紫为蓝与红相间之色,喧宾夺主,故孔子深表厌恶。由此看来,紫色在春秋时代应该已经相当流行,受人喜爱。《韩非子》卷十一《外储说左上》记载:"齐桓公好服紫,一国尽服紫。当是时也,五素不得一紫。"春秋时代,紫色最为尊贵。《春秋左传正义》卷六十"哀公十七年"条记载:"良夫乘衷甸,两牡,紫衣狐裘,至,袒裘,不释剑而食。大子使牵以退,数之以三罪而杀之。"其注说:"紫衣,君服。"故良夫服紫衣,成为死罪之一。紫色在制度上成为高官象征,汉代已然。扬雄《解嘲》说:"纡青拖紫。"唐李善注:"《东观汉记》曰:'印绶,汉制,公侯紫绶,九卿青绶。'"汉代以后,紫色一直是高官贵族的服色。

改变。而在朝服基础上,发展出公卿的"束带"和女子的"十二单衣",逐渐形成具有日本特色的服饰。总之,奈良时代的唐风服饰在平安初期达到其顶点之后,次第向"和风化"变化发展,如礼服的衰退、朝服的变形和多样化,其结果是形成平安后期的"束带"和"十二单衣"。这些服装样式大体保留在后世的公家服饰中,乃至于今天的日本服饰,仍然带有唐风余韵。

四、日本服饰制度与中国服饰制度的渊源关系

在中国,早在夏商时期,服饰就已被纳入礼制范畴,为后世服饰等级制度奠定了基调,两周时期,出于政治和礼制的需要,服饰等级制度已是十分鲜明,"君子小人,物有服章"[1],即所谓"见其服而知贵贱,望其章而知其势",人们的社会地位从其服装佩饰便可见一斑。进入封建社会,虽然在各民族文化冲突和交融中服饰历经改革变化,但封建服饰等级制度自秦汉至明清,不但自始至终存在着,而且愈来愈完备、烦琐、严格。

在唐代,尽管政治宽松、文化开明、社会风气开放,但服饰等级观念丝毫没有减弱,在继承隋制的基础上,对皇帝、皇太子、皇室其他成员、各级官吏在各种正式场合服用的不同服装作了具体、明确、细致的规定,譬如对皇帝的服饰:皇帝冕服有大裘冕(祀天神、地祇服用)、衮冕(诸祭祀及庙、遣上将、征还、饮至、加元服、纳后、元日受朝服用)、鷩冕(有事远主服用)、毳冕(祭祀海岳服用)、绣冕(祭祀社稷、帝社服用)、玄冕(蜡祭百神、朝日、夕月服用)、通天冠(诸祭还及冬至、朔日受朝、宴群臣时服用)、武弁(讲武、出征、四时搜狩、大射等服用)、黑介帻(拜陵服用)、白纱帽(视朝、听讼、宴见宾客服用)、平巾帻(乘马服用)、白帢(临大臣丧服用)等 12等。[2]对百官服饰根据地位、品级等不同也分为衮冕、鷩冕、毳冕、绣冕、

---

〔1〕 杨伯峻:《春秋左传注·宣公十二年》,中华书局 1981 年版。
〔2〕 刘昫:《旧唐书·卷四五·舆服志》,中华书局 1975 年版。

玄冕、爵弁、远游冠、进贤冠、武弁、獬豸冠等 10 等。

尤为值得一提的是，自隋代开始，制定了服色制度，将特定的服色与官职的高低相联系。唐统治者继承隋制，对百官常服的服色做了一定的调整，使之进一步完善：唐高祖武德四年（621 年）规定三品以上常服为紫色，五品以上为朱色，六品以下为黄色。贞观四年（630 年），进一步规定三品以上服紫，五品以上服绯，六、七品服绿，八、九品服青，仍以黄色为通用色。上元元年（674 年），因为洛阳尉柳延穿着黄色的衣服夜行，结果分辨不出身份，遭其部下殴打，因此，唐高宗规定官员不许着黄。[1] 以后虽然屡有改易，但只是略做调整，并无整体变化。官阶高者衣紫衣绯，官阶低者衣绿衣青，兵士服黑，布衣百姓衣黄衣白。

这种服色制度，自隋代开始，历唐抵明，一直沿用不替，不仅在中国服饰史上产生了重大影响，而且对中华文化圈中的其他国家都产生了重大影响。日本就是其中之一。

为了在政治上加强皇室力量，排除豪族势力，使古代日本从部落式的氏族制度转变为中央集权的封建制国家，自飞鸟时代开始，圣德太子打开国门，积极引进汉文化，法制完备的隋唐服饰制度逐渐被移植到日本。

推古天皇十一年（603 年），圣德太子仿效隋制，制定并颁布反映冠服和朝服制度的"冠位十二阶"：

"大德、小德、大仁、小仁、大礼、小礼、大信、小信、大义、小义、大智、小智，并十二阶。并以当色绝缝之，顶撮总如囊，而着缘焉。唯元日着髻花"，并于第二年"始赐冠位于诸臣、各有差"[2]。

圣德太子制定的"冠位十二阶"，其内容在《隋书》中也有记载：

---

〔1〕 王溥：《唐会要·卷三一·舆服上·裘冕》，中华书局 1990 年版。

〔2〕 舍人亲王：《日本书纪·卷二二·推古天皇纪》下，株式会社岩波书店 1967 年版，第181 页。

内官有十二等：一曰大德，次小德，次大仁，次小仁，次大义，次小义，次大礼，次小礼，次大智，次小智，次大信，次小信，员无定数。[1]

冠位十二阶的内容"德、仁、礼、信、义、智"主要体现了儒家思想。冠位的制定，旨在打破氏族制度的世袭制，开辟了选用人才的道路。通过冠的颜色和装饰把内官地位分为十二等级，根据工作政绩和能力决定是否升级。冠的颜色分为 6 种：大德、小德为紫色，大仁、小仁为青色（蓝色），大礼、小礼为赤色（红色），大信、小信为黄色，大义、小义为白色，大智、小智为黑色。按阶位用冠，以相应的服色显示等级的不同，这与中国的礼制是一脉相承的。

此后，日本服饰制度历经演变，不断充实，不断完善。大化三年（647年），孝德天皇仿照唐朝制度，采取了一系列改革措施，其中就有关系到服饰制度的"七色十三阶冠位"制度，《日本书纪·卷二五·孝德天皇纪》载：

是岁，制七色一十三阶之冠。一曰织冠。有大小二阶。以织为之，以绣裁冠之缘，服色并用深紫。二曰绣冠。有大小二阶。以绣为之，其冠之缘，服色并同织冠。三曰紫冠。有大小二阶。以紫为之，以织裁冠之缘，服色用浅紫。四曰锦冠。有大小二阶。其大锦冠，以大伯仙锦为之，以织裁冠之缘。其小锦冠，以小伯仙锦为之，以大伯仙锦，裁冠之缘。服色并用真绯。五曰青冠。以青绢为之，有大小二阶。其大青冠。以大伯仙锦，裁冠之缘。其小青冠，以小伯仙锦，裁冠之缘。服色并用绀。六曰黑冠。有大小二阶。其大黑冠，以车形锦，裁冠之缘。其小黑冠。以菱形锦，裁冠之缘。服色并用绿。七曰建武。初位，又名立身。以黑绢为之。以绀裁冠之缘。别有镫冠，以黑绢为之。其冠之背，张漆罗，以缘与钿，异其高下，形似于蝉。小锦冠以上之

---

〔1〕 魏征：《隋书·卷八一·东夷列传·倭国》，中华书局 1973 年版，第 1826 页。

钿，箍金银为之。大小青冠之钿，以银为之。大小黑冠之钿，以铜为之。建武之冠，无钿也。此冠者，大会、飨客，四月七月斋时，所着焉。

"七色十三阶冠位"在"冠位十二阶"的基础上，进一步具体化，把质地（或材料）、冠饰、相应的服色，甚至形状、服用场所等做了说明，进一步明确了服饰的等级区别。

大化五年（649 年），随着官僚机构的整备充实，七色十三阶冠位又增至十九阶，《日本书纪·卷二五·孝德天皇纪》记载：

制冠十九阶。一曰，大织。二曰，小织。三曰，大绣。四曰，小绣。五曰，大紫。六曰，小紫。七曰，大花上。八曰，大花下。九曰，小花上。十曰，小花下。十一曰，大山上。十二曰，大山下。十三曰，小山上。十四曰，小山下。十五曰，大乙上。十六曰，大乙下。十七曰，小乙上。十八曰，小乙下。十九曰，立身。

天智天皇三年（664 年），又改冠位十九阶为廿六阶：

天皇命大皇弟，宣增换冠位阶名，及氏上、民部、家部等事。其冠有廿六阶。大织、小织、大缝、小缝、大紫、小紫、大锦上，大锦中、大锦下、小锦上、小锦中、小锦下、大山上、大山中、大山下、小山上、小山中、小山下、大乙上、大乙中、大乙下、小乙上、小乙中、小乙下、大建、小建，是为廿六阶焉。改前花曰锦，从锦至乙加十阶。又加换前初位一阶，为大建、小建二阶。以此为异。余并依前。[1]

《日本书纪》对大化五年与天智天皇三年两次改革的记载，没有提到在服色上有什么新的变化，注重的是材质、冠饰、形状等。

到了天武天皇十四年（685 年）正月，冠位从廿六阶增至四十八阶。

---

〔1〕 舍人亲王：《日本书纪·卷二七·天智天皇纪》，株式会社岩波书店 1967 年版。

《日本书纪·卷二九·天武天皇纪下》：

> 更改爵位之号,仍增加阶级。明位二阶,净位四阶,每阶有大广,并十二阶。以前诸王已上之位,正位四阶,直位四阶,勤位四阶,务位四阶,追位卅阶,进位四阶,每阶有大广,并四十八阶。

这次冠位变更,将冠位廿六阶中的大织至小紫定为正位,大锦上至小锦下定为直位,大山为勤位,小山为务位,大乙为追位,小乙为进位,各自细化至四十八阶,而且"正"、"直"、"勤"、"务"、"追"、"进"这些名称,蕴含了朝廷对官员的勉励和希望。阶位增加以后,需要对服色做出重新规定,于是于同年七月,颁布新的规定,《日本书纪·卷二九·天武天皇纪下》记载：

> 敕定明位巳下、进位巳上之朝服色。净位巳上,并着朱花。朱花,此云波泥孺。正位深紫,直位浅紫,勤位深绿,务位浅绿,追位深蒲萄,进位浅蒲萄。

持统四年(689年),朝廷颁布《净御原令》,对四十八阶制冠位进行修正,《日本书纪·卷三〇·持统天皇纪》：

> 诏曰……其朝服者,净大一巳下,广二巳上黑紫。净大三巳下,广四巳上赤紫。正八级赤紫,直八级绯。勤八级深绿,务八级浅绿。追八级深缥,进八级浅缥。别净广二巳上,一幅一部之绫罗等,种种听用。净大三巳下,直广四巳上,一幅二部之绫罗等,种种听用。上下通用绮带、白袴。其余者如常。

在服色方面,规定明位为朱花,净大一位至二位为黑紫,净大三位至四位以上为赤紫。紫色的地位得到了强化。

日本服饰制度经过不断完善,不断充实,终于在大宝元年(701年)制定完成了《大宝律令》。《大宝律令》的制定标志着日本封建制度的确立。《续日本纪·卷一·文武纪一》对大宝年间服饰之制有记载：

> 始依新令。改制官名位号。……始停赐冠,易以位

记。……又服制。亲王四品已上，诸王诸臣一位者皆黑紫。诸
王二位以下，诸臣三位以上者皆赤紫。直冠上四阶深绯，下四阶
浅绯。勤冠四阶深绿，务冠四阶浅绿。追冠四阶深缥，进冠四阶
浅缥。皆漆冠、绮带、白袜、黑革履。其袴者，直冠以上者皆白缚
口袴，勤冠以下者白胫裳。

《大宝律令》今已散佚，不过内容大部分保留在后来的《养老律令》中。
718 年，在《大宝律令》的基础上，参照唐《永徽令》编纂了《养老律令》。其
中《衣服令》详细规定了礼服、朝服、制服的种类和着用场合。

礼服为五位以上官员出席即位、大尝会（天皇即位年的新尝会）、元旦
朝贺等宫廷重要仪式时所着用。礼服取法于汉代以来中国的祭服，用于
皇太子、亲王、诸王，以及五位以上的文官、武官、女官。以下是《养老律
令·令第七·衣服令》中关于礼服形制的具体记载：

皇太子礼服：

礼服冠，黄丹衣，牙笏，白袴，白带，深紫纱褶，锦袜，乌皮舄。

亲王礼服：

一品礼服冠（四品以上，每品各有别制），深紫衣，牙笏，白
袴，条带，深绿纱褶，锦袜，乌皮舄。佩绶玉佩。

诸王礼服：

一位礼服冠（五位以上，每位及阶，各有别制。诸臣准此），
深紫衣，牙笏，白袴，条带，深绿纱褶，锦袜，乌皮舄。二位以下五
位以上，并浅紫衣。以外皆同一位服。五位以上佩绶，三位以上
加玉佩。诸臣准此。

诸臣礼服：

一位礼服冠，深紫衣，牙笏，白袴，条带，深缥纱褶，锦袜，乌
皮舄。三位以上，浅紫衣。四位，深绯衣。五位，浅绯衣。以外
并同一位服。大祀大尝元日，则服之。

内亲王礼服：

一品礼服宝髻（四品以上，每品各有别制），深紫衣，苏方深紫纰带，浅绿褶，苏方深浅紫绿缬裙，锦袜，绿舄，饰以金银。

女王礼服：

一位礼服宝髻（五位以上，每位及阶，各有别制。内命妇准此），深紫衣。五位以上，皆浅紫衣。自余准内命妇服制，唯褶同内亲王。

内命妇礼服：

一位礼服宝髻，深紫衣，苏方深紫纰带，浅缥褶，苏方深浅紫绿缬裙，锦袜，绿舄，饰以金银。三位以上，浅紫衣，苏方浅紫深浅绿缬裙。自余并准一位。四位，深绯衣，浅紫深绿纰带，乌舄。以银饰之。五位，浅绯衣，浅紫浅绿纰带。自余皆准上。大祀大尝元日，则服之。外命妇，夫服色以下，任服。

皇太子以下文官的礼服，是由礼服冠、衣、白袴、带、纱褶、锦袜、乌皮舄、绶、玉佩等组成，手持象牙笏。衣和褶的颜色依位阶而定。

礼服冠的样式，据平安初期贞观（859—876年）年间的《仪式》一书记载，以黑罗为底衬，装饰以金银珠玉。冠的正面根据位阶不同，饰有四神（青龙、白虎、朱雀、玄武）以及凤凰、麒麟等。皇太子礼服冠形制不明。

关于礼服服色，皇太子为黄丹；亲王、诸王、诸臣一位者为深紫；诸王二位以下及诸臣二、三位者为浅紫；四位为深绯；五位为浅绯。

礼服的形制据推测为垂领大袖，白袴为白绢质地。纱褶是穿在袴之上的，有褶皱，类似裳，具体可见《天寿国绣帐》里面的官员所着。纱褶皇太子用深紫色，亲王、诸王用深绿、诸臣用深缥。乌皮舄为黑革所制。绶是以彩色丝织成的带状装饰品，玉佩是三位以上所用的玉垂饰，穿着时两者都系在腰带上，绶在左侧，玉佩在右侧。

内亲王、女王、女官内命妇的礼服，是由宝髻、衣、纰带、褶、缬裙，锦袜、舄等组成。宝髻以金银珠玉装饰，衣为垂领大袖样式。衣色准同男子，各有等级。褶的颜色，内亲王、女王用浅绿，内命妇用浅缥。男子的褶色为深绿和深缥,男女的褶色有色彩浓淡的区别。

朝服是有位阶官员的朝廷公事之服。《养老律令·令第七·衣服令》中关于朝服的规定:

朝服:

一品以下,五位以上,并皂罗头巾,衣色同礼服,牙笏,白袴,金银装腰带,白袜,乌皮履。六位,深绿衣。七位,浅绿衣。八位,深缥衣。初位,浅缥衣。并皂缦头巾,木笏(谓,职事),乌油腰带,白袴,白袜,乌皮履,袋从服色。亲王,绿绯绪,一品四结,二品三结,三品二结,四品一结。诸王三位以上同诸臣,正四位深绯,从四位深绿,正五位浅绯,从五位深缥,结同诸臣。诸臣正位紫绪,从位绿绪。上阶二结,下阶一结,唯一位三结,二位二结,三位一结。以绪别正从,以结明上下。朝廷公事,即服之。

朝服:

一品以下,五位以上,去宝髻及褶舄,以外并同礼服。六位以下,初位以上,并着义髻,衣色准男夫。深浅绿纰带,绿缥缬纰裙。初位去缬。白袜,乌皮履。四盂则服之。

日本的朝服文官形象,是头戴皂罗(五位以上)或皂缦头巾(六位以下至初位以上),身着与位阶对应服色的衣服,下着白袴,手持牙笏或木笏。表为盘领的襕衣。衣色与礼服相同,一位深紫,二、三位浅紫,以下顺序为深绯、浅绯、深绿、浅绿、深缥、浅缥。这与唐朝上元元年(674 年)的服制中,紫、深绯、浅绯、深绿、浅绿、深青、浅青的色彩序列接近。

朝服的袴为白袴。腰系革带,五位以上的革带有金银装饰,六位以下为乌油革带。下着白袜,乌皮舄。

女子的朝服,五位以上者的朝服与礼服的主要区别,是将礼服中的宝髻、褶等去掉。六位以下的要加“义髻”。衣色准同男子,深浅绿纰带,绿、缥色纰裙。袜为白绢,履为乌皮履。

制服是无位人员的朝廷出仕之服。《养老律令·令第七·衣服令》中关于制服的条文：

制服：

无位。皆皂缦头巾，黄袍，乌油腰带，白袜，皮履。朝廷公事，即服之。寻常通得着草鞋。家人奴婢，橡墨衣。

制服：

宫人，深绿以下，兼得服之。紫色以下，少少用者听。绿、缥、绀缬及红裙，四孟及寻常则服之。若五位以上女，除父朝服以下色者，通得服之。其庶女服，同无位宫人。

制服是无位官员和庶人的公服。形式与朝服相同，皂缦头巾、黄袍、乌油腰带、白袜、皮履。家人奴婢着橡墨衣。女子方面，衣色用深绿色以下，还有红裙。《万叶集》中咏年轻女性的和歌中常常出现"赤裳"一词，当指红裙。

《养老律令》于718年（养老二年）编纂完成，其《衣服令》的施行范围比较狭窄，主要限于社会的中上阶层，如亲王、诸王、文武官员和一些贵族女性。据青木和夫考证，养老年间日本全国总人口约600万人，都城奈良的人口约20万人，其中官员的总数约1万余人，五位以上的贵族不过100多人，三位以上的公卿10余人而已。可见《衣服令》在日本的实行范围比较狭窄。

再来看中国隋唐时代的服制。

中国隋代服制已经出现了两大系统：汉服和胡服。汉服是继承了北魏改革后的汉式服装，包括祭服、朝服、公服；胡服是继承了北齐、北周改革后的圆领缺骻袍，用作平日的常服。

隋朝一统天下后，在祭服、朝服、公服等礼服上继承了北魏改革后的服制。祭服即用冕旒之服，主要用于祭祀典礼和其他重要典礼。以下是《隋书·卷一一·礼仪志六》记载的北齐武成帝河清年间（562年）的服制，其中对天子、皇太子、三公九卿的冕旒服饰章纹做了具体的等级规定：天子平冕黑介帻，垂白珠十二旒，用五彩玉，衮服皂衣绛裳，十二章，褾带，朱袯,佩白玉,带鹿卢剑,黄赤大小绶,赤舄。皇太子平冕黑介帻,垂白珠九旒。上公九旒,三公八旒,诸卿六旒。三公之衣裳章纹为山、龙等以下八章,九卿用藻、火以下六章。

朝服,亦曰具服。冠、帻、缨、簪导,绛纱单衣,白纱中单,皂领、袖、皂襈、裾,白裙襦(或衫),革带金钩鰈、假带,曲领方心,绛纱蔽膝,白袜,乌皮履,剑,纷,鞶囊,双佩,双绶。此服为五品以上陪祭、朝飨、拜表大事的服饰,其所戴的冠则按各官品级而定。如亲王戴远游三梁冠,公、侯等戴进贤冠、犀簪导。

公服,亦名从省服。冠、帻、簪导,绛纱单衣,白裙襦(或衫),革带钩鰈、假带,方心,袜履,纷,鞶囊,双佩,乌皮履。一品以下五品以上朔望朝谒及见东宫的服饰。六品以下去纷,鞶囊,双佩。此服与朝服相异者为无蔽膝、剑、绶。隋制用朱衣裳,素革带,去鞶囊、佩绶而偏垂一小绶。冠则为弁冠,按品分别,如一品九琪,二品八琪依次别之,亦用犀簪导。纷,鞶囊是佩于革带之后的一种纷条及革囊。

常服为圆领缺胯袍,原由胡服演变而来,以其方便实用的特点在北朝晚期得以流行,这种风气一直持续到隋唐五代。在隋唐时代,头戴幞头、身着圆领袍服、腰系蹀躞带、足登长靿靴已成为男子标志性的装扮,圆领袍服不仅成为此时期男子的常服,而且在朝堂上也能见到,逐渐取代公服。据《旧唐书·卷四五·舆服志》记载:

> 宴服,盖古之褻服也,今亦谓之常服。江南则以巾褐裙襦,北朝则杂以戎夷之制。爰至北齐,有长帽短靴,合袴袄子,朱紫玄黄,各任所好。虽谒见君上,出入省寺,若非元正大会,一切通用。高氏诸帝,常服绯袍。隋代帝王贵臣,多服黄文绫袍,乌纱帽,九环带,乌皮六合靴。百官常服,同于匹庶,皆着黄袍,出入殿省。天子朝服亦如之,惟带加十三环以为差异,盖取于便事。

隋朝初年,隋文帝就曾于听朝时着赭黄文绫袍,戴折上巾(幞头),穿长靿靴,而朝堂上的大臣所着服装与天子相同,一律的圆领袍服。唯一不同的是隋文帝在此常服上服十三环蹀躞带,以示与臣下的区别。

据同书史料记载,到了隋炀帝大业六年(611年),开始按颜色将裤褶之服区分等级:"五品已上,通着紫袍,六品已下,兼用绯绿。胥吏以青,庶人以白,屠商以皂,士卒以黄。"这时的颜色划分还比较粗疏。至唐朝贞观四年(631年),裤褶之服作为"常服"被规定出更详细的色彩等级。及贞观二十二年(648年),"令百寮朔望日服裤褶以朝";文明元年(684年)又规定"京文官五品以上,六品以下,七品清官,每日入朝,常服裤褶。诸州县长官在公衙,亦准此。"《旧唐书·舆服制》更进一步说明:"自贞观以后,非元日冬至受朝及大祭祀,皆常服而已。"

由上述中日两国同时代的服饰制度比较可知:第一,与中国封建社会服饰等级制度一样,《养老律令》中的《衣服令》已经明显体现了日本服饰等级制度的建立;第二,日本的服饰等级制度,尤其是服色制度受到中国隋唐服饰制度的影响,这是毋庸置疑的;第三,日本的礼服取自于中国古代的冕服制度,沿袭了传统礼制,朝服则源自北方的胡服系统,直接采用了中国的"常服"——裤褶之服。

不过日本在接受、吸收中国服饰制度的过程中,尤其是平安时期,在模仿过程中进行创新,这是值得肯定的,也是之后日本服饰能够走上民族化道路的前提条件。

五、和服体系:外来服饰本土化

和服是日本的传统民族服装,因为日本人口中的90%以上都属于"大和"民族,故取其名,在日语中,它又叫作"着物"。和服在江户时代以前称作"吴服",固定使用"和服"的称谓是日本明治维新以后。

从日本服饰发展历史来看,和服的起源可追溯到公元前3世纪到公元3世纪后半叶,即日本弥生时代,相当于中国战国后期到三国时代前期。《三国志·卷三〇·魏书·乌丸鲜卑东夷传》"倭人"条对此时期日本服装有描述："男子皆露紒,以木绵招头。其衣横幅,但结束相连,略无缝。妇人被发屈紒,作衣如单被,穿其中央,贯头衣之。"男子"其衣横幅,但结束相连,略无缝",将整幅布缠裹身上,不施裁缝,而是用打结或束缚的方法固定在身上;女子"作衣如单被,穿其中央,贯头衣之"。这可能便是日本男女和服的雏形了。

日本大和时代,正值中国魏晋南北朝时期。从人物埴轮形象分析,这一时期日本人的衣着文化有了质的飞跃:男子的服装已由原来将整幅布缠裹身上发展到上衣下裤;女子的服装已由原来的贯头衣发展到上衣下裳。而实现这一飞跃的主要动因当推中国服饰文化的影响:在这一时期日本与中国南朝、隋之间的往来十分频繁。日本倭五王(倭王赞、弥、济、兴、武)在80余年(421—502年)中,10余次向南朝宋、齐、梁及隋政权遣使及请授封号。除了政治上的需要进行交往以外,还有在经济、技术、文化等层面上的交往。据《日本书纪》记载,为了适应日本社会生产发展的需要,在4—5世纪,倭王曾经3次遣使到南朝,带回所赠汉织、吴织,及长于纺织裁缝的技术工匠衣缝兄媛、弟媛等。中国织、缝工匠的到来,有力地促进了日本衣缝工艺的发展,日本后来的飞鸟衣缝部、伊势衣缝部就是在此基础上形成的。除此以外,东渡扶桑的中国移民中有大量手工艺者,他们将中国的服饰风格传入日本。这些都直接促进了日本服饰文化的发展。

在7世纪初飞鸟时代,圣德太子便派出遣隋使,学习、吸收中国服饰文化,按隋制制定反映冠服和朝服制度的"冠位十二阶"。遣隋使的派遣,加快了日本服饰汉化的速度,日本统治者意识到汉民族服饰制度深远的政治功用性,因此在主观上,几乎是急不可待地希望"全盘汉化"。

到八九世纪的奈良、平安前期,日本与中国文化交流达到了顶峰。自630年至894年止,频繁派遣遣唐使,无论是从规模和人数等各方面都是空前绝后的。随着文化交流的不断深入,日本广泛地吸收了唐代政治、经济、文化的各方面,掀起了一场空前绝后的唐风化运动。在服饰文化领域,日本进行了自上而下的服饰改革:孝德年间(645—654年)始用唐服;

天智天皇年间（662—671 年），大礼大祀，并着唐制礼服；8 世纪初，制定《大宝律令》，并开始依新令改制冠位服色；718 年，颁布了《养老律令》，进一步规定了服制和服色；719 年，命令天下百姓的服装都改成右衽；到 9 世纪，嵯峨天皇诏令天下"朝会之礼，常服之制，拜跪之等，不论男女，一准唐仪"；818 年，菅原清公任式部少辅时，奏请朝廷规定天下礼仪、男女衣服悉仿唐制，五位以上的位记都改汉式……总之，伴随大唐 300 年的日本飞鸟、奈良、平安前期 3 个时代，是日本全面向隋、唐学习的时代。日本模仿隋唐服饰在全国范围内全面推广隋唐服装，在服饰制度、织造技术、衣着样式、图案纹样等方面都形成了鲜明的"唐风时代"。另外奈良时代的织物种类很多，有绫、锦、罗、纱、绸、绢、布等，染色工艺由于植物染料使用量的增加，使夹缬工艺得到了发展，其中最著名的就是鹿胎纹。织物的纹样大部分仿自中国，以大花型为主，造型饱满，色彩华丽，所以这个时期的日本服饰的特点是色彩较华丽及具有中国古代唐装的风味。

　　到了平安时代后期，随着唐朝的衰落，日本遣唐使的终止，日本服饰逐渐脱离了学习中国服饰的轨道。在全盘消化唐文化的基础上，走上了独立发展的"和风化"道路。此时的服装逐渐地摆脱外来的影响，形成独有的精致与奢美的特色。譬如日本人把自然的、写生的与外来纹样题材图案化，原来具象的内容经过变形使其装饰化、几何化，形成团花纹样、对波纹样、龟背纹样等多样化纹样，服装色彩也开始多样化，衣袖也向宽大方向发展。图 6-5-1 依次为平安时代男子束带、女子十二单、男子狩衣姿、女子五房小衣。束带是日本平安时代以来，天皇以下公家的正装，由单、袍、下袭、半臂和袍组成，可以搭配大口袴和表袴，还要与冠、袜相搭配，怀中有帖纸和桧扇，手中持有笏，公卿和殿上人腰中挂有鱼袋。束带分为文官束带和武官束带，文官以及三品武官穿缝腋袍，四品以下的武官穿阙腋袍。平安时代的女装分为礼服、唐衣裳装束、桂袴、采女装束和水干，通称为十二单，是日本女性贵族的正礼装，正式名叫作女房装束或五衣衣裳，由小袖、长袴、单、五衣、打衣、表衣、唐衣、裳等构成。

　　镰仓时代是以武士为主要角色的时代，在这一时期，相对精干、简易的武家文化出现。这一时代特征也反映在了服装上，日本人的服装回归朴素，宽袖又变回窄袖，开始转为实用形。朝臣在平安时代作为便服的直衣演变为正装；十二单衣变成只叠穿 5 件的五件衣；武士的狩衣和水干变成了正装；平安时代的直垂在此时期成了武家的礼服；上流武家妇女通常穿的正装，此时仍保持平安时代的特色，其外出标准着装是斗笠加上垂帘。图 6-5-2 依次为镰仓时代武士直垂、上流女子正装、小袖、上流女子外出服装。

图 6-5-2

室町时代后期，日本进入战国时代，群雄割据、战乱不断，人民生活不振,造成和服的演变速度逐渐减慢,此时期产生了大纹及素袄两种款式的和服。男性流行大花纹长裤,武士平时穿着的直垂变成正装,衣摆变长成为长裤。小袖是这一时期女子服饰主要形式。图 6-5-3 依次室町时代公家直垂、公卿小直衣、武士素袄、武家妇女所着的小袖。

图 6-5-3

安土桃山时代的服装类别虽然和前代没有什么差别,但是小袖在这个时期有很大的变化,大纹和素袄也从原来普通的武士服装发展成为重要的礼服,武士平常则穿肩衣和裤,或者羽织和裤的组合装;妇女穿小袖,安土桃山时代及以后的服装主流都是以小袖为主,和服的形态已基本定型,直到现代。而且人们开始讲究不同场所穿着不同的服饰。图 6-5-4 依次为安土桃山时代武将的肩衣和裤、胴衣,上流妇人打褂、游女所着的和服。

江户时期是日本服装史上最繁盛的时期,这一时期的和服特点是装饰物增加、形式变化多样,现在所见的和服大多是延续了江户时期的服装特色,之后几百年没有发生大的变动。

和服的种类很多,而且有便服和礼服之分。男式和服款式少,色彩较单调,多深色,腰带细,穿戴也方便。女性和服款式多样,色彩艳丽,腰带宽。不同的和服腰带的结法也不同,还要配不同的发型。此外,根据场合

图 6-5-4

不同,穿着和服的图样、颜色、样式等也有差异。

浴衣:是以棉为材料的一种简单的和服,因材质轻便而令穿着者感到凉快,很适合洗浴后穿着,故称浴衣。直线缝接,衣袖宽阔,休闲感很强,夏天炎热时也比较适合穿这种浴衣。

振袖和服:又称长袖礼服,未婚女性的礼服,依袖子长短为"大振袖"(图 6-5-5)、"中振袖"、"小振袖"。穿得最多的是"中振袖",主要用于成人礼、毕业礼、宴会、晚会、茶会等场合。因为这种和服给人一种时尚的感觉。所以已婚妇女穿"中振袖"的越来越多。

图 6-5-5   图 6-5-6

留袖和服:已婚女性参加亲戚的婚礼和正式的仪式、典礼等时穿的礼服,主要分为黑留袖和色留袖。以黑色为底色,染有 5 个花纹,在和服前身下摆两端印有图案的,叫黑留袖(图 6-5-6),为已婚妇女使用;在其他颜色的面料上印有 3 个或 1 个花纹,且下摆有图案的,叫色留袖(图 6-5-6)。

访问和服:是女性出门时所穿的一种和服,无已婚未婚之分。访问和服是整体染上图案的和服,它从下摆、左前袖、左肩到领子展开后是一幅图画。近年来,作为最流行的简易礼装,访问和服大受欢迎(图 6-5-7)。

花嫁衣裳(婚服):结婚时穿的礼服。日本的婚礼分为两种,一种为神前婚礼,另一种为西洋婚礼。花嫁衣是神前婚礼的必要穿着,是和服中最为华丽的,用织进金银箔的金银丝线在绸缎面料上刺绣,绣的图案大多是花鸟(图 6-5-8)。

男式和服:男子和服以染有花纹的外褂和裙为正式礼装。除了黑色以外,其他染有花纹的外褂和裙子也只作为简易礼装,可以随便进行服装搭配。

素色、小纹和服:素色和服是一种单色和服(除黑色以外),染有花纹的可以作礼服,没有花纹的则作日常时装。小纹和服是衣服上染有碎小花纹,一般作为日常的时髦服装,在约会和外出购物的场合,常常可以看到(图 6-5-9)。

图 6-5-7

图 6-5-8

图 6-5-9

　　和服是日本人的传统民族服装，也是日本人最值得向世界夸耀的文化资产之一。它从诞生之日起，便在日本人的社会生活中担当重要的角色。和服是在模仿、传承中国汉唐服饰的基础上，经过日本人的历代改良，又融合日本传统文化的特色，逐渐发展演变成为适合日本人穿戴的独特服装的。这期间日本人将自己的民族习惯及传统观念贯穿其中，使和服发展成为符合日本人心理习惯和审美观点的民族传统服装。因此，它既具有汉唐服饰的遗风余韵，又蕴含日本民族文化和日本人民的山水观、风土观以及精神境界，充分体现出了外来服饰本土化的特色。

　　和服首先体现了日本人热爱大自然、崇尚自然美的精神境界。

　　作为一个岛国，特殊的地理位置和气候条件为日本创造了得天独厚的环境，温和的气候、富于变化的四季造就了一个一年四季鲜花盛开、绿树葱郁的日本。日本人热爱大自然，也非常崇尚自然美。一位日本学者说："日本文化形态是由植物的美学支撑"，"对日本人来说，自然就是神，生活如果没有神，就没有自然，也应该不能成为生活。"因此，与自然共生，已经成为日本人美意识的象征之一。

　　"和服"是日本人最喜爱的服饰，也是日本人诠释美的最好代表。它把日本人优雅、细腻、深沉的美的意识都表现在其中。从这种意义上讲，和服不仅仅是一种服饰，还是一个艺术品。因此，和服还有另外一个美丽的名称叫"赏花幕"。日本人将美丽的自然景色绣染在和服上。从和服到与之搭配的腰带、木屐等都装饰着自然界的花草等图案。即便是颜色的名字也都和大自然有关，例如樱色、桃色、棣棠色、藤色、葡萄色、木兰色等等。而且根据年龄、地位、身份、场合、季节的不同，纹样的图案千变万化、各不相同。但是不管选择什么样的纹样，设计师都将对自然的热爱倾注其中，把每一幅图案都表现得惟妙惟肖、活灵活现，使欣赏者好像身处大自然中。

　　第二，将内敛、矜持、含蓄的民族性格融入和服的设计之中。

　　日本是一个岛国，历史上长期处于与外界隔绝没有交流的环境中，形成了日本人封闭、矜持的性格。在生活中,日本人从来不主动表达自己的想法和观点,总是把自己的内心深深隐藏起来,给人一种压抑束缚之感。和服的外观和结构也呈现给人一种束缚之美,这恐怕便是日本人性格的反映吧。

日本妇女穿和服时,背部都要编上一个像小背包的东西被日本人称作带。用带系身可以不让和服打皱,显出形体的美。这种带后来发展成为今日的腰带。日本人将背后的腰带打成不同的花结,象征不同的意义。和服除了袷、带、结外,还有很多其他配件。例如带扬、带缔、带板、带枕、伊达缔腰纽、胸纽、比翼等,它们在和服中主要起整形、防皱、衬托之用。另外穿和服时还要穿配套的内衣、履物及其他服饰品,比如草履、下驮、手提包、带扣、发饰等。当日本人穿上和服后,层层叠叠,从头到脚都有装饰品陪衬,整个人看起来有一种束缚、优雅、含蓄之美。这种美正好与日本人性格中的内敛、矜持、含蓄特征相呼应。

不仅如此,日本人还因和服而产生了许多礼仪规矩,穿和服时的站姿、坐姿、走路姿势、坐车姿势都有讲究。譬如坐车时,首先要把包和其他东西放在座位上,然后背对座位坐下。穿振袖时要用左手将衣袖合拢,右手托起左袖,而左手则稍稍提起衣襟。坐时只能坐位置的一半左右,不能坐得太靠里,胸要挺起,微微前倾,脚尖着地,不能让腰带接触椅背,以免变形。下车时,左手持襟,右手拉住扶手而下,下车之后,必须先整理腰带,确认腰带及衣服的整齐。

"和服"是日本人智慧的结晶,也是日本人为之骄傲的宝贵文化遗产。它的演变与发展凝聚了历代日本人的心血和努力,最后发展成最符合日本人体形与性格特征的传统服装。

第三,和服的手绘纹样体现了日本人的手工技艺之道。

日本民族的手工艺术经过了一个由粗而精、从生到熟的过程。从早期的绳文——弥生——古坟时代出土的石器、土器、青铜器来看,最初所有的手工艺,只是制作实用性的器物。以后,日渐丰富的生活使手工艺的数量与种类迅速增加,制作器物成为职业,并逐渐产生了依赖优秀的技术进行专门制作的手艺人。陶工、漆工、染工、织工、木工等"术有专攻"的职业化手工艺人对日本文化起着相当重要的推动作用。

在日本,手绘这种独特的表现形式能够成为和服装饰纹样的重要表现技法,并体现其技艺之美,主要得力于他们高度发达的传统手工染色技艺。日本的手工染色技艺具有悠久的历史,而且从一开始就受中国手工技艺的影响。早在弥生时代就出现了染色工艺,到了飞鸟、奈良时代,服饰等级制度建立,服色作为区分服装等级的依据之一,尤其受到重视。服装有了专门的紫、绯、绿等染法。设立了内染司机构以掌管染色之事,并出现了染色师这一专门的职位。平安初期,织部司中又有了专门的染户。江户以后印染业逐渐在民间普及起来,染料来源也愈加多样。

日本和服手绘技艺最为典型的是创建于江户时代的并延续至今的传统工艺"友禅染",它包括"型友禅"和"插友禅"两种。其中"插友禅"是以描绘为主,用糊置防染印花方法自由地在织物上描绘出自然风景、吉祥符号等图案纹样,也可以直接用笔蘸取染液手绘在丝绸上,具有从浓到淡的晕色特点。用"友禅染"制作的"小袖"式样的和服成为日本当时衣饰文化的象征,堪称"日本染织工艺的王者"〔1〕。

和服手绘纹样的技艺之美还来自于艺人们对材料的有效利用,不同的面料质地和纹样的配合会给人不同的美感。和服所以能具有华贵的美,除了用料上矜贵的质感,相当重要的因素还是来自于艺人们在每一个环节上精致的手工技艺,从而使技艺上升到审美的精神境界。艺人们高超的技艺既能把个人的内心情感和纹样的美感自然真切地表现出来,同时又不被突出,而是隐藏在情感和纹样的表现之后,使欣赏者忘记技巧、法则的存在,而能直接感受到真诚自然的感情,以及意在笔先、神余言外的精神极致。

---

〔1〕 叶渭渠:《日本工艺美术》,上海三联书店 2006 年版。

第七章　平安时代中后期至江户时代

　　907年，唐朝灭亡，进入了五代十国时期，此时期日本正值平安时代。晚唐893年，日本最后一次派遣遣唐使，但未成行，并于次年停止了遣唐，中日之间的交流自此不可与盛唐时相提并论。虽然官方交流停止，但民间商人、佛教僧人仍保持两国之间友好往来的传统关系。在此时期，往来贸易的中国商人常常兼任中日双方之间的信使，为中日两国的王公贵族捎带信件、礼品；而到中国来的日本僧人、学者更是充当了外交使节和文化使者的重要角色。中国商人和日本僧人在商品物资交换、书籍往来、建筑雕刻、佛教经疏和思想交流、工艺美术、文学艺术等方面的中日交流中，做出了重大贡献。

　　960年，中国北宋王朝（960—1127年）开始（日本处于平安时期），经济、文化均有新发展，商业贸易更加活跃，北宋商船频频东渡，揭开了中日经济交流史上民间经营对日贸易的新高潮；在佛教文化交流上，北宋160多年间，来宋求法的僧人虽然不多，但有奝然、寂照、成寻等著名僧人，且对促进中日佛教文化发展做出了巨大贡献，他们都曾被宋朝皇帝召见，并赐以紫衣袍。其中奝然被太宗赐以三品以上才准穿戴的紫衣袍，敕其法济大师号；寂照被真宗赐以紫衣袍，号圆通大师；成寻被神宗召见，赐予紫衣和大量绢帛。

　　1127—1279年，是中国南宋时期（日本处于平安末、镰仓时代前期），此时期日本废除了禁止日本人出海贸易的闭关政策，使日船入宋"舳舻相衔"。宋代文化大量输出到日本，日僧入宋习禅形成热潮，仅知名的就有

120 多人,其中最著名的有荣西、道远等人;中国禅僧亦抱"游行化导"之志赴日,约超过 10 人。

两宋时期的中日文化交流与隋唐时期以官方为主的文化交流不同,它是以僧侣、商人相互往来为主要形式而形成的另一种中日文化交流盛况。

元(1271—1368 年)、明(1368—1911 年)两代 360 余年(经历了日本镰仓时代后期、南北朝时期、室町时代、安土桃山时代、江户时代初期),中日文化交流受到元军两次对日战争、日本丰臣秀吉两次侵朝战争和日本倭寇侵扰为害中国沿海长达 300 年的严重破坏和干扰。清代(1636—1911 年)初期和中期(日本江户时代),日本锁国政策、中国实行海禁和闭关政策,极大地阻碍了双方的交流。尽管如此,但中日双方在政治、经济、文化等方面的交流一直没有完全中断过;民间贸易和人员往来更是意外的频繁,几乎年年不绝。

其中在元代,入元日僧名传至今的,达 220 人,更有许多无名日僧入元,成为历朝绝无仅有的奇观。1342 年,日本开始了世俗文化归于佛门僧侣的五山时代,从此,日僧成为中国文献典籍东传最主要的传递者,中日佛学宗教交流成为中国文献与文化传向日本的主要渠道。特别是五山汉文学的兴盛、五山版汉籍的出现和儒学的兴起,既是中日文化交流的体现和重要成果,又是对中日文化交流的重要贡献。

在明代,中日文化交流有了新发展,五山汉文学和五山版汉籍方面持续发展并日益隆重;医药学、美术、戏剧等方面亦有各种交流,最为突出的是日本山水画集大成者——画圣雪舟等杨,在中国水墨山水画艺术表现技法的基础上,将日本水墨山水画发展到新的高水平。

在明末清初,中国一些文人为反清流亡到日本,他们对传播中国文化起了积极的作用。最值得一提的是明末遗臣朱舜水,他在日本侨居 20 多年,终老于日本。在日期间为水户藩主德川光国之宾师,在江户讲学,他提倡经世致用的实学,影响很大,对中日文化交流做出了巨大的贡献。

在服饰文化交流上，如前所述，日本在平安时代以后，脱离了模仿之路，发展了具有自身特点的民族服装——和服。虽然如此，但是这并不等于中日服饰文化交流之路完全阻断。以明清时代为例，由于中日两国海天相望的独特地理条件，流光溢彩的中华民族服饰，通过多种渠道流到日本，在日本很受欢迎。一是朝廷的赐服，明代通过赐服这种方式来改善中日两国政治关系，或者说赐服级别的高低成了两国政治关系的晴雨表；二是民间交流，明、清两代内地蟒袍、锦缎、丝绸面料等诸物，通过黑龙江下游及库页岛地区，东传北海道，颇受当地虾夷人青睐，被称为"虾夷锦"；三是通过侨居在日本的中国人传播中国服饰文化，譬如明末遗臣朱舜水对中国文化（包括服饰文化）的传播做出了很大的贡献。

一、明代对日本的赐服

明朝是开展"服饰外交"较多的朝代之一。立朝伊始，太祖朱元璋就十分重视与外国的交往关系，他向周边邻国派出使者，诏明：

> 昔帝王之治，天下凡月所照，无有远近，一视同仁。故中国尊安，四方得所，非有意于臣服之也。自元政失纲，天下兵争者十有七年，四方遐远，信好不通。朕肇基江左，扫群雄，定华夏，臣民推戴，已主中国，建国号大明，改元洪武。顷者克平元都，疆宇大同，已承正统，方与远迩相安于无事，以共享太平之福。[1]

同时，他采取有效措施发展与周边国家的友好关系。其中之一就是赐服，对朝贡国赐赠服饰和丝织品及其他物品。至洪武末年，明王朝已与高丽、日本、琉球、安南、真腊、暹罗、占城、西洋国、爪哇、渤泥等 10 多个国家建立了友好往来关系。在这些藩属或国家中，明王朝对朝鲜半岛赐服最普遍，明朝对朝鲜半岛赐服始于高丽时期。李氏朝鲜建立后，李成桂确

---

〔1〕《明太祖实录》卷三七，台湾"中央研究院"历史语言研究所据 1962 年版，第 750—751 页。

立"袭大明衣冠，禁胡服"政策，为朝鲜服饰变革指明了方向。明朝也延续赐服制度，而且由于朝鲜一心"事大"，对大明极其忠心，双方关系甚为密切的缘故，赐服的数量和次数相比北元更大、更多。（具体见上篇第四章）

其次，便是对日本的赐服。由于倭寇骚扰中国沿海，明朝统治者为解决这一问题，把发展中日关系作为重要的内容之一。明太祖朱元璋从登基开始，连续3年每年向日本派出使者，以谋求共同解决海盗问题的办法。但前两次没有成功，洪武三年（1370年），朱元璋再次遣使前往日本，终于得到了日本方面的回应。洪武四年（1371年）十月"日本国良怀遣其臣僧祖来进表笺、贡马及方物，并僧九人来朝，又送到明州、台州被虏男妇七十余口"[1]。太祖以中国传统的丝织品、僧服和历法等作为回礼，颁诏赐给日本王良怀《大统历》及文绮、纱、罗等物；同时，祖来等使者亦被赐给文绮、帛及僧衣。这次服饰外交使中日关系得到了最初的改善。

永乐元年（1403年），由于双方共同的政治和经济利益，中日两国统治者在改善两国关系上都采取积极行动，日本国王原道义率先派遣使者圭密等300人奉表，贡上马及铠胄、佩刀、玛瑙、水晶、硫黄诸物，成祖以高规格的礼遇款待使者，赐给圭密等人绮绸绢衣，并派遣使臣"同圭密等往赐日本国王冠服、锦绮、纱罗及龟钮金印"[2]。

这次赐予日本国王冠服虽然没有标明级别，但从"龟钮金印"看，应该是高级别的。在封建社会，印是权利的象征，不同的官阶配有相应不同等级的官印。据《明史·舆服志》记载：亲王册宝。册制与皇太子同。其宝用金，龟钮。依周尺五寸二分，厚一寸五分，文曰"某王之宝"[3]。由此看来，这次给予日本国王的封位与明亲王的等级是相近的。如此高的待遇，在明朝的外交关系中，只有朝鲜享受过这个礼遇。

（永乐三年十一月）日本国王源道义遣使源通贤等奉表贡马

〔1〕《明太祖实录》卷六八，台湾"中央研究院"历史语言研究所1962年版，第1280页。
〔2〕《明太宗实录》卷二四，台湾"中央研究院"历史语言研究所1962年版，第438页。
〔3〕张廷玉：《明史·卷六八·舆服四》，中华书局1974年版，第1660页。

及方物,并献所获倭寇尝为边害者。上嘉之,命礼部宴赉其使,遣鸿胪寺少卿潘赐、内官王进等,赐王九章冕服、钞五千锭、钱千五百缗、织金文绮纱罗绢三百七十八匹。[1]

冕服是中国传统的最高级别的系列礼服,其绝对权威的地位在明代表现得尤为突出。明代规定,冕服只允许皇帝、皇太子、亲王、世子和郡王等贵族穿用,其他公侯以下官员禁用冕服。因此,明代的冕服成了帝王身份地位的象征。明成祖赐给日本国王道义的冕服为九章冕服,是仅次于皇帝和皇太子的高级礼服。在明代,有资格穿用九章冕服的只有两种人:皇太子和亲王。九章冕服也是明代藩王中等级最高的礼服,这种待遇只有李氏朝鲜国王享受过:建文四年(1402年),建文帝赐朝鲜国王九章冕服,视其与亲王同等级别。永乐元年(1403年),朝鲜国王李芳远请赐冕服书籍,明成祖朱棣也赐过九章冕服,《明史》记载,明成祖"嘉其能慕中国礼,赐金印、诰命、冕服九章、圭玉、珮玉,妃珠翠七翟冠、霞帔、金坠,及经籍、彩币、表里"[2]。由此可见,明代政府对日本的重视程度也是非同一般的。

明成祖这种高规格的赐给,既表明了明政权对日本的高度重视,又给予了对中日关系发展的期望。通过努力,两国关系在不断向前发展,两国文化交流也在不断深入,日本一直十分注重学习和引进中国文化,至明代依然如此。然而原道义逝世以后,中日友好关系因反对派从中作梗而发生了逆转,虽然在以后较长的一段时间里,两国仍然保持着往来,但关系时好时坏,已不像以前那样稳定。文献中也有一些关于赐给日本方面服饰的记录,但规格等级始终不高。直至明代中晚期,两国关系虽然有所恢复,但终因倭寇问题、朝贡贸易问题、朝鲜问题等原因而停滞不前,所赐服饰也没有达到永乐时期的规格水平。譬如,万历二十四年(1596年)九月,明朝赐给日本丰臣秀吉国王金印和冠服。这次封赐的敕谕和部分服饰实

---

〔1〕 《明太宗实录》卷四八,台湾"中央研究院"历史语言研究所1962年版,第733页。
〔2〕 张廷玉:《明史·卷三二〇·外国列传·朝鲜》,中华书局1974年版。

物被很好地保存下来,并流传至今。敕谕中有比较详细的冠服内容记录,主要有:

> 纱帽一顶(展角全),金箱犀角带一条,常服罗一套,大红织金胸背麒麟圆领一件,青褡护一件,皮弁冠一副,七旒皂绉纱皮弁冠一顶(旒珠金事件全),玉圭一枚,五章绢地纱皮弁服一套,大红皮弁服一件,素白中单一件,纁色素前后裳一件,纁色素蔽膝一件(玉钩全),纁色妆花锦绶一件(袜全)等。[1]

其中的七旒皂绉纱皮弁冠和五章绢地纱皮弁服等服饰最能体现与永乐年间所赐服饰等级的变化。从赐服总体的特征上看,本次赐给的服饰等级当属郡王之位,这与明朝皇帝赐给琉球国王的服饰品位等级是一致的。

明朝皇帝对日本的赐服如同中日关系上的晴雨表[2],两国关系的冷热程度从赐服的等级上得以体现。从上述事例中可以看出,中华民族的服饰在明代已经成为一种有效的外交工具,在不同时期和形式下发挥着不同的作用。

在明代,中华民族服饰之所以能发挥如此大的作用,这与其历史悠久、服饰精美灿烂是分不开的,与各国人民对中华民族服饰的喜爱和推崇也是分不开的。这种喜爱和推崇不仅体现在政治关系上,也体现在经济关系和文化交流上。

二、贡赏制度与虾夷锦文化现象

明清两代,内地有大量的蟒袍、锦缎、各类丝绸面料等经黑龙江下游及库页岛地区,东传至日本北海道。精美艳丽的服饰和轻柔的丝绸面料

---

〔1〕 转引自赵连赏:《明代的赐服与中日关系》,《历史档案》2005 年第 3 期。
〔2〕 赵连赏:《明代的赐服与中日关系》,《历史档案》2005 年第 3 期。

深受当地虾夷人的青睐，被称为"虾夷锦"，至今还珍藏在北海道博物馆中。

明清两代服饰及丝绸面料大量流往日本北海道是有来由的。

明成祖朱棣执政之时，审时度势，改变太祖朱元璋海禁政策，对外进行开拓，大力加强与外邦的经济往来和文化交流。在东南，有郑和七下"西洋"，扬国威于域外，把海上丝绸之路推进到南洋、东非等地；在东北，建立卫所制度，明成祖朱棣在黑龙江下游特林设置奴儿干都指挥使司（简称"奴儿干都司"），奴儿干都司下"依土立兴卫、所"。其中，在格林河流域地区共设立 5 个卫：葛林卫、友帖卫、忽石门卫、阿资卫、福山卫；在奇集湖附近建置 4 个卫：钦真河卫、克默而河卫、札岭卫、甫里河卫；在库页岛设置兀列河卫、波罗河卫、囊哈儿卫等。派遣亦失哈九上"北海"，推进卫所制度的发展，并建立一条朝贡、贡赏之路——东北亚丝绸之路，把内地服饰、丝绸诸物运送到黑龙江下游，最终通过山丹交易，东传北海道，形成虾夷锦文化现象。

明朝在奴儿干都司境内设置卫所，任命各少数民族首领为卫所指挥、千户、百户等官吏。这些官吏手握有明政权授予的"印信"，身穿明王朝赐给的官服——袭衣，行使职权，"统属"卫所居民。明朝卫所制度有一项重要内容，即贡赏制度：卫所居民必须按时缴纳贡赋[1]，朝廷在接受贡赋的同时，必有赏赐给卫所，而且赏赐甚厚。贡赏制度的实行，使内地袭衣、绢、帛、彩缎等物流到了黑龙江下游地区，甚至远达苦兀地（库页岛），这为东传北海道创造了条件。

赏赐"彩缎、袭衣、表里等物"于格林河流域地区各卫头人。

格林河是黑龙江下游北岸一大支流。明朝在格林河流域共设立 5 个卫，即葛林卫、友帖卫、忽石门卫、阿资卫、福山卫[2]。

葛林卫。据《明实录》记载：葛林卫设立于永乐七年（1409 年），刚建卫

---

〔1〕 杨旸：《明代东北史纲》，台湾学生书局 1993 年版。

〔2〕 杨旸、袁闾琨、傅朗云：《明代奴儿干都司及其卫所研究》，中州古籍出版社 1982 年版。

时，明朝就赏赐该卫"袭衣"等物[1]；洪熙（1424—1425 年）朝数短仅 1 年，也赐该卫"表里"等物[2]；宣德二年（1427 年）三月，赐葛林卫头目扳答等"金织袭衣"、"绵衣"等[3]；宣德七年（1432 年）十月，赐该卫女直指挥同知安秃等"表里、绢、布等物有差"[4]；景泰元年（1450 年）正月，又赐该卫女直指挥佥事撒春"彩缎、袭衣、表里、布等物"[5]。直到万历二十七年（1599 年）史料还有关于赏赐衣物方面的记载[6]。这时葛林卫执行"贡赏制"已有 190 年的历史了[7]。这些赏赐物品在各民族间可以交换，且"海西东水陆城站"的"忽林站"驿站就设在格林河口之葛林卫附近[8]。驿站传递，方便北运进行交换，这就给这些物品东传北海道成为"虾夷锦"创造了条件。

友帖卫。《明太宗实录》卷五五记载，永乐六年（1408 年）三月置友帖卫，同时，明廷赐该卫头目"袭衣"等物；永乐九年（1411 年）九月，明朝又向该卫赏赐"袭衣"[9]。友帖卫向明王朝朝贡次数颇多，每次贡品也很丰富。如万历十九年（1591 年）三月，一次朝贡 592 匹马，"给赏如例"[10]。史书虽未详细记载"给赏"的具体情况，但估计赏赐物品种类和数量不会少；万历三十二年（1604 年）十月，友帖卫夷人三官儿等 166 名还向明朝"补进万历二十七年、二十八年年分贡马三百五十二匹"，明朝"各给双赏绢"[11]。至此，友帖卫执行明朝"贡赏制"已有 194 年历史了，近 200 年时

---

[1] 《明太宗实录》卷六二，台湾"中央研究院"历史语言研究所 1962 年版。

[2] 《明仁宗实录》卷七，台湾"中央研究院"历史语言研究所 1962 年版。

[3] 《明宣宗实录》卷一五，台湾"中央研究院"历史语言研究所 1962 年版。

[4] 《明宣宗实录》卷九四，台湾"中央研究院"历史语言研究所 1962 年版。

[5] 《明英宗实录》卷二四一，台湾"中央研究院"历史语言研究所 1962 年版。

[6] 《满文老档·太祖》卷八一，《东洋文库论丛》本。

[7] 关于明朝对葛林卫设立与管辖，参见杨旸等：《明朝对葛林卫的管辖》，载《吉林大学学报》1979 年第 3 期。

[8] 箭内亘：《元明时代的满洲交通道路》，载孙进已等：《满洲历史地理》卷二，辽宁社会科学院历史研究所东北民族历史考古资料信息研究会 1986 年版。

[9] 《明太宗实录》卷七八，台湾"中央研究院"历史语言研究所 1962 年版。

[10] 《明太宗实录》卷二三三，台湾"中央研究院"历史语言研究所 1962 年版。

[11] 《明太宗实录》卷四〇二，台湾"中央研究院"历史语言研究所 1962 年版。

间里,内地有大量袭衣、绢等物送赏到这里。

忽石门卫。《明太宗实录》卷六二记载,永乐七年(1409 年)设立忽石门卫,同时赐卫头人"袭衣"[1]。忽石门卫是明朝在黑龙江下游设置重要卫所之一,仅永乐朝先后赏赐该卫各种物品达 3 次之多[2];宣德八年(1433 年)三月,赐忽石门卫头目"表里、袭衣"[3];正统八年(1443 年)十二月又赐忽石门卫头人兀笼哈"袭衣"[4];天顺八年(1464 年)三月,明朝又赐兀笼哈"表里、丝、袭衣"[5]。明朝对贯彻卫所制度治理卫所有政绩的官员还给予晋升,其中兀笼哈几次被晋升,每次升迁都"予以赏例"。可见兀笼哈得到明朝赏赐颇多。这种由"升级"、"袭职"获得赏赐物品,直到万历二十年(1592 年)史书还有记载[6],而此时忽石门卫执行明朝"贡赏制"已有 183 年历史了。

赏赐"彩缎等物"给奇集湖畔各卫所。

奇集湖,位于黑龙江下游。明王朝先后于奇集湖附近建置 4 个卫:钦真河卫、克默而河卫、札岭卫、甫里河卫。[7]

钦真河卫。《明太宗实录》卷五五记载,永乐六年(1408 年)在奇集湖畔设立钦真河卫。据历史文献记载:永乐年间明王朝曾 3 次赏赐该卫丝织品[8];直到成化十四年(1474 年)明朝还赐该卫都指挥使哈答牙"衣服、彩缎等物"[9]。

克默而河卫。《明太宗实录》卷五五记载,永乐六年(1408 年)于今黑龙江下游奇集湖东南的克默而河流域设置克默而河卫,同时赏赐该卫"袭

〔1〕《明太宗实录》卷六二,台湾"中央研究院"历史语言研究所 1962 年版。
〔2〕《明太宗实录》卷二二、卷六二、卷九五,台湾"中央研究院"历史语言研究所 1962 年版。
〔3〕《明宣宗实录》卷一五,台湾"中央研究院"历史语言研究所 1962 年版。
〔4〕《明英宗实录》卷一一一,台湾"中央研究院"历史语言研究所 1962 年版。
〔5〕《明英宗实录》卷三六一,台湾"中央研究院"历史语言研究所 1962 年版。
〔6〕《满文老档·太祖》卷八〇,《东洋文库论丛》本。
〔7〕杨旸、袁闾琨、傅朗云:《明代奴儿干都司及其卫所研究》,中州古籍出版社 1982 年版。
〔8〕《明太宗实录》卷四四、卷四八、卷五五,台湾"中央研究院"历史语言研究所 1962 年版。
〔9〕《明宪宗实录》卷一八三,台湾"中央研究院"历史语言研究所 1962 年版。

衣"[1];永乐七年(1409年)八月,一次就赏赐该卫土著阿拉答出等94人颇多"袭衣及钞币"[2];直到万历三十七年(1609年),明朝还向该卫赏赐丝织品。[3] 这时克默而河卫已建置200多年了。

赏赐"纻丝、绢、帛、袭衣"于奴儿干。

明成祖朱棣在位时,在黑龙江下游设置奴儿干都司。

奴儿干是黑龙江下游锁钥枢纽之地,明政权对这一地区很重视,奴儿干都司官员及卫所头人不仅领有较高的官俸,而且能得到纻丝、布、帛等优厚的赏赐和待遇。仅永乐朝时,就赏赐奴儿干都司、奴儿干卫酋长纻丝、袭衣等达8次之多[4];洪熙朝仅1年时间,也赏赐奴儿干都司"表里、鞋袜等物"[5];宣德元年(1426年)七月赐奴儿干都司指挥金事王肇舟之子王贵"纻丝、布、帛、袭衣"[6];宣德二年(1427年)八月,赐奴儿干都司指挥康旺"表里"[7];宣德八年(1433年)七月赏赐已故的奴儿干都司指挥同知佟答剌哈的妻子王氏"绢、布衣、丝"[8],同年八月,赏赐奴儿干都司指挥同知康福"绢、布、纻丝、袭衣"[9],等等。《明实录》关于这方面记载直到明神宗万历年间。此时奴儿干都司建置已有近200年的历史了。

赏赐"绢、布等物"远达苦兀。

苦兀即库页岛,明代属奴儿干都司所辖。明代在库页岛设置有:兀列河卫、波罗河卫、囊哈儿卫等。

兀列河卫。《明太宗实录》卷七三记载,永乐八年(1410年)十二月于

---

〔1〕《明太宗实录》卷五五,台湾"中央研究院"历史语言研究所1962年版。
〔2〕《明太宗实录》卷三八,台湾"中央研究院"历史语言研究所1962年版。
〔3〕《满文老档·太祖》卷八一,《东洋文库论丛》本。
〔4〕《明太宗实录》卷二六、卷三四、卷四〇、卷八四、卷九三、卷一二一、卷一二四、卷一三〇,台湾"中央研究院"历史语言研究所1962年版。
〔5〕《明宣宗实录》卷一二,台湾"中央研究院"历史语言研究所1962年版。
〔6〕《明宣宗实录》卷一九,台湾"中央研究院"历史语言研究所1962年版。
〔7〕《明宣宗实录》卷三〇,台湾"中央研究院"历史语言研究所1962年版。
〔8〕《明宣宗实录》卷一〇四,台湾"中央研究院"历史语言研究所1962年版。
〔9〕《明宣宗实录》卷一〇四,台湾"中央研究院"历史语言研究所1962年版。

库页岛东北部奴烈河流域设立兀列河卫,同时赐兀列河卫头目旱花"袭衣"[1];宣德六年(1431 年)八月赐兀列河卫指挥佥事阿里哥"绢、布"[2];正统元年(1436 年)十一月赐兀列河卫"彩币等物"[3];正统二年(1437年)二月又赐兀列河卫"彩币等物"[4];正统四年(1439 年)八月赐兀列河卫指挥尚秃哈"彩币等物"[5];正统七年(1442 年)十二月赐兀列河卫头目亦失加"彩币等物"[6];成化三年(1467 年)十一月赐兀列河卫指挥音八等"衣服、彩缎等物"[7],等等。

波罗河卫。设于库页岛中部的波罗河流域[8]。明王朝以赏赐的形式把丝织品运往该卫。诸如宣德三年(1428 年)八月赐波罗河卫指挥佥事阿同哥"纻丝、袭衣"[9];同年九月,又赐波罗河卫"表里"等[10];正统元年(1436 年)十一月赐波罗河卫"彩币等物"[11]。诸如此类,史不鲜载。

除了以贡赏形式将大量丝织物品运往东北以外,明政府派遣官员巡视"北海"也是内地丝织物品流入东北的一条重要途径。从永乐九年(1411 年)至宣德七年(1432 年),明政府 9 次派遣亦失哈巡视"北海"奴儿干地区。亦失哈的出使,对明代东北边疆建设,民族间经济、文化交流,以及东北亚丝绸之路的形成和发展,都有积极的促进意义。

亦失哈第一次赴黑龙江下游奴儿干地区是永乐九年(1411 年)春。据《永宁寺记》载:永乐九年春,特遣内官亦失哈等率官军一千余人,巨船二十五艘,……开设奴儿干都司。这次亦失哈以钦差的身份护送康旺、王肇

---

〔1〕《明太宗实录》卷七三,台湾"中央研究院"历史语言研究所 1962 年版。
〔2〕《明宣宗实录》卷八二,台湾"中央研究院"历史语言研究所 1962 年版。
〔3〕《明英宗实录》卷二四,台湾"中央研究院"历史语言研究所 1962 年版。
〔4〕《明英宗实录》卷二七,台湾"中央研究院"历史语言研究所 1962 年版。
〔5〕《明英宗实录》卷五八,台湾"中央研究院"历史语言研究所 1962 年版。
〔6〕《明英宗实录》卷九九,台湾"中央研究院"历史语言研究所 1962 年版。
〔7〕《明宪宗实录》卷四八,台湾"中央研究院"历史语言研究所 1962 年版。
〔8〕谭其骧、田汝康:《"新土地的开发者"还是入侵中国的强盗》,《历史研究》1974 年第 1 期。
〔9〕《明宣宗实录》卷八二,台湾"中央研究院"历史语言研究所 1962 年版。
〔10〕《明宣宗实录》卷八二,台湾"中央研究院"历史语言研究所 1962 年版。
〔11〕《明英宗实录》卷二四,台湾"中央研究院"历史语言研究所 1962 年版。

舟、佟答剌哈去奴儿干就任，他们从吉林船厂出发，满载着布帛诸物，沿松花江驶入黑龙江，最后到达奴儿干都司治所。

亦失哈第二次巡视"北海"是在永乐十年（1412 年）冬，据《永宁寺记》载："十年冬，天子复命内官亦失哈等载至其国（海外苦夷）"，他们带去大批物资作为"赏赉"，"自海西抵奴儿干及海外苦夷诸民，赐男妇以衣服、器用，给以谷米，宴以酒馔。"这条史料说明亦失哈抵达奴儿干以后，又驶出黑龙江口，直到苦夷（库页岛）。其以钦差身份所赐男妇"衣服"，自然包括绢、布、纻丝袭衣等。可见明代已经把丝织品运输到东北亚北域苦夷之地。

亦失哈第九次巡视奴儿干地区是在宣德七年（1432 年）夏。这次巡视声势浩大，人员、船只比第一次增加一倍。据永宁寺碑文记载：亦失哈等率官军 2000，巨舡 50 再至奴儿干。同样这次也带去了大量的绢、布、纻丝、粮食、酒等物品。到达目的地后，亦失哈贯彻明王朝对少数民族采取"好生柔远"政策，抚恤边民，以致"人民老少，踊跃欢忻，咸啧啧之曰：'天朝有仁德之君，乃有贤良之佐，我属无患矣'"。

以上事实说明，有明一代通过贡赏制度和官员巡视、抚恤等途径安定边境是有效的。而且由于明朝一向采取赏大于贡的政策，使朝贡的队伍日益扩大，朝贡的次数愈发频繁。少数民族纳贡使团来到中原后，不仅能够得到丰厚的金银、丝绸、粮食和其他用品的赏赐，还获得了在中原进行贸易的机会。于是，通过各种途径使内地绢、帛、纻丝、彩缎、袭衣、布等物品大量流入黑龙江下游及库页岛地区，这为中国丝绸流入日本北海道，为中日服饰文化交流创造了条件。

清代延续明朝的东北亚丝绸之路，立国之初，为彰显皇恩浩荡，巩固东北边陲，解决宫廷对貂皮之需，清廷不惜财力，在黑龙江流域实行了"贡貂赏乌绫"[1]制度。光绪二十二年（1896 年），清朝官吏曹廷杰在向光绪帝呈交的《条陈十六事》里，对这一制度的来龙去脉进行了简要明了的概括：

---

〔1〕 贡貂赏乌绫：即清代黑龙江下游的赫哲、费雅喀、奇勒尔、鄂伦春等 56 个土著边陲部落到宁古塔、三姓等地进贡貂皮，由副都统代表清皇朝给其颁赏"乌绫"（衣服、布帛、针线等）。

国初,收服东海诸部,若赫哲喀喇、若额登喀喇,在混同江左右;若木抡,在乌苏里江左右;若奇雅喀喇,在尼满河源左右,皆令每年至宁古塔(今黑龙江东宁县)入贡貂皮一张,或三年一贡。又有远在混同江海口之费雅喀、奇勒尔二部,及远在海中之库页一部,不能以时至宁古塔,则以六月期集于宁古塔东北三千里之外普禄乡[1],章京[2]舟行,如期往受。雍正七年设三姓副都统(今黑龙江依兰县),遂归三姓办理。定例:岁贡者宴一次,三年一贡者宴三次,皆赐衣冠什器,名曰"赏乌绫"。自诸部者言之,则曰"穿官"[3]。

贡貂赏乌绫制度,重新开启了因为战争而停顿多年的明代东北亚丝绸之路。

赏乌绫的对象是赫哲、费雅喀、库伦、鄂伦春、绰奇楞、库野、恰喀拉诸部落北方少数民族的朝贡者。据说,每逢春天,那些朝贡者带着上等的貂皮,或赶赴宁古塔,或赶赴三姓,喜气洋洋地来参加"贡貂赏乌绫"活动。清朝贡赏原则与中国历代王朝一脉相承,就是赏大于贡。具体的方法是"每一贡貂户赏一套乌绫"。进贡的貂皮分为三等,等外不收,剪去一爪,任其贸易。颁赏亦分级别,喀喇达(一姓之长,相当于族长)赏无扇肩装朝服一套,噶珊达(一屯之长,相当于乡长)赏朝服一套,子弟赏缎袍一套,白人(白丁)赏蓝毛青布袍一套。[4]

---

〔1〕 普禄乡:即普隆霭噶珊,今俄罗斯库页岛西海岸波卡罗夫卡。18世纪20年代,三姓副都统在此设置"赏乌绫木城",用木板和木棍围起长方形建筑,四周是交换物品场地,中间有用木板搭的四方台,官员登台赏乌绫。

〔2〕 章京:清朝官名,有梅勒章京(副都统),牛录章京(佐领)。军机处有文职章京,总理各国事务衙门亦有章京。蒙古各族有管旗章京,负责管理本旗事务。

〔3〕 穿官:是人们对清代"贡貂颁赏乌绫"这种官贸活动的通俗叫法。

〔4〕 清朝政府为了加强中央对东北少数民族地区的管辖,对黑龙江流域边远地区未编入八旗的少数民族实施了噶珊制度。即利用原有的氏族组织和地域组织,设喀喇达和噶珊达。18世纪初,到过黑龙江下游和库页岛的日本学者间宫林藏在他所著的《东鞑纪行》中说:"东鞑地方(黑龙江下游),有费雅喀、山旦、赫哲、基月、阿以诺等夷人,大抵各部落均设喀喇达、噶珊达,指挥当地夷人。"喀喇达、噶珊达大多世袭,接受三姓副都统指挥,负责纳贡、供应官差、执行清政府法令等差使。

一套乌绫,不只是一套衣服。雍正十二年(1734 年),宁古塔将军衙门咨复三姓副都统衙门称:依定例,赏给库页岛费雅喀之乌绫,其中赏给姓长的是制作无扇肩朝衣所需蟒缎各一匹、白绢各四丈五尺、妆缎各一尺八寸、红绢各二尺五寸、家机布各三尺一寸,制作棉袄及裤子所需毛青布各一匹、白布各四丈、棉花各二十六两,附带赏给零散毛清布各四匹,汗巾、高丽布各一丈,每块三尺之绢里子各二块,帽、带、靴、袜折合毛青布各二匹,梳子及箆子各一,针各三十,包头各一,带子各三副,棉线各三绺,棉缝线各四钱,纽子各八,桐油匣子各一。赏给乡长制作朝衣所需物料及附带赏给的零散物料略少于前者。赏给其子弟制作缎袍所需物料及附带赏给零散的物料以及赏给制作白人袍子和零散所需物料则依次递减。尽管递减,白丁所得一套乌绫也相当丰厚:蓝毛青布袍所需毛青布二匹、高丽布三丈五尺、妆缎一尺三寸、红绢二尺五寸,长棉袄及裤子折合毛青布二匹、白布四丈、棉花二十六两,附带赏给零散毛青布二匹、汗巾高丽布五尺、三尺绢里子两块,帽、带、靴、袜折合毛青布二匹,梳子、箆子各一,针三十,包头一,带子三副,棉线三绺,棉缝线六钱,纽子八个。

丰厚的回报刺激着贡献者的积极性,据乾隆四十四年(1779 年)统计,三姓颁赏人数由最初的 148 人增加到 2284 人。为了方便民众,清政府在三姓副都统衙门设专职赏乌绫官员,这些官员定期到黑龙江下游设立临时丝城,接受贡貂,赏乌绫。可见当时朝廷征集貂皮之积极,可想当时所赏乌绫数量之大。以清代乾隆五十六年(1791 年)档案记载赏"乌绫"品种、数量等情况为例说明。据"三姓关领颁赏赫哲费雅喀、奇勤尔、库页费雅喀人等乌绫清册"载:"乾隆壬子年颁赏进贡貂皮之赫哲费雅克、奇勤尔、库页费雅克等,女齐肩朝褂九套、无肩朝衣二十二套、朝衣一百八十八套、缎九区、蟒缎二十二区……"[1]

这条史料记载的仅是其中一年清朝三姓副都统衙门所赏"三姓"地方及库页岛地区的"乌绫"品种和数额。虽然每年所颁赏的数目因贡貂皮人

---

〔1〕　辽宁省档案馆等:《三姓副都统衙门满文档案译编》,辽沈书社 1984 年版。

数的多寡不完全一样,但因三姓副都统衙门强制性的征纳贡赋制度,并且贡纳貂皮数量有严格的规定和要求,贡纳貂皮后,必须如数赏乌绫;加之又执行补贡补赏规定,也就是说有的年份因故未来贡貂者,次年前来补纳贡貂时,三姓副都统衙门还如数补赏去年应赏乌绫的品种和数目。这样一来,所颁赏的"乌绫"数量每年相差不大。如果把每年颁赏的"缎袍"、"布袍"、"蟒袍"以及布料等总括起来,总量是很大的。

有了丰富的物品,必然产生交易。明代的贡赏制度和清代的贡貂赏乌绫制度在维护边疆安定、加强民族团结、促进民族融合的同时,也促进了东北亚地区的经济发展,繁荣了当地的市场贸易。黑龙江下游居民在得到赏赐物品以后,最初在族内交易,后来发展扩大到与日本北海道虾夷人(今阿依奴人先民)进行交易,虾夷人称这种交易为"山旦交易"[1]。

山旦交易主要场所在黑龙江下游的奇集。间宫林藏在《东鞑纪行》中曾对这种自发的市场交易有过描述:

> 交易颇混乱,无固定形式,在交易所或夷人窝棚附近,均进行交易,甚至于路旁街上亦进行交易。
>
> 各地夷人,每日几百人聚集于行署中进行交易,其喧哗景象,无法形容。
>
> 如此喧哗嘈杂,官吏并不制止。
>
> 至于交易事宜,高级官吏更加不闻不问,由中级以下官吏随意处理。[2]

岛田好也曾解说:

> 根据《吉林外记》的记载,普禄和三姓两处每年共收纳貂皮二千六百余张,莽牛河隔年收纳九十张。赏赐品则是蟒袍(用金

---

〔1〕 当时库页岛土著费雅克先民、日本北海道土著称黑龙江下游土著,即鄂伦春族、赫哲族先民为"香旦",虾夷人讹称"香旦"为"山旦",因此称之为山旦交易。

〔2〕 间宫林藏著,黑龙江日报(朝鲜文报)编辑部、黑龙江省哲学社会科学研究所译:《东鞑纪行》中卷,商务印书馆1974年版。

线绣龙的官服）、妆缎、绸缎、布匹、装饰品等，按照土人的身份不同而有差别。在行署除了交纳贡皮、领取赏物之外，土人互相之间还进行交易。行署内外宛如市场一样。……黑龙江下游的土人把赏赐品拿到库页岛来，同虾夷人交换毛皮、铁器、火石、刀斧、酒、烟等物。……就这样，由清朝赏赐给土人的蟒袍等物通过虾夷人进入了我国。[1]

朱立春《清朝北方民族赏乌绫与东北亚丝绸之路》[2]一文对赏赐物品和交易物品有过概述：

从清代文献和已发现的文物看，赏乌绫和民间贸易的丝绸品种包括：蟒袍（龙袍）、大红盘金蟒袍、女齐肩朝褂、无扇肩朝衣、朝衣、缎袍、缎衣、蓝毛青布袍、无扇肩朝衣所用蟒缎、朝衣所用彭缎、缎袍所用彭缎、各色锦片妆缎、妆缎、闪缎、红青缎、绸缎、丝缎、绸子、绢里子、白绢、红绢、绿绢、纻丝、布衣、布被子、被面布、布匹、毛青布、袍子所用蓝毛青布、衬衣毛青布、裤子毛青布、白布、高丽布、汗巾之高丽布、家机布、布帛、棉线、棉缝线、棉花、帽子、袜子、带子、腿带子、包头等，数量之巨，极具规模。

从样式有：赤地蟒袍、龙褂、青地蟒袍、黄地龙纹袍服、绀地蟒袍、青地龙纹服、赤地袄子、绀地袄子、赤地龙纹服、赤地满洲服、浓绿地蟒袍、山丹锦朝服、虾夷锦打敷、山丹服、虾夷锦袈裟、虾夷锦袖口、赤地龙纹打敷、唐织棺卷、龙纹薄青锦袈裟、龙纹青地锦打敷、龙纹赤地锦打敷牡丹纹赤地锦打敷、龙纹青地锦、虾夷锦袱纱、虾夷锦袋、黄地牡丹锦刀袋、阵羽织（披甲）、挂轴、清地龙纹锦手箱、青地蟒袍等54件。

---

[1] 岛田好：《解说·满洲行署》，载间宫林藏著，黑龙江日报（朝鲜文报）编辑部、黑龙江省哲学社会科学研究所译：《东鞑纪行》，商务印书馆1974年版。

[2] 朱立春：《清朝北方民族赏乌绫与东北亚丝绸之路》，《广东技术师范学院学报：社会科学》2010年第5期。

朱立春所述依据什么文献,作者没有注解,因此不得而知,而且其所列举的也不尽是丝绸物品,还有蓝毛青布袍、棉花、棉线之类。但尽管如此,明清两代赏赐给东北边民的物品数量大、品种多是可以肯定的。

中日两国隔海相望的独特的地理条件,使得明清两代中华服饰、锦缎、丝绸诸物经由黑龙江下游及库页岛地区东传北海道。至今在日本北海道不少博物馆还珍藏着中国的袍服等丝织品。北海道钏路市立博物馆藏有一件清代的官袍,这件袍服是以锦缎为原料,色泽瑰丽多彩,花纹精致典雅。此外,北海道开拓纪念馆藏有青地蟒袍、赤地蟒袍,函馆市立博物馆存藏的虾夷锦山具服、松前町龙去院存藏的虾夷锦打敷等,均为当时传入北海道的中华服饰。中华服饰传入北海道,颇受虾夷人青睐,对其民族文化内涵、心理观念、民族习俗影响颇深,形成了一种独特的、衍生于中华服饰文化的"虾夷锦文化现象"。

虾夷锦文化现象的形成,源于明清两代贡赏制度和赏乌绫制度,因为有这种制度的建立,所以才会有大量的中国内地袍服等丝绸品流入黑龙江下游及库页岛地区,最后传入北海道。

虾夷锦文化现象,说明了中华文明远播东瀛。北海道虾夷人喜欢中国的锦缎袍服,冠以自己的族名,称为"虾夷锦"。据日本古籍《新罗之记录》记载,日本幕府时期,北海道松前藩主蛎崎庆广为了取得德川家康的支持,巩固自己在北海道的统治地位,曾于1593年(文禄二年)千里迢迢跑到九州拜见德川将军,把自己心爱的袍服,即"唐衣——虾夷锦"作为厚礼,赠送给德川家康,德川家康至为稀罕,倍加喜爱。从此,蛎崎庆广在北海道松前的统治地位得到了巩固和加强。史料还记载,16世纪日本江户、京畿等地方的歌舞伎的戏装、和尚的袈裟、达官贵人的和服,多是松前藩当权者或富商大贾从虾夷人那里收购、贩运到日本内地的虾夷锦。这些事实都说明了中国服饰文化深深地影响了北海道的政治和意识形态等方面。

虾夷锦文化现象,体现了各族人民之间的和平交往。尽管清代对外实行闭关政策,而德川幕府时期也是实行锁国政策,北海道也不是完全封闭、没有对外交往和贸易的。这是清代黑龙江流域、库页岛地区少数民族与北海道虾夷人积极要求和平交易的结果。

今天，明清已经成为历史，但我们的先人披荆斩棘，风雪长行，驿传袍服，运输至黑龙江下游、库页岛，与北海道虾夷人进行交易，繁荣了东北亚地区的经济，发展了文化，特别是促进了与邻国的友好交往。中国内地的袍服、锦缎等东传扶桑，成为虾夷锦，形成虾夷锦文化现象，并且在异域广被青睐，大放光彩，说明中国文化源远流长，博大精深。

三、朱舜水与明朝服饰文化在日本的传播

中日两国的文化交流源远流长，并且中国文化长时期内处于强势地位，使日本文化的各个方面深深地打上了中华文化的烙印。明末清初，不少中国人为了逃避战乱，或不愿臣服清朝，流亡到了日本。在这些移民中包括不少杰出的人士，例如朱舜水、陈元赟、陈元兴等，他们对日本文化产生了很大的影响，其中功绩最卓著者当首推朱舜水，他尽心尽力传播中国的儒家思想，对日本的历史发展产生了重要影响。

朱舜水（1600—1682年），名之瑜，字鲁玙，号舜水，浙江余姚人。崇祯十七年（1664年），明朝灭亡之后，朱舜水为了匡复明室，驱除清政府，曾三去安南，五渡日本，奔走于厦门舟山之间向日本乞师复仇，耿耿忠心，表现出了强烈的民族气节和情操。1659年5月，郑成功与张煌言会师北伐，60岁的朱舜水应邀参加这次战役，收复瓜洲，攻克镇江，朱舜水都亲临前线，但是还是以失败告终。朱舜水也终于认识到"声势不可敌，壤地不可复，败将不可振。若处内地，则不得不从清朝之俗。毁冕裂裳，髡头束手，乃决蹈海全节之志"。于是60岁的朱舜水学鲁仲连不帝秦的精神，东渡日本。日本学者安东省庵等，极为钦佩朱舜水的学问、道德，拜他为师，并上书长崎镇巡，破例批准朱舜水定居日本。1665年，日本水户藩主德川光国仰慕朱舜水的才德，聘请他为宾师。朱舜水应邀移居江户（今东京）。德

川光国十分器重他,经常向他询问有关国家施政大计、礼乐典章制度、文化学术等问题,而且对他的生活的照顾也是无微不至。在他去世后,德川光国还为其建墓地、题墓碑、赠谥号、建祠堂,并亲自做文祭先生,举祭礼。在日本贵为上公的德川光国,对先生克尽弟子之礼,生前死后,始终恭敬如一,这种异国的师徒爱、宾主情,在中日关系史上真是光照后人。朱舜水在日本的23年中与日本各方人士广泛交流,博得日本学者的尊敬和爱戴,被尊称为"日本的孔夫子"。梁启超亦曾称赞是"在本国几乎没人知道,然而在外国发生莫大影响者"。

朱舜水对日本文化的影响是多方面的。

儒学方面。梁启超评论说:"德川二百年,日本整个变成儒教的国民,最大的动力就是舜水。"日本学者木宫泰彦也评价说:"凡当代的学者无不直接、间接接受到他的感化,给日本儒学界以极大的影响。"朱舜水对明朝的土崩瓦解进行了深刻的思考和反省,主张以儒学的忧患意识和变革现实的救世精神解救社会。他反对程朱理学的"说玄说妙"、"浮夸虚伪"之学,主张"实理"、"实学"。所谓实理,就是通俗易懂又可见的现实道理,所谓实学,就是为学当有实功,有实用。主张学术要服务于政治和社会,反对空谈,学者应该以经世济民为要。朱舜水的实理实学思想在日本影响很大。他的高徒安东省庵一生著述很多,大都贯穿了舜水学的基本精神:经世济民,主博学,尊知识,倡实行。这些基本精神对日本学风的转变有积极影响,在日本哲学史上具有相当积极的意义。日本古学派创立者伊藤仁斋在朱舜水的影响下,思想发生了重大变化,创立了与宋明心学对立的"圣学",成为日本的一代儒宗。为以后日本儒学讲实、务实的风尚奠定了基础。

政治思想方面。朱舜水是德川幕府末年发动倒幕维新运动的日本水户学派的开山鼻祖,可以说他是奠定日本明治维新的思想先驱。朱舜水在日本期间始终穿着明朝衣冠,时刻不忘反清复明,他的这种强烈的忠君爱国思想,不但极大地感化着水户派的弟子们,而且成为尊王攘夷、尊皇倒幕的明治维新的思想基础。对于这一点，许多学者都持肯定的态度。台湾学者宋越伦在其所著《中日民族文化交流史》中写道："1867 年之明治维新，其思想骨骼，实受之于舜水，此种事实，盖为研钻日本近代史者所共知。"我国著名史学家周一良先生所主编的《世界通史》也认为明治维新中地主资产阶级改革派的"尊王攘夷"口号与朱舜水有一定的关系。

教育方面。梁启超曾这样评价朱舜水对日本教育的贡献：他以"光明俊伟的人格，极平实淹贯的学问，极盹挚和蔼的感情，给日本全国人民以莫大的感化"。明朝灭亡的教训让朱舜水认识到教育的重要性，他指出："敬教劝学建国之大本，兴贤育才为政之先务。"他非常重视兴办学校，培养人才，专门写了一篇《学校议》，介绍了中国历代从中央到地方设立学校的大致情况，阐述了学校对于社会发展的重大作用。他在日本讲学授道二十三载，痛斥明末八股取士，认为教育应该讲究实际，注重实效和实用，提倡文武合一。他的主张为日本培育出了一大批文武全才。他的教育思想、教育实践特色对日本的教育思想影响巨大。

技术方面。朱舜水不仅学术深厚，而且擅长工艺技术，在传播中国学术思想的同时，还传播了中国的农业技术、工程技术、建筑技术等方面的知识。

以上几个方面，学者们已经有了不少的研究。其实，朱舜水对日本文化的影响还不止这些，还有不少是今人的研究所不曾涉及，或涉及不深的。朱氏在日本传播大明汉服饰便是少为今人论及的一个方面。

朱舜水在 60 岁之后避地日本 20 多年，在日期间，一直以明代遗臣自视，其衣冠服饰始终为明代服饰，至死不渝。他不但自己如此，而且对其亲戚朋友也要求他们穿着明室衣冠。他曾经对其亲翁提出："但须服旧时衣冠，不可着虏服耳。""旧时衣冠"当指明代服饰，而"虏服"自然是指清代服饰。晚年时他曾向德川光国提出接一个孙子到他的身边服侍他，他对孙子穿什么服装极为重视：

上公谕令接取小孙来此，若得一可意者，晚景少为愉悦，稍解离忧耳。一到长崎，便须蓄发，如大明童子旧式。另做明朝衣服，不须华美。其头帽衣装，一件不许携入江户，弟不喜见此也。其随来之人，不妨以日本衣易之，亦不可以彼衣被体。[1]

他要求孙子在长崎登陆后，先蓄养大明童子发式，为其另做明朝衣服，然后才准许到江户去见他；对随来之人，即使不穿明朝衣服，也不能穿清朝的服装，而宁可以日本的服饰替换之。

满族男子服饰的基本特点是："小顶辫发"，箭袖长袍。满族男子把脑顶前半部分的头发剃去，后半部分留发，并梳成长长的辫子，拖在脑后；其袍服袖口紧缩，四面开叉，便于马上骑射。冠帽顶上系红绒结，官员另有帽顶，达官贵胄有赏赐的花翎，所谓"顶戴花翎"。汉族男子也穿袍服，但是褒衣博带，追求宽博雍容；满头蓄发，束发于顶，官员头戴乌纱帽。清王朝入主中原以后，强硬推行剃发易衣冠令，要求汉族人民剃发易服，遭到汉族民众强烈反对。朱氏如此郑重其事地要求亲戚朋友服用明代服饰，自己坚持穿着大明服装至死不渝，鲜明地表达了坚决不为亡我家国的清朝同化的遗民情结。

这种情结的产生也是受传统儒家文化的影响，儒家文化特别强调华夷之辨。中国自周王朝开始，就以汉民族为文明所在，认为京师"中国"不只是周王朝的中央，也是包括周围其他部族在内的"天下"的中央，所以在对外关系上，周王朝自称"中国"，称四周的其他部族为戎夷、蛮夷、夷狄、四夷。这种"华夷"有别观念自始至终贯穿整个封建社会长达几千年，即使到了近代，在很多中国人心目中，还视西方洋人为野蛮的"夷"人。朱舜水继承儒家传统文化理念，在清取代大明这一特定的环境下，他坚持服用大明服装，维护大明服饰制度，视清朝服饰为"虏服"，宁愿穿异国服饰，也不愿着清朝服装，这充分体现了他"重华夏，轻四夷"的思想。

在朱氏看来，明代的服饰才是"明贵贱，辨等列"，有规矩有制度的正

---

〔1〕 朱舜水著，朱谦之整理：《朱舜水集·卷四·答王师吉书》，中华书局1981年版，第51页。

统服饰。他的这种思想认识在某种程度上也是符合历史事实的。因为明开国之初首先采取的措施就是禁胡服、胡语、胡姓，制定服饰等级制度。《明太祖实录·卷三十》"洪武元年二月壬子"条记载：

> 诏复衣冠如唐制。初，元世祖起自朔漠，以有天下，悉以胡俗变易中国之制，士庶咸辫发垂髻，深襜胡俗。衣服则为袴褶窄袖，及辫线腰褶。妇女衣窄袖短衣，下服裙裳，无复中国衣冠之旧。甚者易其姓氏，为胡名，习胡语。俗化既久，恬不知怪。上久厌之。至是，悉命复衣冠如唐制，士民皆束发于顶，官则乌纱帽，圆领袍，束带，黑靴。士庶则服四带巾，杂色，盘领衣，不得用黄玄。乐工冠青卍字顶巾，系红绿帛带。士庶妻首饰许用银，镀金耳环用金珠，钏镯用银，服浅色团衫，用纻丝绫罗䌷绢。其乐妓则戴明角冠，皂褙子，不许与庶民妻同，不得服两截胡衣。其辫发椎髻、胡服胡语胡姓一切禁止。……于是百有余年胡俗，悉复中国之旧矣。

从这段文献中可以知道，洪武元年（1368年），朱元璋不但一洗"胡元"旧习，而且以汉唐古制为准则，对不同身份、地位、等级的人在服饰上做出了具体的规定，以恢复汉官威仪。《明史·卷七十二·职官志》亦记载："明官制沿汉唐之旧而损益之。"这就是说，明代恢复了汉族统治者的王朝服饰制度，依汉民族的古制，服以旄礼，严格区分等级、贵贱。中国服饰发展到明代，综合了传统式样而自成体系，从而成为中国历史上"汉官威仪"的集大成者。

朱舜水在《答小宅生顺问》中说：

> 大明国有其制，不独农、工、商不敢混冒，虽官为郡承郡，非正途出身亦不敢服。近者房变已来，清浊不分，工商敢服宰相之衣，吏卒得被王公之服，无敢禁止者。无论四民，即倡优隶卒，亦

公然无忌，诚可叹伤！[1]

清代服饰是否如朱舜水所言等级制度乱常？事实并非如此，清朝统治者虽然要求废除明代汉式服装，无论皇帝，无论皇后嫔妃，无论王公贵族，他们的朝服、吉服、常服等保持圆领箭袖等鲜明的满族服饰特色；但是在服饰制度上，他们与中国历代封建统治者却是如出一辙。虽然他们一再强调衣冠之制为一代家法，一再强调"衣冠悉尊本朝制度"，但是，比照他们与历代封建王朝的衣冠制度，很清楚地显示，他们的所谓"本朝制度"与历代封建王朝为维护封建统治所制定的一系列烦琐制度没有什么实质性的差别，只是形式上稍有改变而已，尤其是"辨等次、昭名分"的服饰传统在清朝统治者的身上不但没有被抛弃，反而得以进一步的完善和加强。按照规定，各级官员的服制、服色必须遵守等级制度的限定，各级官员必须恪守权限内容，不得擅自越制僭礼，以此形成上下有别、尊卑有序、贵贱有等的冠服体系，成为清代等级森严的社会生活的一个重要表征。朱舜水在这里强烈斥责"虏变以来"服饰乱常，"清浊不分"，"无敢禁止"，只是一种"华夷之辨"民族意识的表现，是作为明代遗臣反清思明的遗民情结的充分流露。

基于朱舜水对明代服饰之学的高度重视，他到了日本后便积极传播明朝的服饰文化。他在给日本弟子授课及与日本友人书信往还中，经常讲到服饰，有意识地大力传播中华的服饰文化。他在向日本弟子讲授时，将中华服饰文化纳入教学内容之中。他总是不厌其烦地解答弟子们提出的关于服饰方面的问题，诸如朝服、野服、道服、深衣、祭服、帷裳、行缠（搭膊）等。今存的《朱氏舜水谈绮》一书便是朱舜水门人懋斋野传向老师"所问简牍素笺之式，质深衣幅巾之制，旁及丧祭之略"，和今井弘济以"所闻事物名称"分头所做的记录，朱舜水"览而善之"，亲自阅定，合二为一，补

---

[1] 朱舜水著，朱谦之整理：《朱舜水集·卷十一·答小宅生顺问六十一条》，中华书局1981年版，第407页。

其遗漏，以行于世。[1] 他将中土的工程设计、农艺知识、衣冠剪裁以及书版束式分别绘图制型，度量分寸，缜密无间地向日本弟子传授。因而，这本书可以说是晚明社会文化的百科全书，具有很高的价值。在衣冠剪裁方面，《朱氏舜水谈绮》中至今还保存有野服图式（图 7-3-1）、道服图（图 7-3-2）、披风图（图 7-3-3）、包玉巾（图 7-3-4）、大带制、裳制和尺式（图 7-3-5）等图式和篇章。

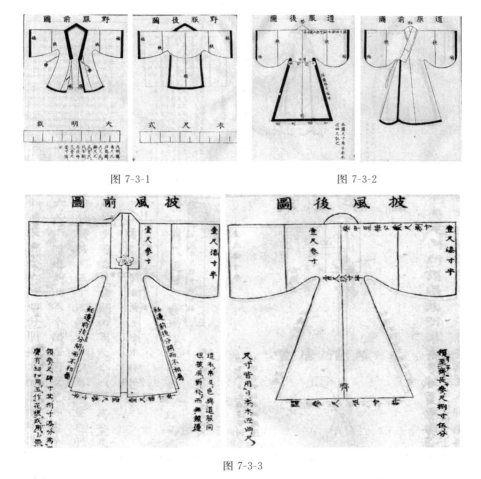

图 7-3-1   图 7-3-2

图 7-3-3

〔1〕 安积觉：《舜水朱氏谈绮序》，载上海文献丛书编辑委员会：《朱氏舜水谈绮》（影印本），华东师范大学出版社 1988 年版。

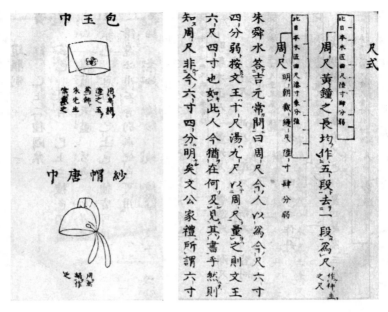

图 7-3-4   图 7-3-5

　　从现有的资料看,朱舜水在日本传授的服饰文化主要涉及以下几方面的内容:

　　传授服装裁制技术,包括服装制式及衣冠裁缝之法。从《舜水先生行实》的记载中,可以知晓朱舜水是精于衣冠裁缝的,书中写道:"甲寅,先是上公使先生制明室衣冠,至是而成,朝服、角带、野服、道服、明道巾、纱帽、幞头之类也。"[1]朱舜水接受上公德川光国的请求——绘图教制明室衣冠,而且出色地完成了朝服、角带、野服、道服、明道巾、纱帽、幞头等明式服饰的绘制。朱舜水在日本教制明室衣冠有一个很大的特点,就是制作图画,并配以文字说明。这在《朱氏舜水谈绮》一书中也可以看出。该书保存了道服图、野服图、巾式图、大带图、制裳图等。朱氏就是用这种直观形象的传授方法,化繁为简,向日本人民传授大量衣冠裁缝方面的技术知识,这种直观形象的方法直接影响他的弟子,朱舜水门人幕府儒臣懋斋野

————————————

〔1〕　朱舜水著,朱谦之整理:《朱舜水集·附录一》,中华书局 1981 年版,第 620 页。

传就是用图画的方式,依据宋罗大经《鹤林玉露》卷八所记载野服样式,参酌当时日本儒者深衣道服之制,绘成《野服图说》。1667 年,他将《野服图说》送请朱舜水修改。修改后的《野服图说》,主要介绍了野服(明代士人平时所穿的便服)的制作方法,包括用料、剪裁、色彩及穿法,并以明代裁衣尺为度,细致而深入地说明了裁衣法与裁裳法。朱氏及弟子的作为都有利于日本学习者更易掌握明室衣冠的裁制技术,有利于推动汉服在日本的传播。

传授服饰礼制文化。朱舜水十分重视服饰礼仪之制。服饰礼制在中国已有悠久的历史,早在夏商时期,服饰已不可避免地被拉入"礼"制范畴;到了两周时期,尽管服饰因地域、群体的不同而出现多元性,但服饰等级颇为鲜明,"见其服而知贵贱,望其章而知其势",人们的社会地位从其服装佩饰便可见一斑;以后经秦汉、魏晋南北朝、隋唐、宋元明代,虽然朝代更替,社会变化,但是服饰等级制度却延续了几千年。朱舜水深深懂得服饰文明要以礼仪为基础,他推崇中华服饰礼仪制度,绝不肯做亵渎礼制之事。他的学生安东省庵误以为他所穿的服装就是大明礼服。他发现日本人对大明礼服有不正确的认识,于是便详细地向他们介绍以公服为代表的明代"衣冠之制"[1]。

在对待制作深衣上,朱氏在《答安东守约书》之十八中提到自己在日本不肯随便潦草地做成深衣,他指出:深衣之制,"《家礼》[2]所言自相矛盾,成之亦不易,故须得一良工精于此者,方能为之"[3]。深衣(图 7-3-6)来源于先秦经典《礼记》的《深衣》篇,是我国古代最早的一种特定服饰款式的名称,具有一定的制作规范。深衣的特点为:衣裳相连,曲裾,长一般

---

〔1〕 朱舜水著,朱谦之整理:《朱舜水集·卷十·答安东守约问八条》,中华书局 1981 年版,第 374 页。

〔2〕 朱熹著,主记"冠"、"婚"、"丧"、"祭"诸礼,大抵自《仪礼》《礼记》节录诠释,按类系事,事下为论辩,多引古事证之,进而为律例,以申法度,警示后人。

〔3〕 朱舜水著,朱谦之整理:《朱舜水集·卷十一·答小宅生顺问六十一条》,中华书局 1981 年版,第 417 页。

及足踝部。《礼记》中的《深衣》及其疏文对深衣制度是这样解释的："身脊至肩但尺一寸也，从肩覆臂又尺一寸，是衣幅之畔，覆臂将尽今又属袂于衣又二尺二寸半。"按《礼记·玉藻》记载，深衣为古代诸侯、大夫等阶层的家居便服，也是庶人百姓的礼服。深衣始行于先秦士人，但后来曾一度不流行。至宋代时，又有仿古礼制作的深衣，为士大夫祭祀的礼服。深衣作为一种服饰制度在礼法慎重的中国传统社会产生了广泛而持久的影响，历代儒家学者但凡学有所成者，都对研究深衣

图 7-3-6

形制十分有兴趣。历代经学家也都有其见解和研究成果，其中比较出名的，有宋代大学者司马光的"温公深衣"，宋代理学大家朱熹研究的"朱子深衣"，明代黄宗羲的"黄梨洲深衣"等。朱舜水作为一代大儒，对深衣也是有研究的。但他在对待制作古代深衣的问题上却是慎之又慎，他认为，要复原古代的深衣，必须要有精通深衣制作的"良工"。他曾说："深衣之制，《性理》中图不足取，容托裁工觅取。"[1]他在日本不断物色能精制深衣的裁缝，但总归于失望，因而将希望寄托到渡日的中华衣工身上。他在《答安东守约书之十八》中说："制深衣裁工，为虏官所获，囚禁狱中未来；来则急急为之，无问其费矣。潦草则所费不甚相远，而不可以为式，亦不可也。历访他工无知者，今好此者多，但未有能之者耳。"[2]又说："惟深衣幅巾，能为之者，百中之一二耳。必候前工到，方可为之，须少宽半

〔1〕朱舜水著，朱谦之整理：《朱舜水集·卷七·与安东守约书》，中华书局 1981 年版，第 178 页。

〔2〕朱舜水著，朱谦之整理：《朱舜水集·卷七·与安东守约书》，中华书局 1981 年版，第 166 页。

年。"〔1〕所谓"前工",也就是朱舜水结识的能够制作深衣的明代裁缝师。在朱舜水看来,如今喜欢深衣的人很多,但能够制作深衣的人却很少,因此他非常重视明代裁缝师,关心因禁在清政府狱中的能够制作深衣的中华裁工,这些裁缝只要能来,就"无问其费"重金聘请。朱氏在日本学士大夫间如此积极提倡饶有古风的深衣礼服,其实质是在弘扬中华传统的服饰礼仪。

再如在《答伊藤友次(伊藤玄番)问》中介绍丧服礼时,朱氏提出"日本无丧制,恐无此物。若台臺有意于礼,即用生苎布亦可,用生白木棉亦可。贤者为之,后当有渐复古道者。"〔2〕朱舜水希望大明的服饰礼仪制度,包括丧服礼仪制度,能够在日本得以传播,因此他郑重其事地向伊藤友次介绍明代丧服。他认为只要有意于服饰礼仪,丧服的材料不用麻布用"生白木棉"亦可(中国的丧服以麻为材料),而且他相信,或者说他希望,一旦"贤者为之,后当有渐复古道者"。

除了传播服装裁制技术和服饰礼仪文化,朱舜水还有意在日本向往华风的人士中引导穿戴明代服饰的风气。他亲手裁制明代服饰赠送给日本友人和日本学生。如给大村纯长(大村因蟠守)"包玉巾一项,蓝细道服一件"〔3〕,赠野节(野竹洞)"披风道服"〔4〕,在朱舜水的大力推介下,他的日本友人和学生也对中华服饰譬如对深衣、野服产生了极大兴趣。

宋代文人士大夫中,除了流行深衣外,还喜欢穿野服、道服。野服,即有别于礼服的宽松随便简单朴素的服装。罗大经在《鹤林玉露》乙编卷二《野服》中载其制云:

---

〔1〕　朱舜水著,朱谦之整理:《朱舜水集·卷七·与安东守约书》,中华书局1981年版,第182页。

〔2〕　朱舜水著,朱谦之整理:《朱舜水集·卷一〇·答伊藤友次(伊藤玄番)问》,中华书局1981年版,第358页。

〔3〕　朱舜水著,朱谦之整理:《朱舜水集·卷五·与大村纯长书四首》,中华书局1981年版,第72页。

〔4〕　朱舜水著,朱谦之整理:《朱舜水集·卷八·与野节(野竹洞)书三十五首之三》,中华书局1981年版,第207页。

（野服）上衣下裳。衣用黄白青皆可，直领，两带结之，缘以皂，如道服，长与膝齐。裳必用黄，中及两旁皆四幅，不相属，头带皆用一色，取黄裳之义也。别以白绢为大带，两旁以青或皂缘之。见侪辈则系带，见卑者则否。谓之野服，又谓之便服。

这种服装有一个突出的优点，既服用方便又不失礼仪：与人相接时，束带足以为礼；平日燕居时，解带免受拘绊。而且它充分保留了中国古代传统服装宽衣博带的特色，既简单朴素又自在风雅，颇为符合士大夫们的隐逸心理。道服，形制如长袍，因领袖等处缘以黑边，与道袍相似，故名道服。同样因为宽松随意、脱着方便之故，深受宋代士大夫阶层喜爱。北宋著名政治家、文学家范仲淹还曾为其同年许君书有《道服赞》。宋人刘松年所绘的《会昌九老图》，其画中人事虽属唐代，但画中人物的衣着却是宋代退隐闲居官僚之样式：戴高装巾子，着右衽广袖道袍，眉宇衣襟之间无不显示出儒雅、质朴的文化人的雅致来。

日人由服膺宋学而产生了对宋代儒服的模仿热潮，文献曾有记载，"近代儒风日盛，师及门生往往服深衣、野服等，堂堂有洙、泗之风"[1]。如前面提到的德川光国还请朱氏制朝服、角带、野服、明道巾、纱帽、幞头之类的明室衣冠，不仅如此，德川光国还"矫正深衣而新制道服以赠栖川孝仁亲王及鹰司房辅，亲王以其制为善。房辅贻书嘉奖"[2]。在朱舜水影响下，他的门生中还有人开始研究中国服饰及其历史，譬如懋斋野传，他对中国野服作了较为深入的探讨，依据宋人罗大经《鹤林玉露》作《野服图说》，又患《玉露》不够详尽，因此又按深衣、道服之制，并辑录当时巨儒之定论，附上自己的见解，而且绘成图式，"几易不措，方得脱稿"[3]。懋

---

〔1〕 朱舜水著，朱谦之整理：《朱舜水集·卷一一·答小宅生顺问六十一条》，中华书局1981年版，第404页。

〔2〕 朱舜水著，朱谦之整理：《朱舜水集·附录五·友人弟子传记资料·德川光国》，中华书局1981年版，第805页。

〔3〕 上海文献丛书编辑委员会：《朱氏舜水谈绮·卷上》（影印本），华东师范大学出版社1988年版，第71—72页。

斋野传的《野服图说》还得到了朱氏的热心指导,懋斋野传说:"明征士舜水朱先生来本朝游事我君,余陶炙久矣,恳求改削之。先生指点无隐,完补罅漏,于是始惬素愿。"

朱舜水在日本传播中华文化是全方位的。服饰文化作为朱舜水向日本传播中华文化的一个支脉,不但体现着朱氏儒家礼教价值观,也显示着浙东经世致用的实学精神;不但表达了他个人的爱怨情仇,也寄托了在异邦履践王化的理想。

第八章　日本明治维新以后

——中日服饰文化交流形成第三次高潮

中日文化交流格局变化从逐渐积累到发生逆转，是在 1868 年日本实行明治维新以后。由于明治维新的成功，日本迅速走上了现代化道路，这引起了中国朝野上下的极大关注。也正是由此开始了以日本对中国影响为主，中国开始向日本学习的文化交流阶段。

在中日服饰文化交流上亦同。日本从绳文时代开始，饰品就受中国的影响，到古坟时代，中日服饰文化交流出现了第一次高潮，日本在服装的制作技术、服装样式、面料、饰品上都是向中国学习，或直接从中国输入；飞鸟、奈良时代，日本一次次地大规模派遣遣唐使，向中国进行全方位地学习，出现了"唐风化"的现象，在服饰文化交流史上，形成了第二次高潮；在经过学习、接受、选择、模仿阶段以后，从平安时代后期开始，日本的服饰逐渐摆脱了模仿中国之路，创造了具有自身特色的服装——和服，以后日本的服装走上了具有大和民族特色的发展之路。虽然这时期也有民间贸易将中国服饰传入日本，也有如朱之瑜这样的文人在朝代更替之际流亡到日本传播中国服饰文化，但这些毕竟没有形成主流，没有影响到日本服饰民族化的发展轨迹。1868 年日本明治维新的成功，给日本社会带来了前所未有的变革，促使日本迅速走上现代化道路。1894 年甲午战争中国海军覆亡更是惊醒了广大的中国人民，一致认为日本的崛起和取胜是明治维新成功的缘故，是学习西方的结果，于是全国上下决心向邻国日本学习，通过日本向西方学习。中日文化交流，包括服饰文化交流又一次高潮出现，与以前所不同的是，这次交流的格局发生了根本性的逆转。

一、明治维新成功与日本服饰的变革

日本在明治年间推行维新变革，其中有两个很重要的原因，即西方文化的输入与外来列强的武力胁迫。而这两个原因与中国又有着密切的联系。

日本接受西方文化有一条重要的途径，就是以中国作为媒介。早在明清时期，就有不少西方传教士进入，西学也随之传入中国。当时中国的学者受到西学影响，成为西方科技的接受者和传播者，在他们的著作中大量介绍、引用西方的科学技术，而这些著作又通过各种途径输入日本，在日本得到了广泛的流传，成为日本人吸收西方文化科学的重要启蒙书籍。

特别值得介绍的是在日本影响最大的魏源的《海国图志》。该书成书于 1843 年，初版时为 50 卷，以后不断增补修订，至 1852 年，已增补至 100卷。其内容除了世界五大洲几十个国家的历史地理简述外，还包括论海防战略战术的《筹海篇》4 卷，以及《夷情备采》3 卷和关于仿造西洋船炮等方面的论述、图说 10 多卷，此外还有世界地图与各国地图 70 多幅。这是近代中国人自己编撰的第一部关于世界历史地理的著作，而且总结分析了鸦片战争的经验教训，探求富国强兵抵御外侮之道，提出了"师夷之长技以制夷"的主张。

《海国图志》传入日本后，立即受到日本有识之士的重视和欢迎，纷纷加以翻译、训解、评论和刊印。这部书使日本人大开眼界，帮助他们了解到世界各国的情况。学者大槻祯在《海国图志·夷情备采叙》中盛赞魏源的《海国图志》："其叙海外各国之夷情，未有如此书之详悉者也。因译以刊行。任边疆之责者，熟读之得其情，则战以挫其锐，款以制其命。国势一张，折冲万里，虽有桀骜之资，彼恶能逞其伎俩哉！"广濑达在《亚米利加总记自序》也认为："读此书以了解海外情势，不至于对外国人或轻视傲然，或恐惧害怕。"杉木达在《海国图志·美理哥国总记和解跋》中高度评价道："本书译于幕末海警告急之时，最为有用之举。其于世界地理茫无所知的幕末人士，此功实不可没也。"《海国图志》不仅提供了世界史地知识，而且总结了中国鸦片战争的经验教训，提出了不少加强海防抵御外敌的建议，这对于幕末面临西方列强侵略的日本人，也有很大的启发与帮助。学者南洋梯谦在《海国图志筹海篇译解序》中推崇《海国图志》是一部"天下武夫必读之书也，当博施以为国家之用"。可以说，《海国图志》影响了日本幕末的一代知识分子，尤其是给予那些要求抵御外敌革新内政的维新志士以启迪，从而推动了日本的开国与维新。

方以智的《物理小识》和《通雅》也对日本兰学产生了很大的影响，其中《物理小识》是一部关于自然科学、人类起源的科技著作，其中的学说既继承了中国的传统，又学习了西洋的文化，成为江户时代理学、医学、自然科学方面学者必读的书籍。还有游艺撰的《天经或问》、梅文鼎的《历算全书》等许多类似的书籍，都在日本人了解西方的过程中起到了媒介作用。

除此以外，一批驻留在中国的外国传教士用汉文编译了很多关于自然科学、宗教、政治、法律、史地等方面的书籍。这些书籍原本是为了在中国传播西方文化所用，但是由于中国传统保守势力根深蒂固不易撼动，因此对中国人学习西学所起的作用并不大；但这些书籍经中国传到日本后却得到了广泛的传播，对日本吸收西方文化、开国维新、文明启蒙起到了很大的作用。

纵观日本吸收西学的历史，汉译西书作为日本人民学习西方的桥梁和中介，为日本培养了一大批西学人才，为日本西学的引进和移植节省了大量的时间与精力。可以说，日本在摄取欧洲文化的过程中，如果没有中国这一传播渠道，是无法这么迅速地接触到如此丰富多彩的西方文化的。因此，也可以说，在日本明治维新前，中日文化交流，还是以日本学习和吸收中国文化并通过中国间接学习西方文化为格局的，中国在日本学习和吸收西方文化中起了不容忽视的媒介作用。

　　1840 年中英鸦片战争,最后以中国失败并签订丧权辱国的不平等条约而告终。这一事件以巨大的冲击波震荡了日本,引起了日本各界人士的忧虑与警惕,使之产生了紧迫的危机感。这也是推动日本维新改革的一个重要原因。

　　当鸦片战争的消息传到日本后,日本各界人士纷纷提出要以之为鉴。幕府总理政务的老中(幕府将军以下的最高级官员)水野忠邦立即认识到:鸦片战争"虽为外国之事,但足为我国之戒"〔1〕;水户藩主德川齐昭听到消息后,十分震惊,提出要"全心全意致力武备","鉴于清国战争情况,急应公布天下,推延日光参拜,以日光参拜经费为武备之用"〔2〕;山田方谷曾作诗警告日本政府:"勿恃内海多礁砂,支那倾覆是前车。浙江一带唯流水,巨舰溯来欧罗巴。"〔3〕明确指出从中国浙江到日本海路相通,欧洲炮舰一下子就能到达日本,中国鸦片战争的失败就是前车之鉴。连荷兰人也警告日本如拘泥于锁国之旧习,"亦将罹此种灾害"。总之,日本统治阶级在中国鸦片战争的影响之下,犹如大梦初醒,开始认真考虑加强海防、抵御外敌的政策。

　　与此同时,日本人士以鸦片战争中国失败为鉴,进一步从各个角度来总结中国战败的原因,吸取其教训。他们认为鸦片战争之所以失败,其中一个相当重要的原因就是:中国封建统治者妄自尊大,闭目塞听,既不向外国先进技术学习,又不了解世界形势,视西方各国为夷狄而加以轻视;而清政府政治腐败,不修武备,武器劣弱,尤其是炮术落后,即使"知西洋器艺之精",然而"或惜财而弗造,或惮劳而弗习",满朝聩聩,上下相蒙,结果遭到惨败那是自然之事。在这样的共识之中,纷纷提出了学习西方、加强海防、改革内政的主张和建议。1858 年,幕府老中崛田正睦在与熊本蕃

---

〔1〕　信夫清三郎:《日本政治史》第一卷,上海译文出版社 1982 年版,第 178 页。

〔2〕　《水府公献策》卷下,引自小岛晋治:《太平天国革命的历史和思想》,研文出版社 1978年版,第 292—293 页。

〔3〕　东京大学史学会编:《明治维新史研究》,东京富山房 1930 年版,第 439 页。

世子细川庆顺谈话中说:"中国拘泥于古法,日本应在未败之前学到西洋之法。"〔1〕这反映了日本统治者中间一些头脑比较清醒敏锐的人物已经从中国鸦片战争的教训中认识到,日本要想避免重蹈中国的覆辙,就必须学习"西洋之法",进行变法改革。当时,不仅幕府主动进行了改革,而且日本地方各藩,如萨摩、长州、佐贺等强藩,也纷纷进行改革,制造西式船炮,训练西学人才和新式军队。这一切都为日本从开国走向明治维新打下了一个良好的基础。

清同治七年(1868年),日本发起明治维新运动。维新运动以"富国强兵,殖产兴业,文明开化"为号召,以学习和引进西方文化为主要目的,由天皇下诏颁布一系列改革措施,内容涉及政治、科技、教育、社会生活等方方面面。

在政治方面,翻译了许多关于西方政治制度的著作,并参照西方的政治体制,建立了日本近代政治体制,实行西方式的"三权分立",建立了"内阁",颁布了一系列西式法规,使日本确立了西方式的政治体制。在科学技术方面,提出"殖产兴业",掀起学习、吸收西方科学技术的高潮,引进西方先进设备和技术,为日本迅速实现现代化奠定基础。在军事方面,大量引进西方先进武器,并积极学习欧美的先进军事制度和军事科学技术,建立新式的军事机构和新式的军队,组建军事学校和军工厂,实现军事现代化。在教育方面,建立了以欧美为榜样的近代教育制度,颁布了一系列的教育改革措施,如参照法、美的教育制度,制定"学制",实现由小学到大学的人才培养体制,颁布《留学生规则》、《外籍教师规则》等,鼓励学生出国留学,鼓励学校聘任外籍教师;颁布"教育令",强制推行国民义务教育,日本很快走上了教育现代化的道路。

在社会生活方面,颁布一系列文告、法令,推行欧化的生活方式和社会习俗。以服饰文化改革而言,明治维新期间,从官方到民间掀起了剪西式发型、穿西式服装的热潮,而且这波潮流的特点是自上而下,号召力强,

---

〔1〕 藤间生大:《近代东亚世界的形成》,东京春秋社1966年版,第60页。

影响力大,持续时间较长。

明治四年(1871 年)9 月 23 日明治政府发布《断发脱刀令》,提倡士、农、工、商(时称四民)不梳发髻,甚至模仿西方人的发式(限于男人)而剪短发,要求武士不带刀(官吏着礼服必须带刀),以破除旧习,提倡"开化文明"。同年 11 月,明治政府派遣由岩仓具视率领的 48

图 8-1-1

人使节团出访欧美 12 国,其目的之一是考察、学习欧美各国先进的资本主义制度和文化,为日本实现近代化作参考。岩仓具视本人穿和服梳发髻以示对日本文化的自豪,其他团员基本上穿洋装剪短发(图 8-1-1)。但是使团到了美国后,美国人将他们的形象发布在报纸上,当地日本留学生见了后反响很大,认为"和服发髻"这样的着装会被看成未开化国民而受到侮辱,在舆论压力面前,岩仓具视也不得不理洋发、穿洋装。

1872 年 12 月,又颁布了《太政官布告》第 373 号,废止直衣、狩衣(图 8-1-2)等幕府时代的武家服装,推出新的礼服制度,定西式礼服为官员正式礼服。于是,自天皇以下,达官贵人纷纷穿着西式礼服,佩戴金色

图 8-1-2

有章绶带,俨然如洋人。

1873 年 3 月作为一国之首的明治天皇根据政令的要求剪掉头发。政府报刊《新闻杂志》在第一时间对此进行了报道。于是日本国内以官僚为中心竞相仿效,除去头顶发髻,开始盛行起洋式短发分头,而江户时代流行的武士半月形发式却越来越少见了(图 8-1-3)。

图 8-1-3   图 8-1-4

在倡导服装欧化的人物当中,明治思想家大久保利通(图 8-1-4)的表现最为突出。大久保利通是日本明治维新的第一政治家,号称东洋的俾斯麦。为了改革翻云覆雨,铁血无情,不论敌友,挡在他前进道路上的只能是灰飞烟灭。他最后被民权志士刺杀身亡,但也成就了明治维新的成功。在服饰改革上,他认为,既然日本要取得与西方平等的地位,首先要从服装开始,"如果还穿着过时的服装,我们及我们的国家不可能被西方认真对待","服装上的改革将有力促进日本作为兄弟国家平等的一员受到全世界认可"。正因为如此,他带头推进文明开化,率先剪短长发入朝觐见天皇。群臣都为他的大胆举动而惊骇,保守派人士批评他丢了日本传统,然而,在他的感召之下,十多天以后,明治天皇也剪短了头发,于是群臣竞相仿效,除去头顶发髻。政府的《断发脱刀令》等文明开化政策也终于在最高统治者的亲身示范之下迅速推行。正当大久保踌躇满志,准备将已经取得一定效果的各项改革继续推进,以完成日本与万国对峙的夙愿之时。他却为日本维新改革(包括服装改革)付出了生命的代价:1878 年,大久保

49 岁那年,被 7 名武士刺杀。日本服饰也加快了欧化的速度。

当时的日本,穿西服与剪西式短发成为一种时尚,不理发的男人会受到嘲笑,被认为是因循守旧。随着脱下和服穿上西装,木屐也自然换成了皮鞋。而身着西装,头戴普鲁士帽,脚穿法兰西皮鞋,被认为是最时髦的服装(图 8-1-5)。有的妇女还穿起了紧身衬衣,大街上偶尔还能看到身着时装、手捧洋书的时尚女子(图 8-1-6)。

图 8-1-5〔1〕

图 8-1-6〔2〕

〔1〕　北村哲郎:《日本服饰史》,衣生活研究会昭和 48 年(1973 年)版。

〔2〕　扬州周延绘。

以后又陆续制定了军服、警察服、铁路职工服、学生装、教授服、国民服等制服（图 8-1-7）。因为受军国主义思想的影响，日本国家意志极端一致，国民服饰具有极强的统一性。在上述制服中，军服首先西化。第一件西式军服产生于明治维新前的 1867 年，江户幕府陆军旅改穿"以藏青色的布料、纯法式剪裁"的新式军服。全面实施军服改革则是在明治维新之后，1870 年海军军服根据英国军服为范本重新设计；1871 年，明治政府重新以法国军服为范本，制定陆军军服。以后又以军服为参照对象，制定统一规范的制服，如学生装、军警服、国民服等。当时日本中小学校内采取统一的学生装、教员制服的目的之一就是因为受到军国主义思想的影响，注重"服从"与"统一"，通过统一的服饰来约束和统治全民。

图 8-1-7〔1〕

日本服饰变革之所以能如此迅速地以东京为中心在全国范围内展开，除了统治阶层亲力亲为所产生的效应外，还有很重要的一个原因：国

---

〔1〕 北村哲郎：《日本服饰史》，衣生活研究会昭和 48 年（1973 年）版。

民具有善于学习和吸收外来文化的思想意识和文化心态。

　　日本对待外来文化（包括服饰文化）向来是采取积极主动的态度的。在日本服饰文化发展史上，自绳文时代晚期开始，就开始接受中国服饰文化的影响；至古坟时代，当时的倭国主动积极地到中国南朝聘请技术工匠，向中国学习纺织及裁缝技术；飞鸟、奈良时代，正值中国封建社会鼎盛时期，日本更是全方位接受中国服饰文化，模仿隋唐的服饰制度制定冠服制，在全国范围内全面推广隋唐服装，形成"唐风化"时代。明治维新时期，面对西方文化的冲击，日本表现出更为积极主动的学习态度，上自天皇下至平民，全国上下断发易服。对此，周边的亚洲国家多有不解，认为日本这样做是"昏不悟"，"使国中改西服，效西言，焚书变法。于是通国不便，人人思乱"，并主张兴兵讨伐。[1] 1881 年来华的朝鲜领选使金允植认为日本这是自取其辱，并且是整个东洋的耻辱，他说："若不变其衣冠正朔，何至自取侮辱乎，日人之纳侮，亦东洋之耻也。"[2] 1875 年 11 月，日本驻华公使森有礼来到保定，拜会直隶总督兼北洋大臣李鸿章。他们两人的谈话，有一段涉及日本明治维新期间服装改革的问题，颇为有趣。下面是这段谈话的记录：

　　李鸿章：对于贵国近来所举（指明治维新）很为赞赏，独对贵国改变服装，模仿欧风一事感到不解。

　　森有礼：原因很简单，只需稍加解释。我国旧有的服制，正如阁下所见到的，宽阔爽快，极适于无事安逸之人，但对于多事勤劳之人则不完全适合，所以它能适应过去的情况，而对于今日时势之下，甚感不便。今改旧制为新式，对我国裨益不少。

　　李鸿章：衣服旧制是体现对祖先遗志的追怀之一，其子孙应该珍重，万世保存才是。

　　森有礼：如果我国的祖先至今尚在的话，无疑也会做与我们

---

〔1〕　宋成有：《新编日本近代史》，北京大学出版社 2006 年版，第 119 页。
〔2〕　宋成有：《新编日本近代史》，北京大学出版社 2006 年版，第 119 页。

同样的事情。距今 1000 年前，我们的祖先看到贵国的服装有优点就加以采用。不论何事，善于学习别国的长处是我国的好传统。

李鸿章：贵国祖先采用我国服装是最贤明的，我国的服装织造方便，用贵国的原料即能制作。现今模仿欧服，要付出莫大的花费。

森有礼：虽然如此，依我等观之，要比贵国的衣服精美而便利。像贵国头发长垂，鞋大且粗，不太适应我国人民。其他还有很多事不能适应。关于改穿欧服，对于不了解经济常识的人看来，是觉得费了一点。但勤劳是富裕之基，怠慢是贫枯之源。正如阁下所知，我国旧服宽大但不轻便，适应怠慢而不适应勤劳。然而我国不愿意怠慢致贫，而想勤劳致富，所以舍旧图新。现在所费，将来可期得到无限报偿。

李鸿章：话虽如此，阁下对贵国舍旧服仿欧俗，抛弃独立精神而受欧洲支配，难道一点不感到羞耻吗？

森有礼：毫无可耻之处，我们还以这些变革感到骄傲。这些变革完全是我国自己决定的。正如我国自古以来，对亚洲、美国和其他国家，只要发现其长处就要采之用于我国。

李鸿章：我国绝不会进行这样的变革，只是军器、铁路、电信及其他器械是必要之物和西方最长之处，才不得不采之外国。

森有礼：凡是将来之事，谁也不能确定其好坏，正如贵国 400 年前（指清军入关之前的明朝），也该没有人喜欢现在（清朝马蹄袖等）这种服装。

李鸿章：这是我国国内的变革，绝不是用欧俗。

森有礼：然而变革总是变革，特别是当贵国强迫做这种变革,引起贵国人民的忌嫌和反感。[1]

李鸿章的观点代表了清政府对服饰变革的态度,也代表了当时大部分中国人的看法,认为"衣服旧制是体现对祖先遗志的追怀之一,其子孙应该珍重,万世保存";而森有礼的观点代表了日本政府和日本国民对服饰变革的态度,他认为改易西服是一种好措施,"对我国裨益不少",因为旧服制"宽阔爽快,极适于无事安逸之人,但对于多事勤劳之人则不完全适合",而且"勤劳是富裕之基,怠慢是贫枯之源","我国旧服宽大但不轻便,适应怠慢而不适应勤劳。然而我国不愿意怠慢致贫,而想勤劳致富,所以舍旧图新。现在所费,将来可期得到无限报偿"。他还指出,"善于学习别国的长处是我国的好传统","我国自古以来,对亚洲、美国和其他国家,只要发现其长处就要采之用于我国"。

正是这种积极主动学习先进文化的思想意识和态度,使日本的学习达到了事半功倍的效益。仅仅20年光景,至19世纪80年代末,日本的社会生活就发生了根本性的转变。通过一系列的改革,日本大量地学习和吸收了西方的文明,开始了现代化的进程。在这一学习、吸收的过程中,日本的传统文化和西方文化经碰撞、冲突和融合,扬弃了日本文化中的糟粕,吸收了西方文化积极先进的成分,形成了具有大和民族特色的日本现代化。日本服饰文化变革就是这样,他们积极地从外来服饰文化中汲取对日本服饰文化发展有利的成分,再将其本土化式地发扬和传承。譬如平安以后日本完善的和服体系正是吸收中国唐代服饰文化,并结合日本民族特色创造性地将其本土化的最好例证。近代学习西方服饰文化也具有相同的特征,日本在积极学习吸收西方服饰文化的同时,又能保存本民族的服饰传统,传承和发扬和服体系,形成了与西服并行不悖的"和洋并存"局面。

总之,明治维新的成功不仅使日本摆脱了成为西方列强殖民地的命

---

[1] 引自木村匡《森先生传》,金港堂1909年版,第99—102页;见《中日战争资料丛刊·李鸿章与森有礼问答节略》第299页。

运,而且迅速进入了世界资本主义列强之列,同时成为中国学习的目标和榜样。从此以后,中日文化交流的格局发生了根本性的转变,中国开始了对日本文化的学习和吸收。

二、日本服饰西化对中国服饰变革的影响

在西方服饰文化往东方扩张的过程中,中国与日本的表现截然不同:中国人拼命抵抗;日本人则毫不犹豫全盘照收。中国洋务运动肇始于1861年,但一直到1911年清政府被推翻前夕,中国绝大多数人还是穿着马褂长袍;日本明治维新始于1868年,比中国洋务运动晚了7年,但其服装迅速西化。如前所述,1871年,日本政府发布《断发脱刀令》,要求人们剪短发、脱佩刀,1872年12月,又颁布了《太政官布告》第373号,废止直衣、狩衣等幕府时代的武家服装,推出新的礼服制度,定西式礼服为官员正式礼服。1884年前后,日本民间也已流行穿欧式服装,和服退位于非公共场合;1887年,日本明治天皇在公共场所露面,已把原来的皇室装束改为穿着普鲁士陆军将领军服。

中日两国对服饰现代化的态度不同,也反映在当时的海军服饰上。19世纪中叶,世界主要国家海军服饰几乎整齐划一,清政府派到英国格林威治海军学院的留学生、后来成为北洋海军将领的那批人,在英国留学期间被要求剪掉辫子,并按英国皇家海军军官服饰着装,但回国后,清政府又要求换回粗布马甲,重新留起长辫;明治政府完全不一样,不仅要求日军海军换上德国海军一样的服饰,甚至连留人丹胡的习惯也要向德国人学习。

中日两国对待服饰改革上不同的态度,折射的就是对待现代化的不同态度。梁启超先生说过:中华文明的发展,经历了中国之中国、亚洲之中国、世界之中国的演变历程,虽历尽苦难,伤痕累累,却始终气象万千,气吞山河,拥有巨大的空间度量。利玛窦1601年到达北京,他带来了很

多西方先进学术文化,包括《几何原本》、西方的天文、历算和机械原理。但是,统治者在观念上的封闭,几乎关闭了中华文明通过包容与吸纳世界近代化成果进行自我更新的可能性,西方当时先进生产方式在中国的传播一再受到抵制甚至是仇视,以至于适应现代化潮流的服饰也受到排斥。

日本则不然,当美国舰队敲开锁国 200 余年的日本大门的同时,日本人便如梦初醒,猛然意识到自己的落后。整个国家几乎一头扑进西方的怀抱,在引进先进技术的同时,更毫无保留地全盘吸收西方近现代文明成果。强力推进服饰改革,就是一个有力旁证。

应该说,在近代,真正促使中国自上至下众人皆醒的是与我们一衣带水向来以学习接受中国文化为荣的日本小国。首先是日本明治维新的成功,震动了世界和近邻中国,有识之士更加清楚地认识到西方文化技术的先进性;1894—1895 年中日甲午战争以中国的失败而告终,对我国人民刺激、策励尤为猛烈。特别是革新者、革命者已清楚地看到,"东渐"西风吹到中国和日本时是颇为不相同的,日本改革者毅然摒弃旧制,采用西方的先进社会制度、先进科学技术,并加以改进,迅速结合本国实际,加以践履,促进了日本社会迅猛发展,进入世界强国之列。在这样的背景下,很多有识之士,包括清朝官员,以康有为和梁启超为首的改良派人物,以孙中山为首的民主革命家,大批明智思变的知识分子、青年学子以及普通工商业者,他们忍辱负重,立志发愤图强,纷纷东渡日本,考察、学习日本的维新经验,并且把向日本取经作为"西风东渐"的捷径。

19 世纪 90 年代,中国知识分子中的有识之士已经初步提出要学习西方和日本进行变法改革的主张。时任驻日参赞黄遵宪搜集有关明治维新后日本的政治、经济、军事、文化等方面的资料,对日本的历史和现状进行深入的研究,写成《日本国志》;王韬、姚文栋、傅云龙等人,从不同角度介绍明治维新的运动及其意义,为中国早期资产阶级改良运动,也为国人向日本学习,在思想上做好准备;张之洞作《劝学篇》大力倡导留学日本、翻译日本书籍;以康有为等为首的资产阶级改良派把明治维新作为中国变法可借鉴的范例,上书光绪帝请求仿效日本进行变法。

与此同时,往日本派遣留学生被提到日程上。1896 年,中国开始向日本派遣留学生,最初仅有 13 名,到 1906 年已经增加到 8000 名。[1] 这些留日学生在中日文化交流上,确切地说,在中国对日本文化的学习和吸收中发挥了巨大的作用:他们在日本接触了西方资产阶级思想以后,通过各种渠道和方式大力宣传资产阶级革命思想,成为反帝反封建的主力军。其中一个十分重要的渠道是大量翻译书籍,包括日本人写的关于西方世界的书籍和普美西文书籍。通过翻译,把西方和日本近代的启蒙思想、自由民权理论、唯物主义哲学和早期社会主义思想及科学方法论(逻辑学)等著作介绍到中国,这对当时启迪民智、制造革命舆论等方面产生了巨大影响,有力地促进了中华民族的觉醒和推动中国民主革命的进程。

服饰文化作为社会变革的一个重要组成部分,在这一时期也是深受日本服饰西化的影响。

19 世纪末,以康有为、梁启超等为代表的资产阶级改良主义者公车上书,建议清廷推行包括改革服装制度在内的维新运动。光绪二十四年(1898 年)夏,戊戌变法期间,康有为在上书《请禁妇女裹足折》的同时,又上书《请断发易服改元折》,折中写道:

> 今则万国交通,一切趋于尚同,而吾以一国,衣服独异,则情意不亲,邦交不结矣。且今制成修明,尤尚机器,辫发长垂,行动摇舞,误缠机器,可以立死,今为机器之世,多机器则强,少机器则弱,辫发与机器,不相容者也。且兵争之世,执戈跨马,辫尤不便,其势不能不去之。欧美百数十年前,人皆辫发也,至近数十年,机器日新,兵事日精,乃尽剪之,今既举国皆兵,断发之俗,万国同风矣。且垂辫发既易污衣,而蓄发尤增多垢,衣污则观瞻不美,沐难则卫生非宜,梳刮则费时甚多,若在国外,为外人指笑,

---

〔1〕 实藤惠秀:《中国人留学日本史》,生活·读书·新知三联书店 1983 年版,第 39—40 页。

儿童牵弄，既缘国弱，尤遭戏侮，斥为豚尾，出入不便，去之无损，留之反劳。……

夫五帝不沿礼，三王不袭乐，但在通时变以宜民耳。故俄彼得游历而归，日明治变法伊始，皆先行断发易服之制，岂不畏矫旧易俗之难哉？盖欲以改民视听，导民尚武，与欧美同俗。……且夫立国之得失，在乎治法，在乎人心，诚不在乎服制也。然以数千年一统之儒缓之中国，褒衣博带，长裙雅步，而施之万国竞争之世，亦犹佩玉鸣琚，以走趋救火也。诚非所宜矣。[1]

康有为的这番关于"断发易服"的倡言很有独到的见地。他一针见血地指出了中国"辫发长垂"（图 8-2-1）、"褒衣博带"（图 8-2-2）、"长裙雅步"的服饰文化，与机器时代及"万国竞争"的资本主义大工业化时代是何等的格格不入，他明确指出，断发易服其意义不仅仅在于革除陋习，使服装合理化，更重要的是在于这样一个万国竞争之世，这是"与国民更始"，是国民生活的新起点。所以，他极力劝谏光绪皇帝："自古大有为之君，必善审时势之宜，非通变不足以宜民，非更新不足以救国，且非改视易听，不足以一国民之趋向，振国民精神。"[2]他建议光绪皇帝带头剪掉辫子，改易西服。谭嗣同、严复、梁启超等其他维新志士也同声呼吁。剪辫易服成了维新变法的一项重要内容。

继康有为之后，宣统初年，外交大臣伍廷芳，再次奏请"剪辫易服"，恳请朝廷"明降谕旨，任官商士庶都截去长发，改易西装。与各国人民一律，俾免歧视"。这便从中国服饰审美文化与世界服饰审美文化的时代潮流接轨，以及提高中华民族的民族自尊和"俾免歧视"的认识高度，又一次提出了"剪辫易服"和明确提出"改易西装"的奏议。

---

〔1〕　康有为：《请断发易服改元折》，见中国史学会主编：《戊戌变法》（二），神州国光社 1953年版。

〔2〕　康有为：《请断发易服改元折》，见中国史学会主编：《戊戌变法》（二），神州国光社 1953年版。

图 8-2-1

图 8-2-2

　　海外华人社会中,也发起了破除陋习、剪去辫子的行动。孙中山、陈绍白等辛亥革命的领袖人物早在 1895 年就在日本剪发易服(图 8-2-3)。1898 年,新加坡华人发动集体剪辫,而且摆出剪发的种种理由:辫发不雅观;久而不洗便臭秽难堪;辫发贻害大,若机器缠住,被车轮牵扯,都有性命之虞;辫发如禽兽之尾,如铁链之状,等等[1]。在日本,革命派和支持革命派的人越来越多,他们都把剪辫易服作为进步的标志。剪辫易服在华人中已形成一股不可抵挡的潮流。图 8-2-4 是 1905 年华兴会部分成员在日本的合影,照片中所有成员都是短发西服。

　　东渡日本的留学生也受到日本西化服饰的影响和熏陶。这些学生在出国时,都是清一色的中国传统服饰:长袍、马褂、黑布鞋,脑后拖着一条长辫子。但是到了国外后,在与西服的强烈对比中,他们对自己的服饰形象产生了根本性的质疑,很快就不愿再穿长袍马褂这一中国传统服饰,尤其厌恶脑后的那条长辫子,于是便纷纷剪除辫子,留起短发,改穿西服或学生制服。在当时,国内不能做的事(清政府仍然坚持传统服饰,“国家制服,等秩分明,习用已久,从未轻易更张”[2]),在国外可以做,而且有时必

---

〔1〕《割发述闻》,《益闻录》1989 年 2 月 23 日。
〔2〕《宣统政纪·第 45 卷·宣统二年十一月下》,中华书局 1987 年版。

须做。一是因为长袍、马褂、长辫子引来不少的嘲笑；二是有的学校有规定，必须穿制服。可见生活环境的改变，也是服饰改变的直接原因。

图 8-2-3　　　　　　　　　　　图 8-2-4

在清政府的练兵处中就有不少留学生，他们从海外归来，带来了新思想，也带来了新形象。中国士兵把辫子盘在头上的装束对实战实为不利，1904 年练兵处准备改换中国士兵的服装，各报刊争相宣传这一消息，而练兵处本属权要之地，其影响自然不凡。1905 年，新编陆军穿上新的军服，为了方便戴军帽，就有不少人剪去辫子；天津的警察剪辫子的多达三分之一[1]；到 1906 年，军界中人士纷纷剪断发辫者已是不可胜数。[2]

除此以外，不少位高权重的人物也都剪去了辫子，如 1905 年，40 多大臣出洋考察，竟有一半人剪了辫子，其中有翰林、道府，有文职、武职官员，这些人物剪去辫子的风声可谓不胫而走。流风所播，遍及四方，朝野风尚为之一变，一股难以遏止的剪辫易服的新风潮终于掀起了。

1911 年辛亥革命，宣告了在中国延续了两千多年的封建专制统治的彻底结束，作为封建主义规章的衣冠制度也随之瓦解。中华民国成立伊始，即发出"剪辫通令"："今者满廷已覆，民国成功，凡我同胞，允易涤旧染

---

〔1〕《剪辫易服先声》，《大公报》1905 年 6 月 24 日。
〔2〕《饬禁兵士剪发》，《大公报》1906 年 5 月 9 日。

之污,作新国之民。"[1]全国各界人士,皆闻风而动。近 300 年的辫发陋习,终于剪除殆尽。与此同时,民国政府颁布了新服制。新服制不以等级定衣冠,推翻了延续几千年的服饰等级制度;要求废除满式的官服顶戴,以新礼服代替旧式官服;在礼服中贯彻平等的原则,不分级别高低,也不分地区和民族的差异;凡在国家任职的官员,一概统一着装。新服制全方位引进了西方服饰及西方服饰文化理念:官员的大礼服、军警服、学生制服、行业制服等都采用西服样式。这是中国服装史上划时代的巨变,是中国服饰史上一座耀眼的里程碑,从此中国服装进入了近代化阶段。中国服装历史从古代跨入近代,主要有以下一些变化:

一是礼服的变革。

礼服的变化是从官员开始的。中华民国成立后,要求废除满式的官服顶戴,以新礼服代替旧式官服。"民国新建,亟应规定服制,以期整齐划一",这第一要义是在礼服中贯彻平等的原则,不分级别的高低,也不分地区和民族的差异,凡在国家任职的官员,一概统一着装。

1912 年 5 月,袁世凯命令法制局:"博考中外服制,审择本国材料,参酌人民习惯以及社会情形,从速拟定民国公服、便服制度……议定中西两式。西式礼服以呢羽等材料为之,自大总统以至平民其式样一律。中式礼服以丝缎等材料为之,蓝色袍对襟褂,于彼此听人自择。"[2]经过有关部门的会商,同年 10 月,中华民国临时政府参议院公布了男女礼服服制。

男子礼服大体分为两种:大礼服和常礼服。

大礼服即西方礼服,有昼晚之分。昼用礼服长与膝齐,袖与手腕齐,前对襟,后下端开衩,为黑色,穿黑色长过踝的靴。晚礼服似西式的燕尾服,而后摆呈圆形。裤,用西式长裤。穿大礼服要戴高而平顶的有檐帽子,晚礼服可穿露出袜子的矮筒靴。

常礼服亦分两种:一种为西式,其形制与大礼服类似,唯戴较低而有

---

〔1〕《临时大总统关于限期剪辫致内务部令》,《中华民国档案资料汇编》第 2 辑第 32 页。
〔2〕《袁总统饬定民国服制》,《申报》1912 年 5 月 22 日。

檐的圆顶帽;另一种为传统的长袍马褂(图 8-2-5),均为黑色,料用丝、毛织品或棉、麻织品。

图 8-2-5

长袍马褂作为清代特有的一种礼服,虽然受到了以西装为代表的新式服装的冲击,但仍然作为国家礼服的一种。时人解释这种中西并存的礼服制度:"竟用西式,于习惯上一时尚未易通行,……故定新式礼服外,旧式褂袍亦得暂时适用。"[1]事实也确实如此,不少长袍马褂的忠实拥护者——中老年人以及守旧人士们,不但己身严守陈规,穿着长袍马褂,而且试图引导下一辈维护传统。

1912 年的《服制条例》明显以西式服装为标准,很大地改变了传统习惯。它只涉及正式服饰,涉及常服的内容很少,因此,不容易为普通群众所接受,对下层社会影响不大。也因为第一次制服太西化,所以第二次

―――――――――――

〔1〕 民国政府参议院:《服制条例》,《申报》1912 年 7 月 15 日。

(1929 年)服制的规定有了很大的变化,男子礼服又以袍褂为主。[1]

1912 年规定的女子礼服,用长与膝齐的对襟长衫,有领,左右及后下端开衩,周身加以锦绣。下身着裙,前后中幅平,左右打裥,上缘两端用带。[2] 到了 1929 年,新服制规定,女服制有旗袍和上衣下裙。

二是制服的变革。

中国近代服饰的变革其实是从制服开始的。制服发生改变以后,才有了礼服的改变。制服包括军服、警服、学生制服、行业制服等。

军服和警服。图 8-2-6 从左至右分别是穿军礼装的袁世凯、20 世纪 40 年代警服、20 世纪 30 年代童子军服。

图 8-2-6

清政府 1890 年开始了建立新军的工作,派遣一些青年出国学习军事。新军的服饰学习西方,但没有剪辫。"近岁各省练军,已一律改从西式,惟辫发尚存,终嫌拖沓。"[3] 1904 年、1905 年,清政府制定了新军军服式样和穿着规定,新军官兵穿上了从欧洲和日本学来的西式军服。当时有报道说:

---

〔1〕 南京政府:《服制条例》,《中华民国法规大全》第 1236 页。

〔2〕 《参议院二读会修正服制草案》,《申报》1912 年 6 月 22 日。

〔3〕 《剪辫易服说》,《辛亥革命前十年间时论选集·第 1 卷》(上册),第 473 页。

　　　　京师练兵处近议定：兵丁装束衣帽参照德日两国式样，将来
　　各营一律改装。已将拟定衣帽、旗帜、车帐各样式进呈。闻该处
　　当差各员无论文武，现拟改服军装，将发辫盘起，以尚武精
　　神云。[1]

　　到了辛亥革命前夕，各省军队因种种原因军服不尽相同。随着对西式服饰的限制的松懈，新军穿上了西式的军服。西式军服和警服进入中国，虽然只影响了一部分人，但却是服饰大变革的开始。从历史的角度看，西式军警服是近代中国正式地、合法地接受的第一批西式服饰。

　　中华民国时代开始后，军警服完全西化，不像以前一部分西化，一部分保持旧式，1912 年 10 月，政府颁布了陆军服制条例；1918 年颁布了海军、警察服制条例。

　　中华民国成立以后，出现军阀混战，有直系、奉系、皖系三大军事集团，“军服以英式为主”，“军服颜色有两种，将官以上为海蓝色，校官以下为绿色。头戴叠羽冠，饰以纯白鹭鸶毛的，是少将武官的专服，个别场合校官也可服用。绶带取五族共和之意而用五色，民国 4 年改用红黄两色。胸前佩章纹饰文武各别：文官为谷穗，取五谷丰登之意；武官为斑纹虎饰，寓勇猛之势”[2]。以西式的样式，加上寓有中国传统文化之意的佩饰，可见其中西服饰文化交融之意。

图 8-2-7

　　学生制服。图 8-2-7 为 1916 年穿

────────────

〔1〕《兵丁改装》，《东方杂志》第 1 卷 7 号（1904 年 9 月），第 284—285 页。
〔2〕 黄士龙：《中国服饰史略》，上海文化出版社 2007 年版，第 238 页。

校服的北京女学生。

1900 年以后,清政府开设了不少学堂(军校、技校、医校),校方发给学生统一的衣服、帽子和靴子,这大概可以说是中国学生制服的开始。这些服饰开始时都是旧式的,逐渐也有学堂开始使用西式制服。《奏定学堂章程》说:"近年来,各省学堂冠服一端,率皆仿效西式,短衣皮靴,文武无别。"〔1〕这里虽然没有明确具体年限,但至少说明一点,即学生制服的西式化。

更大规模使用西化的制服,是留学生到了日本等国之后,由于种种原因,都剪了辫子,脱了袍褂,留起了短发,穿上了西装或学生制服。中华民国成立后,中国也有了学生制服,而且是西式的。

行业制服。

中华民国临时政府及其以后的政权陆续公布政府职能部门的职司专业服饰制度。如民国 2 年(1913 年)1 月公布的推事、检察官及律师等服制,同年 3 月公布的地方行政官公服以及外交官、领事官服饰制度,民国 4 年(1915 年)公布的监狱官以及矿业警察、航空等服制。

民国服制改革的意义。

第一,民国服制的改革,标志着历经几千年的服饰等级制度在中国已彻底消亡,这是中国服装史上划时代的巨变,是中国服饰史上一座耀眼的里程碑。

在中国,从夏商时期开始,服饰就已不可避免地被拉入了"礼"制范畴。到两周时期,"明贵贱,辨等列"的服饰等级制度得以完备。此后,历经秦汉、魏晋南北朝、隋唐、宋元,直至明清,无论是中原汉族统治华夏,还是北方少数民族入主中原;无论是胡人推行汉化(如北魏孝文帝服饰改革),还是汉人被迫接受少数民族的服饰(如清朝统治者强迫汉人剃发易衣冠),或者如忽必烈般既要保持蒙古"本俗",又不强迫汉人与其同化,但有一点是中国历代王朝所统一的,即保持鲜明而严格的服饰等级制度。

回顾中国服饰史,改朝换代的皇帝例行的变衣冠,所变的只是形式,

---

〔1〕 引自黄士龙:《中国服饰史略》,上海文化出版社 2007 年版,第 234 页。

不变的是等级性和伦理性，即使起自下层的农民起义也不例外。譬如太平天国的"蓄发易服"，掀起变衣冠的旋风，但所变的仍只是服装的样式，在维护尊卑贵贱的等级差异这一点上，与封建王朝并无区别。洪秀全坐上天国的统治宝座后，立即仿效封建帝王，穿上黄袍，显示自己的尊贵，并按王朝的宫廷制度专设管理服装事务的"典衣衙"，从袍服靴帽的质料、颜色、长短，一律按官职的级别定出标准，各个等级之间不得混淆。洪秀全所推行的实质上依然是传统的衣冠之治，所以说，太平军的服饰变化并无风俗改良的意义。

而民国服制改革与此有着根本的区别。随着辛亥革命推翻了统治中国的清王朝，结束了在中国延续了两千多年的封建帝制，为历代王朝统治者所竭力维护的服饰等级制度也彻底地瓦解了。

在《中华民国临时约法》中指出："中华民国人民一律平等，无种族、阶级、宗教之区别。"表现在服制上，明确规定"自大总统以至平民其式样一律"，服装形制已不按职位、身份来加以区别，而只是按性别不同、场合不同给以区分，譬如上面所引的礼服。虽然礼服是少数官员的服装，但礼服的平等性对在生活上人人可以享受平等的思想意识起了示范作用，这是平等观念从政治思想深入到生活领域的表现。民主革命给中华儿女带来了从未享有的这一着装的权利，即使宫廷的遗老遗少也无一例外地都要遵守服制平等的原则，只好把"命服及袍褂、补服、翎顶、朝珠，一概束之高阁"。

同时，因为这种以国家法制的形式通令新的礼服带来了穿衣着装的平等观念，有力地促进了服装改革。民众的穿着打扮不再受国家禁令的约束，从此进入自由穿着的时代。

第二，民国服制改革，也标志着从制度上确立了西方服饰文化在中国的地位，"夷夏之防"彻底清除，西服东渐之势进一步得以发展；同时，异域服饰文化流经中国后，大多加上了中国文化的特点，被赋予了中国内容。

在中华民国临时政府参议院公布的男子礼服服制中明确规定：男子

的礼服分大礼服和常礼服两种。大礼服即西方的礼服,其中晚礼服似西式的燕尾服。裤为西式长裤。常礼服除了传统的长袍马褂外,另一种亦为西式,其形制与大礼服类似。西式服装在男子的礼服中占了极为重要的位置。由此可见,中国传统服饰文化制度终于彻底地摧毁了"夷夏之防"这道壁垒,从制度上确立了西方服饰文化在中国服饰领域的地位。而且它们很快成了时髦服装,向西方看齐已成必然趋势。"今世界各国,趋用西式,自以从同为宜"〔1〕,在这样的背景中,西装受到了特别的宠爱。当民国政府公布了服制条例,以西式服装为礼服时,西装的地位更高了,在上层社会产生了明显的影响。而事实上,西装也已成为一种时尚,一种流行的"官服",一种适用于正式交际场合的服装。在当时,"革命巨子,多从海外归来,草冠革履,呢服羽衣,已成惯常;喜用外货,亦不足异。无如政界中人,互相效法,以为非此不能侧身新人物之列","其少有优裕者亦必备西服数套,以示维新"〔2〕。

民国初年许多政坛要人如章宗祥、陆征祥、周自齐、朱启玲、曹汝霖都着起了西装,穿上了皮鞋,提起了手杖,在北京中央公园游园。〔3〕另据图片资料,1911 年 12 月 29 日,南京召开临时大总统选举会,17 省代表参加选举,与会者 40 余人,大概 60% 穿长袍马褂,40% 穿西装;1912 年 2 月 18 日,蔡元培率领的迎袁(第二任临时大总统袁世凯)使团军人都穿西式军服,11 位非军人,其中 8 人穿西装。1912 年 3 月 29 日孙中山和总统府官员的合影中差不多都穿西装(图 8-2-8)。唐绍仪内阁全体 10 人合影中,有 7 人穿的是西装(图 8-2-9)。此外,基本上所有的民国军政要人,甚至包括像溥仪、载洵等清代贵族都有西装照留世。

上行下效,这是中国自古以来服饰流行的一条主要途径,官员们率先穿上西装革履出入公共场合,对民众起了示范作用。再加上各种报刊对

---

〔1〕 《申报》1912 年 7 月 15 日。
〔2〕 《大公报》1912 年 6 月 1 日。
〔3〕 胡铭、秦青:《民国社会风情图(服饰卷)》,江苏古籍出版社 2000 年版。

西服进行了广泛的宣传,洋装的轻便、简洁,与臃肿、拖沓的清代服装相比较有着明显的优势。尽管当时有不少人士,如林语堂、梁实秋这些颇有影响的学者们也曾对西装革履颇有微词,但是,西洋服饰同西方其他文化一道,已如滚滚东流的江河之水,形成了无法阻挡的大势,一波接一波地向中华大地涌来。

图 8-2-8　　　　　　　　　　　　　　　　　　图 8-2-9

上海作为中国首批对外开放的商埠,首先迎接着这强劲的西洋服饰大潮。洋服、阳伞、洋鞋、洋帽,成了有名的十里洋场。男子时兴西装、革履、大衣、呢帽;女子的服饰更是五彩缤纷,商家的服装展演、女演员的穿着都引领着时装的潮流。高领、短袄、凸乳、细腰、长裙是上海女郎追逐的时髦,时装中的裙装成为都市女性的新宠,样式、颜色时时翻新,举不胜举,或无袖或荷叶袖,或"V"字领或"一"字领,或长及脚踝或短及膝上。披风、西式大衣、西式外套、西式连衣裙、新式旗袍、传统的袄裙、便装、毛线马甲、泳衣、各款帽子、围巾等共同构成时尚女装的一部分,这些服饰要么直接采用西方样式,要么在中国传统的基础上引进西方样式并加以改进。图 8-2-10 为民国时期的女性服饰。

比如西装,进入中国以后,几经改革,发展到后来,与原来西装的意义和文化含义都已经不同了,属于中国的西装了;旗袍,本是满族服装,但加入了西式连衣裙的某些特点后,形成了既不是满族样式,又不是完全西

图 8-2-10

式,也不是完全汉族样式的新式样;中山装,它的原形是西式服装,经过改进后,加入了中华文化的内涵,成了具有特定意义的中华民族的服装。

　　总之,在民国时期,西方服饰样式通过多种渠道,尤其是同国日本这一媒介流经中国后,经过模仿、改变、创造,加入了中国服饰文化的内容,制作出丰富多彩的服饰样式。我们从表面上看,好像觉得是中华民族的服饰西化了,而从服饰的文化意义上考虑,应该是引进的西式服饰被中国化了,也就是说,汉族服饰的西化与西式服饰的中国化是同步进行的,是相辅相成的。所以，我们不应该简单地认为西方服饰进入中国以后，成为中国服饰的主流，而同时也应该认识到：西方服饰文化进入中国以后，被注入了中国服饰文化的特点，赋予了中国传统文化的内容，成为中国式的西式服装，中国服饰融入了世界服饰潮流。[1]

第三，民国服制的改革，还标志着中国服饰审美文化进入了一个新阶段，中国服饰审美文化与世界服饰审美文化接上了轨道，实现了由古代向近代、现代的转变。

在中国几千年来的历史进程中，在相对稳定、自闭保守的状态下，儒和道的学说信仰互助互补地融合，汇成了古代哲学思想的主流。我们的祖先创造了底蕴深厚的宽衣服饰文化，在宽衣造型上表现出了一种中国风格的神气与韵味，流露着民族的潜在精神和文化的内在灵魂。表现在服饰上以宽松的平面直线裁剪为主，追求自然地遮盖人体，不以自我张扬炫耀为目的，不大肆表现个体。而西方人以自我为中心，竭尽全力地开掘人的力量，释放人的潜能，主张拼命竞争，使私欲膨胀。表现在服饰上则为竭力表现人体的立体裁剪为主，借以表现个性，强调夸张了的人体之美。

民国年间变革服制，引进西方服饰审美理念和西方的服装裁剪技术，这有力地说明了中国服饰审美文化进入了一个新阶段，中国服饰审美文化与世界服饰审美文化接上了轨道。

譬如西装，它作为西方服饰审美文化现象形态的一种典型，之所以能成为流行寰宇的世界性服装，是因为它有着多方面特有的服饰审美文化特征。一是西装的领子是开放的折裥于胸襟，既挺括，又富立体感。它的开放，使得衬衣和领带显露出来，而民国初年作为礼服的西装往往是黑色的，衬衣一般是白色的，对比鲜明的黑白色，再配上或艳丽或素雅的富有装饰性的领带，起到了画龙点睛的作用，这一着装具有极强的观瞻效果。二是早期西装多为单排扣子，且只有两颗，可扣可不扣，相当自由随意，因

---

〔1〕　山内智慧美：《20 世纪汉族服饰文化研究》，西北大学出版社 2001 年版。

此西装既简便又随便，既具有自由度又具有舒适性。三是西装的肩部一般都要衬上垫肩，所以显得肩部平直、饱满，可以弥补溜肩缺陷；胸部垫胸衬，使胸部平整、挺括、丰满；腰间曲线流畅自然。这些都有助于充分体现人体美。四是西装有两件套、三件套、单上装多种组合，打破了中国传统服饰单调呆板的着装形式。

再加上作为礼服的西装多是黑色，故使其更具有端庄大方、凝重整肃的美感。所以适应于上至国家首脑、下迄平民百姓的，各种各样的正式、半正式和非正式的，国际、国家部门和家庭之间的不同礼仪活动。仅就家庭和个人的正式和半正式的礼仪场合来说，便有婚事、丧事、礼节性拜访、宴会、招待会和酒会以及晚间的社交活动等。此外还可用于日常工作和一般性会见时穿着，也可用于外出参观游览、访亲探友等，所以它具有广泛的适应性。

对于女装，突出表现在对人体美的塑造的追求上。虽然这一追求几经曲折，但是最后毕竟冲破了阻碍和禁忌的防线。譬如1917年在上海盛行的无领袒胸露臂的新式女装，包括西式连衣裙和旗袍。当时流行的这些服装领形多样：一字领、荷叶领、方形领、鸡心领、菱形领、圆形领等，但这些领都有一个共同点——裸露颈部并向纵深处发展，这是女装最敏感之处，当时有人称之为"不领主义"。改良后的旗袍与旧式旗袍也大异其趣，袍身渐渐趋向合体，到20世纪30年代时兴收腰，使旗袍更加贴体，纤细的腰身，衬托起隆起的胸部，这显然与西方流行的人体曲线美的审美观念相一致。

这些都充分说明民国服饰改制以后，随着西服东渐，西方的着装观念、审美观念已经深入人心，中国服饰审美文化与世界服饰审美文化汇成一体，实现了由古代向近代、现代的转变。

三、孙中山的日本情结及其服饰变革思想与实践

中国近代服饰大变革，是孙中山（图8-3-1）先生30多年的革命事业中

一项重要的革命内容。先生在 30 多年革命实践中，产生、形成并实践了他的服饰变革思想。[1]而这一变革思想的产生、形成与实践又与他的日本情结有很大的关系。

图 8-3-1

孙中山从 1894 年组织兴中会，到 1925 年逝世，30 多年间，先后踏上日本国土 15 次，居留的时间共达八九年。他在日本渡过的时间占他革命生涯的四分之一还多，结交的朋友不下数百人。因此，孙中山对日本和日本人民怀有深厚的感情，多次说日本是他的第二故乡。更为重要的是，他一生的事业和日本结下了不解之缘。孙中山毕生为中国的独立、民主和近代化而奋斗，为东方被压迫民族的解放而劳思苦想。由于当时的国际局势和中国国内的政治形势，孙中山不得不长期流亡国外。他曾热切地向国外寻找支持者和盟友，而日本则是他求助最早的国家。

孙中山于 1895 年广州起义失败后，与陈少白、郑士良一起流亡到日本，第一次踏上了日本的国土，在横滨创立兴中会分会，从此就与日本结下了不解之缘。

1897 年，孙中山在英国伦敦认识了日本植物学家南方熊楠，并通过南方结识了不少日本人士，为下一次赴日作了准备。

同年，孙中山离开英国，经美国、加拿大来到日本横滨，结识了犬养毅、平山周、大隈重信、大石正巳、尾崎行雄等日本政界人物，以及宫崎寅藏兄弟、山田良政兄弟、头山满、平冈浩太郎、犬冢信太郎、菊池良士、萱野长知等在野人士。

孙中山在日本，一方面与这些政界人士、在野人士频繁交往，积极争取他们对中国民主革命的同情和支持；另一方面，又把日本作为革命的重

----

〔1〕 季学源：《孙中山服饰大变革的思想、理论与实践》，《浙江纺织服装职业技术学院学报》2011 年版第 4 期。

要基地,进行大量的革命活动。

1900 年,孙中山领导惠州起义。根据陈春生《庚子惠州起义记》记载,在这次起义中,日本志士如宫崎寅藏、平山周、福本诚、源口闻一、远藤隆夫、山下稻等 10 余人与闻此事,而山田良政更是为这次起义付出了生命,中山先生称赞其为"外国义士为中国共和牺牲者之第一人"[1]。

1903 年,孙中山在日本青山秘密组织军事学校,得到了日本友人的大力支持。据冯自由《兴中会时期之革命同志》记载,孙中山聘请日本军事学有名的炮兵大尉日野熊藏为教练,退役军官小室健次郎为助教,训练有志留学生。日野熊藏教授有方,很受学生爱戴。[2] 14 位入学者,由孙中山主持宣誓,誓词为"驱除鞑虏,恢复中华,创立民国,平均地权",这 16 字誓词成为中国同盟会成立时的革命纲领。

1905 年,孙中山首倡各革命团体组成统一的组织以进行革命,联合兴中会、华兴会、光复会、科学补习所等团体成员,在日本成立了中国资产阶级革命派的联盟组织——中国同盟会,通过 30 条章程,以 16 字纲领为宗旨,选举孙中山为总理。日本志士宫崎寅藏、平山周、萱野长知是同盟会的正式会员。同盟会成立后总部设在东京,孙中山以日本为革命活动基地,继续领导中国资产阶级民主革命,并将其逐渐推向高潮。孙中山在《建国方略》中指出:"及乙巳之秋,集合全国之英俊而成立革命同盟会于东京之日,吾始信革命大业可及身而成矣。"而且"从此革命风潮一日千丈,其进步之速,有出人意表者矣!"[3]同盟会对国内革命运动巨大的推动作用,引起清政府的极度恐慌,屡次向日本政府交涉,要求将孙中山驱逐出境。日本政府终于于 1907 年要求孙中山离开日本。

这样,自 1897—1907 年,10 余年间,孙中山以日本为革命基地,活动于日本东京、横滨、神户等地,以及新加坡、中国大陆和中国台湾、美国檀

---

〔1〕《孙中山选集》,人民出版社 1981 年版,第 199 页。

〔2〕 中国史学会:《辛亥革命》第 1 册,上海人民出版社 1957 年版,第 196 页。

〔3〕《孙中山选集》,人民出版社 1981 年版,第 201 页。

香山等国家和地区。

　　孙中山这次离开日本之后，直到辛亥革命，虽然几乎再也没有在日本亲自进行过革命活动，但是先生和日本友人的联系一直没有中断过，其他革命党人仍在日本进行活动，同盟会组织还在日本。

　　1913 年，"二次革命"失败后，孙中山再一次流亡日本。1924 年 11月，孙中山应冯玉祥电请偕宋庆龄北上时又取道日本，23 日抵达长崎，与日记者谈话："日本维新是中国革命的第一步，中国革命是日本维新的第二步。中国革命同日本维新实在是一个意义。"[1]在长崎，孙中山对中国留日学生代表进行演说，谈召开国民会议、废除不平等条约，收回海关、租界、领事裁判权及与日合作，建立经济同盟等问题。24 日在神户，与日本新闻记者谈话中，孙中山说日本帮助中国，两国可以合作互助，订立互助条约，像经济同盟、攻守同盟，日本所得的权利，比现在所享有的权利大过好几百倍或者是几千倍。[2]

　　孙中山在革命之初，对日本寄予厚望，认为中国革命必须以日本为楷模，并且必须依靠日本各界的支持。早在 1894 年上书李鸿章之时，孙中山就提出"步武泰西，参行新法"四大纲，其中写道："试观日本一国，与西人通商后于我，仿效西方亦后于我，其维新之政为日几何。而今日成效已大有可观，以能举此四大纲而聚过行之，而无一人阻之。"[3]日本的崛起给了孙中山以深刻的启示，他决心要以日本为楷模，在中国进行一场资产阶级民主革命，使中国走上富强的道路。纵观孙中山的革命历程，自 1895年第一次踏上日本国土在横滨建立兴中会分会开始，他的革命活动与日本发生越来越多的关系。从援助菲律宾的独立革命与发动惠州起义，到同盟会成立、批判资产阶级改良派与领导多次武装起义，以至"二次革命"失败后建立中华革命党和领导反袁斗争；从民国初年提倡借债筑路，到后

---

〔1〕　李吉奎：《孙中山与日本关系大事记》，《中山大学学报论丛》1988 年第 3 期。
〔2〕　李吉奎：《孙中山与日本关系大事记》，《中山大学学报论丛》1988 年第 3 期。
〔3〕　孙中山：《上李鸿章书》，载《孙中山全集》第 1 卷，人民出版社 1981 年版，第 8 页。

来发表中国近代化的宏伟蓝图《实业计划》，孙中山都真诚地期待日本帮助中国完成革命，进而帮助中国建成一个近代化的先进国家。然而，在孙中山从事救国斗争的时代，正是日本军国主义者处心积虑策划侵略中国的时代。因而，孙中山一生，他这种愿望不仅没有实现，而且日本对中国的侵略、压迫越来越深。严格地说，历届日本政府都没有真正支持过孙中山，倒是不断地支持清王朝、袁世凯以及北洋军阀政府等反对孙中山及中国革命的势力。这使孙中山对日本政府越来越失望，越来越看清他们的真面目。

孙中山在最后一次日本之行中，发表了《大亚细亚问题》的演讲，上海《民国日报》以《孙先生〈大亚洲主义〉演说辞》刊出演说全文。日本《改造》杂志，全文刊出《大亚细亚主义的意义与日友亲善之唯一策略》，其结语是：

> 你们日本民族既得了欧美的霸道的文化，又有亚洲王道的本质，从今以后对于世界文化的前途，究竟是做西方霸道的鹰犬，或是做东方王道的干城？就在你们日本国民去详审慎择。[1]

当然，也有不少日本各界人士是真心诚意帮助孙中山的，如终生为中国革命奔走的宫崎寅藏、在惠州起义中牺牲的山田良政、孙中山的好友梅屋庄吉等。他们为中日友好的历史写下了极为动人的篇章，真正代表了日本人民对孙中山的友好情谊。另外一些人，如犬养毅、头山满等，虽然他们对中国革命别有怀抱，但与孙中山有颇多的私人交往，在一定时期也确曾帮过孙中山的忙，孙中山几次处于窘境时就得过犬养和头山的援助。孙中山对帮助过自己的日本朋友是非常感激的，他每次公开赴日，都声称访问日本旧友为目的之一。孙中山对日本政府的认识有一个从幻想到逐渐清醒的过程；但他对日本人民始终感念，怀抱诚挚之情。可以说，在近

---

〔1〕 转引自李吉奎：《孙中山与日本关系大事记》，《中山大学学报论丛》1988 年第 3 期。

代中国重要历史人物中,没有比孙中山与日本关系更为密切的人,也没有比孙中山更热心地促进中日两国平等友好的人了。

孙中山于 1925 年 3 月 12 日病逝。在遗嘱中,他提出"联合世界上以平等待我之民族,共同奋斗",主张废除不平等条约。先生病逝后,日本各界友人纷纷来函电吊唁,各报亦载评论,予以高度评价。东京《朝日新闻》谓:孙中山的革命精神,感化力甚强,他一生全为革命牺牲。他不仅为一思想家,亦一学者,同时又系实行家。[1]

"思想家"、"学者"、"实行家",这一高度的评价不仅适用于先生毕生为之的革命领域,也同样适用于先生劳心竭力的近代服饰变革领域。在中国近代服饰变革过程中,孙中山先生有坚定鲜明的服饰文化观念,对中国近代服饰变革有独到的研究,同时还是一个身体力行的实行家。

孙中山先生坚定而鲜明的服饰文化观念的形成与西方文化直接或间接的熏陶有着紧密的联系。在 30 多年的革命实践中,孙中山一方面通过考察欧美、研读西方文书了解西方文化。他先后 8 次赴欧,共居留约 10 年。据英人统计,他去大英博物馆至少 68 次,研读了大量西方的文、史、哲、经、军事方面的著作,读得更多的是《法国革命史》,也研读马克思的《资本论》等著作;同时考察欧洲服装变革历程,在法国,他了解到西装原来是法国资产阶级大革命的产物,是欧洲的现代化服装,18 世纪末、19 世纪初开始走向世界,成为世界许多国家的通行服装。这些奠定了他的"西学"基础和借鉴服饰变革以资中国大变革的基本思路,他的"西学"观成熟起来。[2] 另一方面,在日本进行革命活动期间,他无时无刻不在感受明治维新之后日本的新气象:政治上、经济上、文化上,自然包括服饰文化。明治维新后的日本服装界,自上而下掀起了一场脱下和服换西服的运动,各行各业制定了统一的制服,诸如军服、警察服、铁路职工服、学生装、教

---

〔1〕 转引自李吉奎:《孙中山与日本关系大事记》,《中山大学学报论丛》1988 年第 3 期。

〔2〕 季学源:《孙中山服饰大变革的思想、理论与实践》,《浙江纺织服装职业技术学院学报》2011 年第 4 期。

授服、国民服等，整齐划一，都是统一的西式服装。

西方文化的熏陶，海内外丰富的阅历，加之一位统括全局的战略家、职业革命家的宽广胸怀，使孙中山先生得以用比同时代人更高远的目光，将中华服饰文化放到整个近代世界文化的大参照系中判断价值，提出"脱下长袍，改穿西装，抛弃清朝的打扮"，改造中华服饰的思想。他从西服产生于法国大革命、日本明治维新以"统一"和"服从"为前提制定各种制服中，领悟到服饰变革对政治革命的重要性，他努力从日本服饰变革中借鉴经验，领导中国的服饰变革，推翻几千年来封建服饰等级制度。

孙中山先生在对待西方服饰文化的态度上，批判封闭、保守的传统文化心态，他尖锐地指出："中国亦素自尊大，目无他国，习惯自然，遂成孤立之性，故从来若欲有改革，其采法唯有本国，其取资亦尽于本国而已。其外则无可取材借助之处。"[1]这样做的恶果是，"因为无法进行比较、选择而得不到发展，它也就停滞不前了。"[2]

同时孙中山先生又反对从一个极端转化到另一个极端。他深刻地剖析当时中国人的心理，"中国从前是守旧，在守旧的时候总是反对外国，极端信仰中国比外国好；后来失败，便不守旧，要去维新，反过来极端的崇拜外国，信仰外国是比中国好。因为信仰外国，所以把中国的旧东西都不要，事事都是仿效外国；只要听到外国有的东西，我们便要去学，便要拿来实行。"[3]这样脱离本国实际，全盘照搬西方，孙中山先生认为也是行不通的。孙中山在肯定当时中华文化从总体上落后于西方资本主义文化的前提下，对中西文化做了具体的分析，指出中华文化传统并非一无是处，它也有许多积极的方面，为此他提出了自己的中西文化观："取欧美之民主以为模范，同时仍取数千年旧有文化而融贯之。"[4]"发扬吾固有之文

〔1〕《孙中山全集》第6卷，中华书局1985年版。
〔2〕《孙中山全集》第6卷，中华书局1985年版。
〔3〕《孙中山全集》第9卷，中华书局1985年版。
〔4〕《孙中山全集》第1卷，中华书局1985年版。

化，且吸收世界之文化而光大之，以其与诸民族并驱于世界。"[1]这也是孙中山先生的中西服饰文化观。

孙中山先生是一位学者，对中国近代服饰改革颇有研究。他在辩证的科学的中西服饰文化观指导下，在改革中华服饰的过程中，既注重吸收西方服饰文化整饬、利落、适应机器大生产时代的先进理念，又秉持中华传统文化中优秀的积极的文化意识。

譬如在中山装的创制上，就充分体现了孙中山先生作为一个服饰改革家、研究者，将中西服饰文化融汇一体的特征。

中山装的创制是有各方面的因素的。第一，辛亥革命后，洋服及呢绒等洋服面料大量引进，以致白银外流严重，从"保护国货"出发，提出"易服不易料"的主张，需要创制能用自己国产面料的服装。第二，习惯了长袍马褂的中国人，对西装礼服不适应，怎样适合中国人的衣着风俗、体形和审美情趣，怎样遵从中国人的衣着习惯，怎样使西服改制成为平民化、大众化的服装，又成为服装改革的关键被提到了议事日程上。第三，辛亥革命把中国几千年的传统服饰等级制度给彻底打破了。民国服制改革虽然给政府官员规定了礼服——西式礼服和传统长袍马褂，但并没有规定政府官员不能穿着其他服装，也没有规定礼服为政府官员所专用。因此这是一个穿着极其自由的时代，当时中国人的服装可谓光怪陆离，西服东装，汉服满装，应有尽有，庞杂不可名状。

长袍马褂不合世界时代潮流，西服领带既不符中国人的生活习俗，又严重影响国计民生，形形色色林林总总的服装又有碍国人的体面和国家的形象。因此，设计创制一套中国人自己的新服装，摆到了议事日程上。1912年2月4日，孙中山明确提出："礼服在所必更，常服听民自便。"礼服"实与国体有关，未便轻率从事"，要从当时的国计民生实际出发，"宜尽以国货为之，不必用西人之呢绒"，西服未尽符合国人心意，故不要以西服作为礼服。他对新服装提出了简明扼要的设计原则："其要点在适于卫生，

---

〔1〕《孙中山全集》第7卷，中华书局1985年版。

便于动作,宜于经济,壮于观瞻。"他要求"研求有素"的专业人员(如红帮裁缝)"博采西制",和农业各界"切实推求,拟定图式,详加说明,以备采择"。孙中山亲自研究、设计,指导新服装的创制,采用西装造型和制作技术,参照日本学生装、士官服的改革思路,融入中国服饰文化传统,并根据中国人的体型、气质、穿衣习惯,以及社会经济情况和社会生活新动向,领导中国红帮裁缝终于创制了中国人自己的服装——中山装。

孙中山是近代服饰变革的实践者(实行家)。早在 19 世纪末,他第一次踏上日本的时候,就迈出了服饰变革的第一步:剪辫易服。他在接受伦敦《滨海杂志》记者采访时说:"我从香港逃到横滨以后,采取了一个重大步骤,把我从小蓄留的辫子剪掉了……随后又到服装店买了一身新式的日本和服。"[1]"新式和服",可能就是明治维新后经过改革的日本新式服装,诸如学生装、铁路工人服、士官服等。[2] 孙中山在服饰改革初期,主张以西服易传统的长袍马褂,他在各种场合总是西装革履:1896 年,他身着西装革履踏上欧洲考察欧洲革命;1905 年 8 月在留日学生为孙中山举行的欢迎会上,他穿着一身洁白的西装,和 500 多位身着明治新装——学生装的留日进步学生互相呼应……但随着服饰变革的发展,他从中国国情出发,深感西服有诸多不尽人意之处,于是谋求适合中国人和中国国情的服装,他和许多中国裁缝一起,借鉴西服的人文精神与制作技艺的长处,结合中国传统文化意识,创制了中国一代新装——中山装。

中山装是孙中山先生在长期的革命实践中与许多中国裁缝(包括红帮裁缝)共同谋划、实践的成果。[3] 有文献可稽,在孙中山革命生涯中,他直接接触过的裁缝就有多人。[4] 他的父亲孙达成,曾在澳门做鞋匠、

---

〔1〕《孙中山全集》第 1 卷,中华书局 1985 年版,第 547 页。
〔2〕 季学源:《孙中山服饰大变革的思想、理论与实践》,《浙江纺织服装职业技术学院学报》2011 年第 4 期。
〔3〕 季学源:《孙中山服饰大变革的思想、理论与实践》,《浙江纺织服装职业技术学院学报》2011 年第 4 期。
〔4〕 季学源:《孙中山服饰大变革的思想、理论与实践》,《浙江纺织服装职业技术学院学报》2011 年第 4 期。

裁缝。孙中山少年时期在檀香山,就有一个裁缝挚友。初到日本迎接他的人中就有中国裁缝;到横滨,他很快去找了过去结识的一个裁缝谭发(在横滨开服装店),经谭发介绍,认识了在横滨开印刷店的冯镜如(革命党人冯自由之父),在冯镜如的协助下,成立兴中会横滨分会。接着,又结识了红帮裁缝张有松、张方诚父子(鄞县茅山镇人),并与他们商讨、试制中山装最初样式。后去越南河内,又结识了西式裁缝黄隆生(广州人),黄隆生追随孙中山成为革命者,也为中山装的创制做出过贡献。在吉隆坡开裁缝店的李晚也回广州参加了革命起义。辛亥革命后,孙中山委托上海红帮名师"荣昌祥"店主王才运(奉化县江口镇人)、"王顺泰"店主王辅庆(奉化县江口镇人)改进过中山装[1],使定型的中山装迅速传播开来。南京民国政府成立后,孙中山结识了南京红帮裁缝史久华(鄞县镇东桥人),史久华不但为革命军缝制过大量军服,而且做过中山装,为此,孙中山曾亲自登门致谢、慰问,其后曾有多次往来。[2] 孙中山在广州就任非常大总统后,他的外甥程炳坤到广州想谋得一个职务,孙中山认为外甥不适合担任军政职务,考虑他擅长裁缝手艺,便让副官马湘帮助外甥在广州开办了一家新式裁缝店。

孙中山与这么多的裁缝交往,既是他进行服饰变革的需要,也是他亲身参加服饰变革实践的见证。孙中山不愧是中国近代服饰变革的实行家。

四、红帮裁缝:中西服饰文化交流融合的践行者

红帮是中国服装史上人数最多、分布最广、成就最大、影响最深远的

---

〔1〕 季学源、陈万丰:《红帮服装史》,宁波出版 2003 年版,第 170 页;季学源等:《红帮裁缝评传》,浙江大学出版社 2011 年版,第 58—62 页。

〔2〕 详见陈万丰:《创业者的足迹》(宁波博物馆 2003 年编印)第 347 页爷爷的"庆丰和",孙中山与史久华有多次往来。

服装革新流派[1]。红帮形成于中国近代,发展于中国现代,他们不仅是颠覆中国旧服制的主力军,而且揭开了中国服装业现代化的序幕,在中国服装史上树立了光辉的里程碑。

红帮这一裁缝群体主要源于浙江宁波奉化江两岸的本帮裁缝。19世纪末期,宁波奉化江两岸精于制作长袍马褂的本帮裁缝纷纷远离家乡,走南闯北,其中不少本帮裁缝在早期漂洋过海远赴日本,在横滨、东京等地学习西洋服装制作技术,成了专业制作洋服的裁缝。20世纪初,正是中国服饰变革之时,服饰西化已成大势,于是不少裁缝相继回归祖国,在上海等大城市经营洋服店,培养出一批批缝制西服的高手。这样,国内外遥相呼应,这种制作洋服的宁波裁缝由少到多,渐成规模,终至形成一个服装流派——红帮裁缝。因此,从某种意义上说,19世纪末20世纪初,日本在中西服饰文化交流上处于媒介的地位,而红帮裁缝则是中西服饰文化交流融合的践行者:日本人首先引进了西方服饰文化,中国裁缝通过日本人接受了西方服饰文化,然后再将它传播到中国,并在不断的实践中,与中国传统服饰文化融合在一起,达到了真正意义上的中西服饰文化交流与融合。

19世纪末期,源于西欧几经改革逐步完善、定型的西服,开始向世界各地传播。由于它的科学性、民主性和新颖的审美意义,西服遂为世界各民族进步人士所认同、欢迎,于是在全世界迅速传播开来。随着"西风东渐"的历史潮流,西服亦随之"东渐"。由于内外多种因素,促成中国、日本等亚洲国家政治上的改良、革命运动风起云涌,改良派和革命派都呼吁服饰改革,采用西服是其重要举措之一。

红帮大致孕育于西服在西欧定型并开始向东方传播的这个历史时期,即清同治、光绪年间。这一时期,中国国内正是戊戌变法运动和辛亥革命酝酿时期,康有为、梁启超提出服饰改良要求,孙中山等革命先行者呼吁尽易旧服。这一时期,也正是日本明治维新时期。此期间,日本政府

---

〔1〕 季学源等:《红帮裁缝评传》,浙江大学出版社2011年版。

以学习和引进西方文化为主要目的，由天皇下诏颁布一系列改革措施。在服饰改革上，为了彻底改革旧制，1871 年日本政府就颁布了《断发脱刀令》，次年又颁布了第 373 号《太政官布告》，废除封建礼服，改用西式服装。雷厉风行，从官方到民间，自上而下掀起了剪西式发型、穿西式服装的热潮。不但如此，以后又陆续制定了军服、警察服、铁路职工服、学生装、教授服、国民服等制服，国民服饰具有极强的统一性。这对孙中山先生多年来号召改革服制、康梁变法派多年来上书要求改革服制都无成效的中国人来说，日本的成功经验是现实而又易于学习的，于是在中国，掀起了一波学习日本的大潮，很多有识之士纷纷东渡日本，考察、学习日本的维新经验，并且把向日本取经作为"西风东渐"的捷径。这其中有清朝官员，有以康有为和梁启超为首的改良派人物，有以孙中山为首的民主革命家，有大批明智思变的知识分子，有青年学子，还有普通工商业者，他们忍辱负重，发愤图强，立志改变祖国落后的面貌。

在这股东渡大潮中，还有不少红帮前辈——宁波裁缝，络绎不绝地来到日本横滨、东京、神户等城市学习西服制作技术。他们中有的是因生计所迫，被动离乡背井；有的却是审时度势，感受到了东渐之西风，主动去日本考察、探索"西服东渐"的经验。他们中有的在日本学习了西服裁制技术后就回国创业，有的则留在日本开办洋服店，有的则频频往返于中国与日本之间。因为行之有效，产生了连锁效应，颇有"一人唱之，万人和之"的气象，其后去日本、去俄国、去朝鲜学习考察的"西式裁缝"日益增多。到 20 世纪 20 年代，他们中的很多人，都成为红帮的元勋和创业者，成为中国服装革新的领军人物、骨干分子。

张氏裁缝家族（图 8-4-1）。宁波鄞县孙张漕村，一直被红帮研究者赞为红帮第一村。该村的张尚义家族被红帮研究者誉为"裁缝世家"[1]。

---

〔1〕 陈万丰、钟正扬：《红帮鼻祖——张尚义及其裁缝世家》，载季学源等：《红帮裁缝评传》，浙江大学出版社 2011 年版。

尽管近来有研究者著文颠覆了"张尚义横滨学艺"说[1]，但是张尚义家族在中国服装革新、在中西服饰文化交流过程中的地位和所起作用是不可低估的。

图 8-4-1

张尚义之子张有松（1803—1875）在横滨开港之初便在横滨山下町 31 番经营过同义昌洋服店，他的堂兄弟张有福于 1861 年在横滨山下 16 番经营公兴昌洋服店；张有松的儿子、孙子也在日本经营洋服店。据张师贤（张尚义第三代孙）说："我十五岁到日本，在张有松裁缝店学生意，店名同义昌"，"店里已有 100 多人，已经蛮大"。张师贤出生于 1901 年，他 15 岁时，张有松已经离世 40 年。因此，他说的"同义昌"应该是当初张有松创办的、后由其子孙后代经营的裁缝店。

张氏家族在横滨服装界、华侨界影响最大的当首推张方广先生。可以说，他是一个为张氏裁缝家族光宗耀祖的人物，也是宁波近现代服装史上一个值得记述的人物。其父张有宪，为张有松的堂兄弟，清光绪三十一年（1905 年）去横滨经商。张方广出生在日本，成长在日本，大学毕业后继承父业，在横滨市中区山下町七十三番地开办汤姆森商会，经营西服业。张方广技高德美，在日本华侨界颇有声誉，先后当选为横滨华侨联合会副会长、会长，担任京（东京）滨（横滨）"三江"（浙江、江西、江苏）公所会长。

与张尚义家族走同一条道路去日本学做西装的还有鄞县、奉化等县其他一些人。如姜山镇的孙通江及其子孙。据孙氏后代及同村老人回忆，孙通江在日本神户开办益泰昌洋服店的时间，大致和张氏家族在横滨创办西服店的时间相近。孙通江因病回国后，"益泰昌"由长孙孙友益经营。不久，孙友益回国，"益泰昌"转交给同乡周盛赓经营，"益泰昌"被做

---

〔1〕 季学源等：《红帮裁缝评传》（增订本），浙江大学出版社 2014 年版。

大做强，其子周铭正曾任中日友好三江理事会会长。在"益泰昌"工作过的孙氏、周氏家族的人很多，如孙锦之、孙修生、孙铭利、周赓阳、周海山、周庆任、周万里等，他们后来有的定居日本，有的回国经营服装业，分别在上海、汉口、九江、南京、宁波、重庆、天津等地经营现代服装店，也都成为早期的现代裁缝世家。他们的史迹在《横滨市史稿·产业编》、《横滨开港五十年史》、《横滨华侨社会的形成》以及《日本震灾惨杀华侨案·鄞县侨人教员汪心田劫后余生记》、《横滨华侨史概观·洋服店》等日本历史史料中均有所记述。

奉化江口镇是红帮的重要源头之一。在红帮孕育期中，王昌乾是全村迁徙上海第一人。清咸丰八年（1858 年），他的儿子王睿谟随父亲去上海学习裁缝手艺，明治维新后，传来日本服装改革以及中国裁缝在日本学习革新服装的消息，王睿谟毅然决定去日本学习，到大阪后探骊得珠，掌握了全套西服制作技艺。光绪十七年（1891年），王睿谟和几位同乡回到上海，1900 年开办了王荣泰洋服店，后来成为红帮名店，由中国裁缝在中国自己的城市里，用中国的面料为中国革命

图 8-4-2

的先驱者之一徐锡麟制服了一套西服，被后来人誉为红帮"第一套西服"[1]。其子王才运（图 8-4-2）后来更成为上海红帮的领军人物。

江良通是红帮孕育期出现的又一位"创世纪"人物。他是奉化县江口镇前江村人，他也听说很多奉化人下东洋学做西服的情景，于是和弟弟良达东渡横滨，结识了已在那里的服装界老乡，顺利学到了西服手艺。光绪二十二年（1886），兄弟俩回到上海，开创了和昌号洋服店，这是中国最早

---

〔1〕　关于第一件中国裁缝做的西装，有不同的说法。待考。

开办的西服店之一。[1] 其子辅臣从上海圣芳济学院毕业后,承接父亲的事业,后来成为上海市西服业同业公会的主要领导人之一。江氏后代出现了多名红帮高手。

顾天云(图 8-4-3),鄞县下应镇人,生于 1883 年,15 岁去上海做学徒,满师后即去日本,1903 年在东京开办宏泰洋服店,几年后,又由东洋去西洋,到西服发祥地考察,1922 年回国,次年在上海继续经营宏泰西服店。在红帮发展历程中顾天云创立了三大功勋:开创红帮服装科学文化研究之先河,为红帮的光辉事业奠定了科学文化根基;编著了中国第一部现代服装专著《西服裁剪指南》,当时即被人誉为"革新之准",成为中国服装史上和红帮发展史上一座辉煌的里程碑;在培养红帮

图 8-4-3

接班人方面,顾天云更倾注了主要精力,先后参与红帮商店联合举办的服装培训班、夜校、上海裁剪学院、上海市西服工艺职业学校,不但是主要创办人,而且是主要专业教师,被誉为一代红帮名师。

红帮孕育期中先后去日本的宁波人还有很多,诸如鄞县的董笙鹿、董笙奎、王震葆、邵根财曾去横滨,李贵常曾去东京,张士康、洪友钰曾去神户。奉化胡平安曾去冲绳县志川市,孙通钿也曾旅日。奉化县的应兆文、邬德生曾去横滨,邬德生还和张有福过往甚密。慈溪县的陈圭堂、董仁梁曾旅神户。镇海县的朱炳赓也曾去横滨。先后东渡的宁波裁缝,是不胜枚举的。后来,他们当中有的人留居日本,多数则回国创业。他们和他们的后人、徒弟,多成为不同时期红帮的知名人物,为红帮的辉煌事业建树

---

[1] 关于中国裁缝开办的第一家服装店,已有 3 种说法。一是江良通 1896 年在上海开办的和昌号西服店之说(见《红帮服装史》第 68 页);二是邬顺昌(李顺昌)1879 年在苏州开办西服店之说,见诸宁波报端;继而又有汪天泰于 1871 年由上海到北京开办西服店之说(见徐祖光《北京的红帮裁缝》一文。《宁波帮与中国近现代服装业》采用此说)。谁为中国第一家西服店,宜继续考证。由此,红帮研究初期提出的红帮开创"五个第一"之说,亦待考定。

了功勋。

红帮研究者曾多次对红帮这一群体做出高度评价："红帮，是中国近现代服装史上成就最卓著、影响最深远的一个裁缝群体、服装流派。"〔1〕"红帮是开创中国近现代服装的先头部队、主力部队，是中国服装现代化早期最大最重要的创业群体。"〔2〕"是中国服装科学研究的开拓者"，"是中国服装职业教育的先驱者"〔3〕……

纵观诸多评价，大多着眼于红帮在中国近现代服饰史上的地位、影响、贡献而言，很少甚至可以说没有研究者明确地将红帮裁缝与中西服饰文化交流融合相联系。红帮裁缝是中西服饰文化交流融合的践行者，在中西服饰文化交流领域这一裁缝群体至少做出了两大贡献。

第一，引进西方服饰文化理念和服装裁剪技术，并与中国传统服饰文化相融合，创造性地完成了中国近代服饰大变革，揭开了中国服饰现代化的序幕。

中华民族素有礼仪之邦之美誉，人们穿着讲究体面，加之受儒家、道教思想的支配，因而崇尚统一、优美、中和、神似、儒雅、对称等美感，其服装在款式上更多地表现为含蓄、端正、严谨和大方之风，用宽松的服饰包裹人体，崇尚自然和谐之美，体现出"天人合一"的宇宙观。

西方服饰文化强调的是突出人体美。现实世界里真正完美的人体不多，西方服饰却可以在突出人体之美方面起到弥补的作用。它往往调动造型手段，运用立体裁剪方法，通过调整服装的轮廓线、分割线、比例、色彩来弥补人体缺陷，在服饰作用下显示出形体美。

红帮裁缝既秉承中华民族服饰传统观念，又积极引进西方服饰文化理念，他们在服饰实践中巧妙地将两者糅合起来，创造出一款款中西合璧的典范之作。

---

〔1〕 季学源、陈万丰：《红帮服装史》，宁波出版社 2003 年版。
〔2〕 季学源等：《红帮裁缝评传》，浙江大学出版社 2011 年版。
〔3〕 季学源：《红帮历史功绩举要》，《宁波服装职业技术学院学报》2003 年第 3 期。

譬如中山装。中山装是以孙中山为代表的民主革命领袖与红帮裁缝共同谋构的作品,前者以设计为主,后者以制作实践为主。

中山装的设计体现了中西服装设计理念的统一。中国的服饰自两周深衣开始,到魏晋南北朝的袍服,隋唐时期的圆领缺胯袍,宋代的袍服,明代的补服,直至清代的长袍马褂,宽衣博带长裙雅步是其主要特征。这种服式不适于现代化机器生产时期,早在维新时期,康有为等人就已痛陈其弊端,力主仿效西方服饰。孙中山先生更是在"发扬吾固有之文化,且吸收世界之文化而光大之,以期与诸民族并驱于世界"的先进文化观指导下,从保护国货,发展民族工业的高度出发,结合中国人的穿衣习俗,提出了制作中国人自己服装的4条原则:适于卫生,便于动作,宜于经济,壮于观瞻。在这样的服饰文化观念指导下,设计者和红帮技师们取西服基本模式,经过多次设计、实践,不断完善,逐渐改进,最终于20世纪20年代定型。定型后的中山装除了基本模式与西装相同,其他关键部位如领襟、细节处如扣袋等都做了很大的改变。一是服装的长度大大缩短,中山装比起西式礼服更经济,更合体,更便利。二是依据国人穿衣习惯对领子作了很大的改进,取中国袍服的特点将大翻领改为关闭式的立翻领,以免前领窝处受冻;取西服衬衣领子挺括之优点,将其移植到中山装的领子上,这样就兼具了西服上衣、衬衣和硬领的功用,穿起来显得很硬挺,很精神。三是细节处糅进了许多中国传统文化意识:4个口袋代表礼、义、廉、耻国之四维,有毋忘传统美德之象征意义;5个门襟扣象征立法、司法、行政、弹劾、考试这五权宪法;3个袖扣则是表征着民族、民权、民生,即三民主义;衣袋上的4个纽扣则含有人民拥有的选举、创制、罢免、复决四权;盖兜的倒山形是笔架的象征,表示对文化人的倚重。

中山装的制作融汇了中西服装制作技术。中山装是西服中国化的成功之作,它在制作中运用西服的裁剪技艺,注重人体的比例和生理特征,以胸围尺寸为主导,分段剪裁,其肩位、胸背、袖窿,按胸围的一定比例加以精确计算,再通过垫肩、收省的技术,突出人体的曲线造型,使之穿着更加合体。在缝制过程中又运用了中国传统服装制作中的缝、撬、镶、滚、绣、绞、拔、搬的工艺，使中西缝纫技术有机地融合一体，有力地推进了中国服装业的发展。

中山装的创制是中西服饰审美理念的统一。中山装是借鉴西服这一服装样式的，因此，它具有西装这一西方服饰审美文化的特征。主要表现在注重人体造型，注重借服饰来体现和传达人体美的美感。譬如肩部衬上垫肩，显得平直、饱满，可以弥补溜肩缺陷；胸部垫胸衬，使胸部平整、挺括、丰满；腰节处略加收拢，既不影响舒适性，又给人一种收腰挺胸、凝重干练的美感，充分体现了人体美。但中山装的整体造型又表现出严谨、整饬的中华民族传统风格。它将西服的敞领改为关闭式立翻领，5 个门襟扣从领脚处开始成直线型向下，硬领处又装以风纪扣，将领子严严实实地关上，符合中国人内向、持重的性格特征；它将西装的 3 个没有实用价值的暗袋改为 4 个明袋，如此"双双"、"对对"，颇具均衡对称之感，很符合中国人的审美心理；左上袋盖靠右线迹处留有约 3 厘米的插笔口，用来插钢笔，下面的两个明袋裁制成可以涨缩的"琴袋"式样，用来放书本、笔记本等学习和工作必需品，衣袋上再加上软盖，袋内的物品就不易丢失，这样的设计不仅美观，更主要的是实用，是中国服饰文化中讲究的"利身便事"的服饰审美观的体现。图 8-4-4 为中山装的演变。

| 七粒扣中山装 | 六粒扣中山装 | 五粒扣中山装 | 中山装定型 |

图 8-4-4

譬如旗袍。旗袍也是中西服装技术融合的典范之作。旗袍本是满族女子穿着的一种长而宽大的服装，它为直筒式，无法显示女性身材特征。从清末开始，旗袍这一服装款式在悄然地发生变化，到了辛亥革命以后，尤其是 20 世纪 20 年代开始，旗袍改良者之一红帮裁缝与其他改良者一起，在继承中国传统服饰的基础上，大胆地将西方服饰理念和造型艺术引入到旗袍设计领域，不断地改进旗袍款式、造型，和裁剪、制作方法，把中西女装的长处有机地融合在一起。

在设计上，旗袍大胆引进了西方服饰强调表现人体美，追求塑造女性胸、腰、臀三围曲线这种理念，采用胸省和腰省，使得袍身贴体，让女性纤细的腰身衬托着高耸的乳房。同时第一次出现肩缝和装袖，使肩部和腋下都变得合体了。还有的在肩部衬以垫肩，谓之"美人肩"。这种改良旗袍的出现，奠定了现代旗袍的结构。从此，旗袍彻底脱离了旧有形式，已然成为中华民族独具特色的"国服"了。

除了整体造型的西化，旗袍的局部采用西式服装艺术化的装饰。譬如荷叶领、开衩领、西式翻领及荷叶袖、开衩袖等的设计，有的下摆也缀荷叶边并作夸张变形。再如领子形制的改革，从最初卡住整个喉咙、抵住下颚的高领，逐渐演变到低领，直至露出颈项和项饰，继而又把肩部改为吊带式，让前胸后背全都袒露在外，这种改革既是借鉴西方服饰文化的袒露传统，又是对中国大唐女子半露粉胸服饰遗风的继承，是中西服饰文化优良传统在新的历史条件下互相融合的结果。图 8-4-5 为旗袍的演变。

再譬如西服的制作。由于不同地域有着不同的文化传统和审美习惯，所以世界上不同国家和地区的西服也都有着自己独特的风格。法国的西服，大多讲究腰身线条的性感，款式注重收腰贴身，背挺肩拔；意大利的西服采用圆润肩型、长腰身、线条流畅的温情造型；美国人强调轻松随意，肥大宽松；德国西服则使男人显得健壮、高大、威严。在中国，南北各地人们的生活环境、形体、气质与习性也存在差异，所以西服也有差异。北方男西装参照西欧和北欧的风格；在南方，上海人的服饰与日本人服饰

图 8-4-5

有些共同点,广东等地男西服则与港澳地区接近。因此,出现了西服的
"罗宋派"、"英美派"、"犹太派"、"日本派"、"印度派"等。以上海的红帮人
为例,他们在学做西服的过程中,没有生搬硬变,他们一方面借鉴西服之
优长和先进的裁剪技法,另一方面又在长期的实践中观察研究上海人的
体型,力图从实际出发,创作出符合上海人身材、体型、审美爱好的西服,
体现中国人的气质、生活需求和审美习惯。经过不断试验,终于在 20 世
纪三四十年代成功地创造出与海派文化融为一体的具有中国作风和中国
气派的海派西服。海派西服具有肩薄腰宽、轻松挺拔的特点,它凝聚了红
帮人的智慧和才能,是红帮人又一次将中西服饰文化巧妙融合的成果。

第二，将中国服饰文化理念和服装缝制技术传向世界，让世界了解和认识中国服饰文化，分享中华民族的智慧。

红帮裁缝是在本帮裁缝的基础上发展起来的。宁波地区本帮裁缝在19世纪末20世纪初走南闯北离乡背井远赴日本、海参崴，以及北京、上海、武汉等国内的一些大城市从事西服制作行业。在长期的实践中，探索出了西式服装制作的"四功"、"九势"和"十六字标准"，成为中国西式服装工艺的经典。

四功，即刀功、手功、车功、烫功。是红帮裁缝制作西服的四种主要功夫。

刀功，是指以裁剪技术为主的造诣，它包括观察人的体形、测量人体基础尺寸、制定成衣规格、选择面辅料、画裁剪图、裁剪。手功，是指运用手针缝纫的功夫，主要有扳、串、甩、锁、钉、撬、扎、打、包、拱、勾、撩、碰、搀等14种手法。车功，指操作缝纫机的水平，要求熟练、快速、准确，并需达到服装造型所需的平直、圆顺、里外匀的效果。烫功，指熨烫服装的技能，其手法有推、归、拔、压、吹等，使服装更适合造型美。

九势，是指肋势、胖势、窝势、凹势、翘势、剩势、圆势、弯势、戤势。是红帮裁缝对成衣的塑形与造势，多指刀工中的裁剪技巧。

肋势，是指西服袖窿以下部位的造型与人体肋部走势一致，避免前后衣片拼合的分割线出现斜向的皱纹弊病。胖势，是指西服对应人体腹、臀部位，应做出与人体相吻合的"饱满凸势"，避免服装的相应部位死板没有"胖度"，致使人体腹、臀部位产生指向"凸面中心"的皱纹。窝势，是指服装领子、驳头、袋盖、衣襟角等部位的成型之势，避免这些部位向外翻翘。凹势，是指服装围绕腰位的（相对于上方的胸凸，下方的臀凸）收腰造型，也称"吸势"，特别要求成衣的后腰部位呈现明显的收腰造型之势，避免衣片面料余量堆积。翘势，是指西服肩部、后腰下臀部的凸翘之势，避免肩部的衣片"压肩"，后腰下臀部衣片"紧裹臀部"的现象。剩势，是指服装侧摆部位的多出造型，或腋下侧后的活动余量，前者满足吸腰放摆的造型效果,后者满足手臂活动的功能性要求。圆势,是指服装成型的"圆润饱满"之势,常指男女服装的袖山头和女子服装的胸部造型,避免塌陷不圆的现象。弯势,是指服装上衣的袖管,下装的库管顺手臂和下肢的弯曲造型,避免成型的袖管和裤管反拐或扭曲。戤势,是指相依合的两面或多个层面的"相融洽依靠",如上衣下摆戤合裤子臀部、翻领戤合肩背部、袋盖或明袋戤合大身、左右衣襟相互戤合、"面子戤合里子"等诸多部位的造型要求,避免相关部位不依不随的脱离形态。

十六字标准,即平、服、顺、直、圆、登、挺、满、薄、松、匀、软、活、轻、窝、戤。是指红帮裁缝对每件成衣的工艺技术标准和要求。

平,是指成衣的面、里、衬平坦、不倾斜,门襟、背衩不搅不豁,无起伏。服,是指成衣不但要符合人体的尺寸大小,而且各部位凹凸曲线与人体凹凸线要相一致,俗称"服帖"。顺,是指成衣缝子,各部位的线条均与人的体型线条相吻合。直,是指成衣的各种直线应挺直,无弯曲。圆,是指成衣的各部位连接线条都构成为平滑圆弧。登,是指成衣穿在身上后,各部位的横线条(如胸围线,腰围线)均与地面平行。挺,是指成衣的各部位要挺括。满,是指成衣的前胸部要丰满。薄,是指成衣的止口、卜头等部位要做得薄,能给人以飘逸、舒适的感觉。松,是指成衣的宽松度,不拉紧、不呆板、能给人一种活泼感。匀,是指成衣面、里、衬要统一均匀。软,是指成衣的衬头挺而不硬,有柔软之感。活,是指成衣形成的各方面线条和曲线灵活、活络,不给人呆滞的感觉。轻,是指成衣的重量轻,穿着感到轻松。窝,是指成衣各部位,如止口、领头、袋盖、背衩,都要有窝势。戤,是指成衣相叠合的两面或多个层面的"相互融洽依靠",避免相关部位不依不随的脱离形态。

红帮裁缝在西服制作上还有一套繁复的工艺流程:先量体,选择面料,然后划样制图、裁剪、缝纫、扎壳。先出毛壳,请顾客试穿,成为光壳后,再次试穿。有的需试样3~4次,试一次,修改一次,边试边改,直到满意为止。最后进入整烫、锁眼、钉扣。红帮裁缝制作西服从衣片上打线钉标志算起,到成衣,整个工序多达 130 余道。这些工序中的缝纫,除直向缝合用缝纫机外,其余都得用手工缝制。红帮裁缝还善于对身体有缺陷的顾客,如斜肩、驼背、将军肚、体瘦等,采取各种缝纫方法,使之穿上西服后,能恰到好处地掩盖缺陷。

红帮裁缝以服装制作为平台,在中西服饰文化交流领域里,将这种精益求精的服饰文化理念和精湛的服装制作技术传向世界,让世界了解和认识中国,让世界分享中华民族的智慧。

首先是通过我国港澳台地区,向世界传播中国的服装制作技术。

在香港。至 20 世纪 30 年代,服装业还较落后。40 年代到 60 年代,由于内地西服业衰落,很多红帮服装企业移师香港。据不完全统计,香港制衣业 1950 年有 41 家,1955 年增至 99 家,1965 年已达 1514 家。从上海迁去的红帮名店、红帮裁缝成为香港制衣业的开拓者,成为香港工业革命的一支主力军。在 1992 年印行的《香港服装史》中就有明确阐述:"香港西装与意大利西装同被誉为国际风格和最精美的成衣,全因香港拥有一批手工精细的上海裁缝师傅。"[1]所谓"上海裁缝师傅",其主体就是红帮裁缝。

对此,凤三在《上海闲话》中做了说明:"在旧日上海,男子西装裁缝称'红帮裁缝',以宁波人最占势力。目前香港的'上海西服店',亦俱宁波人开设,一级、二级用上海裁缝无疑,即宁波裁缝。"著名的红帮名店有许达昌的"培罗蒙"(图 8-4-6 为香港"培罗蒙"裁神蒋家埜)、陈荣华的"W·W·CHAN & SONS"、王铭堂父子的"老合兴"、张瑞良的"恒康"、车志明的"利群"、尉世标的"锦锠"(曾为美国总统克林顿制装)等。

香港红帮名店度身定制的每一件西服,均可以作为一件精美的工艺品加以鉴赏。所以,美国知名的购物指南 *Gault Millau-the Best of Hong Kong* 在评价香港一家红帮服装店时说:"假如你想挑选最好的欧洲面料配合比较传统款式的西服,这家店你一定会满意,价格高一点,但物有所

---

〔1〕 吴昊:《香港服装史》,香港次文化堂 1992 年版。

值，工艺和品质是完美的。"

在台北。台湾西服业发展较早较快，这为红帮向台湾拓展提供了条件。20世纪40年代末国民党政府败退台湾，带去了大批喜爱穿西服的人，同时也带去了相当多的红帮裁缝。在台湾，六七十年来，

图 8-4-6

西服业的发展与大陆有所不同，从未间断过。因之，在台北有不少西服店发展成为享誉海内外的名店，"汤姆"、"格兰"、"培罗蒙"等均是。这些西服店的根都在上海等地，格兰西服公司便是显例。

"格兰"的创始人包启新，就是20世纪40年代末随红帮师傅钱世铭由上海迁往香港的。70年代，他由香港迁往台北，创办了"格兰"。和40年代由上海霞飞路迁往台北的"汤姆"一样，后来都成为台湾的顶级名店。在包启新经营近20年时，当地青年陈和平（图8-4-7）来到"格兰"拜师学艺。此人颇得包启新的赏识，遂成为得意门生。陈和平不但忠实地承传了红帮的精神风范、经营理念和独特技艺，而且敢于、善于开拓创新。1992年包启新打算退休，遂将"格兰"交给了陈和平。陈和平不负恩师厚望，在服装设计、工艺创

图 8-4-7

新、科技研发诸方面，都很快取得了骄人的成果，从而昂首阔步走向国际T形舞台，积极参加国际服装顶级赛事，风采凛然地与各国服装大师切磋技艺，交流经验，进一步弘扬了红帮前辈的"洋为中用，中为洋用"的双向

交流传统。从 2002 年起,陈和平连续多年在国际性的赛事中获得多项大奖,被台湾消费者誉为"天王级"名师,"世界级剪刀手"。

其次,在海外不少国家,都有红帮西服店。特别是在对中国近代服饰变革有着直接影响的日本,红帮名店尤其多。

在东京。日本东京的红帮裁缝声望最高的当推戴祖贻。戴祖贻,宁波镇海县霞浦镇戴家村(今属宁波市北仑区)人,1934 年 6 月份年仅 13 岁到上海拜许达昌为师(图 8-4-8 为许达昌和徒弟戴祖贻),他很快掌握了西服缝制的必备技艺。随许达昌迁往香港后,许达昌派他到日本开拓事业。经过几年的打造,"培罗蒙"西服店在东京的影响与日俱增。再次去日本的红帮名师顾天云也曾去东京"培罗蒙"参与打理。1964 年,奥运会在东京举行,"培

图 8-4-8

罗蒙"高级的面料、精湛的工艺、周到的服务吸引了一批又一批的团队游客,"培罗蒙"也借此扩大了知名度。1969 年,许达昌将所有在日本的"培罗蒙"资产转让给戴祖贻。戴祖贻没有辜负业师的期望,1990 年在东京帝国饭店开业,先后为美国总统福特(图 8-4-9 为戴

图 8-4-9

祖贻与美国前总统福特的合影)和日本政要、商界领袖、文体明星等精制了数以万计精美绝伦的西装,戴祖贻的名字伴随"培罗蒙"品牌,飞向世界很多国家。

在神户。日本神户有两位有口皆碑的红帮裁缝。一位是原日本兵库县浙江同乡会会长卢德财,1911 年生于宁波大来街,16 岁到神户,1943 年拜国信洋服店老板汪和生为师。另一位便是汪和生(图 8-4-10)。

汪和生是奉化人,20 世纪 20 年代意气风发去日本闯荡,在神户闹市

区东亚路创办了幸昌洋服店,并长期在那里经营。20世纪50年代末,得知奥运会将在日本举行,汪和生抓住商机,局面大开。后又适时调整经营方向,向日本女装市场进发。几年工夫,便成为神户数一数二的服装名店,影响普及全日本。著名模特伊岛小姐参加在法国举行的世界名模大赛时,特地委托汪和生为之设计服装;日本出席世界妇女大会代表的服装也是委托汪和生制作的。

图 8-4-10

在横滨。横滨是宁波裁缝最早学习西服技艺之地,与红帮裁缝结下了不解之缘。除了前面所述的,鄞县张氏家族、董笙鹿、董笙奎、王震葆、邵根财,奉化县的应兆文、邬德生,镇海县的朱炳赓都曾在横滨从事西服制作。去横滨的红帮裁缝中,还有镇海县的刘忠孝,同行的有鄞县茅山镇花园村的陈阿财、陈根财兄弟,他们在横滨创办了隆兴洋服店。日本"三菱"、"三井"等大财团职工以及日本皇族的人士都曾光顾"隆兴",可见其产品之声誉。抗日战争期间,刘忠孝回国,抗战胜利后返回,重振旧业。日本首相大平正芳、田中角荣访华时,都曾请"隆兴"制作服装。陈阿财的子孙继承了祖业,将"隆兴"更名为"隆新",主营中国的改良旗袍。他们不但向海外传播了中国服装制作技术,而且将中国女性最美的服装——旗袍推向了世界服装舞台。

主要参考文献

著作

1. 司马迁. 史记[M]. 北京：中华书局,1959.

2. 班固. 汉书[M]. 北京：中华书局,1962.

3. 范晔. 后汉书[M]. 北京：中华书局,1965.

4. 陈寿. 三国志[M]. 中华书局,1959.

5. 魏收. 魏书[M]. 北京：中华书局,2000.

6. 魏征. 隋书[M]. 北京：中华书局,2000.

7. 王钦若. 册府元龟[M]. 北京：中华书局,1989.

8. 刘昫. 旧唐书[M]. 北京：中华书局,1975.

9. 欧阳修. 新唐书[M]. 北京：中华书局,1986.

10. 房玄龄,等. 晋书[M]. 北京：中华书局,2000.

11. 沈约. 宋书[M]. 北京：中华书局,1974.

12. 脱脱. 辽史[M]. 北京：中华书局,1974.

13. 脱脱. 金史[M]. 北京：中华书局,1975.

14. 李延寿. 南史[M]. 北京：中华书局,1975.

15. 姚思廉. 梁书[M]. 北京：中华书局,1973.

16. 李百药. 北齐书[M]. 北京：中华书局,1972.

17. 司马光. 资治通鉴[M]. 北京：中华书局,1956.

18. 张廷玉. 明史[M]. 北京：中华书局,1974.

19. 明实录[M]. 台湾"中央研究院"历史语言研究所,1968.

20.罗炳良.中华野史·辽夏金元卷[M].济南:泰山出版社,2000.

21.吉林大学边疆考古研究中心.乐浪文化:以墓葬为中心的考古学研究[M].北京:科学出版社,2007.

22.江少虞.宋朝事实类苑[M].上海:上海古籍出版社,1981.

23.高春明.中国服饰名物考[M].上海:上海文化出版社,2001.

24.周锡保.中国古代服饰史[M].上海:中国戏剧出版社,1984.

25.刘子敏,等.中国正史中的朝鲜史料(第二卷)[M].延吉:延边大学出版社,1996.

26.王忠和.韩国王廷史[M].北京:团结出版社,2006.

27.吴晗.朝鲜李朝实录中的中国史料[M].北京:中华书局,1980.

28.崔溥.漂海录——中国行记[M].葛振家点注.北京:社会科学文献出版社,1992.

29.周一良.中外文化交流史[M].郑州:河南人民出版社,1987.

30.蔡凤书.中日交流的考古研究[M].济南:齐鲁书社,1999.

31.赵丰,郑巨新,忻亚健.日本和服[M].上海:上海文化出版社,1998.

32.陈桥驿.与日本学者交流两国史前文化.载:吴越史地研究会.吴越文化论丛[M].北京:中华书局,1999.

33.吴树生,田自秉.中国染织史[M].上海:上海人民出版社,1986.

34.王勇.日本文化[M].北京:高等教育出版社,2001.

35.何芳川.中外文化交流史[M].北京:国际文化出版公司,2008.

36.浙江大学日本文化研究所.日本历史[M].北京:高等教育出版社,2003.

37.孙机.中国古舆服论丛[M].北京:文物出版社,1993.

38.沈福伟.中西文化交流史[M].上海:上海人民出版社,1985.

39.赵建民,刘予苇.日本通史[M].上海:复旦大学出版社,1989.

40.叶渭渠.日本工艺美术[M].上海:上海三联书店,2006.

41. 杨旸.明代东北史纲[M].台北:台湾学生书局,1993.

42. 杨旸,袁闾琨,傅朗云.明代奴儿干都司及其卫所研究[M].郑州:中州古籍出版社,1982.

43. 朱舜水著.朱谦之整理.朱舜水集[M].北京:中华书局,1981.

44. 宋成有.新编日本近代史[M].北京:北京大学出版社,2006.

45. 中国史学会.戊戌变法[M].上海:神州国光社,1953.

46. 孙中山选集[M].北京:北京人民出版社,1981.

47. 季学源,陈万丰.红帮服装史[M].宁波:宁波出版社,2003.

48. 季学源,等.红帮裁缝评传[M].杭州:浙江大学出版社,2011.

49. 竺小恩.中国服饰变革史论[M].北京:中国戏剧出版社,2008.

50. 竺小恩.敦煌服饰文化研究[M].杭州:浙江大学出版社,2011.

51. 朝鲜社会科学院历史所.朝鲜全史(卷二)[M].刘永智译.1979.

52. 金富轼.三国史记(校勘本)[M].孙文范校勘.吉林:吉林文史出版社,2003.

53. 郑麟趾.高丽史[M].朝鲜科学院,1957.

54. 金宗瑞.高丽史节要[M].东京:明文堂,1991.

55. 韩国学文献研究所.高丽史(上)[M].香港:亚细亚文化社,1990.

56. 柳喜卿.韩国服饰史研究[M].首尔:梨花女子大学出版部,1983.

57. 舍人亲王.日本书纪(上)[M].东京:株式会社岩波书店,1967.

58. 间宫林藏.东鞑纪行(中卷)[M].黑龙江日报(朝鲜文报)编辑部,黑龙江省哲学社会科学研究所译.北京:商务印书馆,1974.

59. 安积觉.舜水朱氏谈绮序.载:朱氏舜水谈绮[M].上海:华东师范大学出版社,1988.

60. 信夫清三郎.日本政治史(第一卷)[M].上海:上海译文出版社,1982.

61. 东京大学史学会.明治维新史研究[M].东京:东京富山房,1930.

62. 藤间生大.近代东亚世界的形成[M].东京:春秋社,1966.

63.实藤惠秀.中国人留学日本史[M].北京:生活·读书·新知三联书店,1983.

论文

1.黄历鸿,吴晋生."箕氏朝鲜"钩沉[J].北方文物,2001(3).

2.张博泉.箕子"八条之教"的研究[J].史学集刊,1995(1).

3.张碧波.关于箕子东走朝鲜问题的论争——与阎海先生商榷[J].北方文物,2002(4).

4.张碧波.箕子论——兼论中国古代第一代文化人诸问题[J].北方论丛,2004(1).

5.苗威,刘子敏.箕氏朝鲜研究[J].东北史地,2004(8).

6.苗威.箕氏朝鲜同周边国、族的关系[J].东北史地,2008(3).

7.张碧波.卫氏朝鲜文化考论[J].社会科学战线,2002(4).

8.李英武,郝淑媛.古代中韩文化交流探析[J].东北亚论坛,2005(5).

9.张碧波,喻权中.汉四郡考释[J].学习与探索,1998(1).

10.赵俊杰.乐浪、带方二郡的兴亡与带方郡故地汉人聚居区的形成[J].史学集刊,2012(3).

11.王培新.乐浪遗迹的考古发掘与研究[J].北方文物,2001(1).

12.苗威.论古朝鲜与中原王朝的关系[J].博物馆研究,2008(2).

13.郑春颖.高句丽遗存所见服饰研究[D].吉林:吉林大学,2011.

14.王婷.高句丽服饰探析[D].长春:东北师范大学,2011.

15.宋磊.高句丽服饰研究[D].烟台:鲁东大学,2008.

16.王纯信.高句丽服饰源流考[J].东北师大学报(哲学社会科学版),1997(5).

17.田罡.高句丽古墓壁画中的民俗研究[D].呼和浩特:内蒙古大学,2010.

18.陈跃均,张绪球.江陵马砖1号墓出土的战国丝织品[J].文物,

1982(10).

19. 张达宏,王长启.西安市文管会收藏的几件珍贵文物[J].考古与文物,1984(4).

20. 杨森.敦煌壁画中的高句丽、新罗、百济人形象[J].社会科学战线,2011(2).

21. 沙武田.敦煌吐蕃译经三藏法师法成功德窟考[J].敦煌吐蕃文化学术研讨会论文,2008.

22. 尹国有.高句丽墓室壁画中的鸟图腾[J].吉林艺术学院学报,1996(Z1).

23. 王仲殊.东晋南北朝时代中国与海东诸国的关系[J].考古,1989(11).

24. 范毓周.六朝时期中国与百济的友好往来与文化交流[J].江苏社会科学,1994(5).

25. 韩国磐.南北朝隋唐与百济新罗的往来[J].历史研究,1994(2).

26. 白银淑.唐代男服与韩国统一新罗男服比较研究[D].无锡:江南大学,2009.

27. 王立达.新罗、高句丽、百济"三国并立"时期内朝鲜经济、文化的发展及其在沟通中日文化上所起的作用[J].史学月刊,1957(10).

28. 李梅花.入华留学生与古代中韩文化交流[J].东疆学刊,2009(3).

29. 孙红梅.元朝与高丽"舅甥之好"及两国文化交流[D].长春:吉林大学,2005.

30. 孙红梅.元朝与高丽"舅甥之好"关系下的物质文化交流[J].吉林师范大学学报(人文社会科学版),2008(1).

31. 常大群.高丽人元太子与丽元文化交流[J].山东师大学报(人文社会科学版),2001(4).

32. 李鹏.元代入华高丽女子探析[D].桂林:广西师范大学,2006.

33. 王子怡."宫衣新尚高丽样"——元朝大都服饰的"高丽风"研究[J].艺术设计研究,2012(3).

34. 孟宪尧.《皇华集》与明代中朝友好交流研究[D].延吉:延边大学,2012.

35. 肖瑶.论李氏朝鲜(1392—1901 年)的事大国策[J].东北史地,2004(6).

36. 孙卫国.论事大主义与朝鲜王朝对明关系[J].南开学报(哲学社会科学版),2002(4).

37. 马晓菲.明朝对朝鲜半岛政权的赐服探析[J].求索,2012(2).

38. 逯杏花.明朝对李氏朝鲜的冠服给赐[J].辽东学院学报(社会科学版),2010(5).

39. 王晓静.韩国朝鲜时期的女子礼服——圆衫[D].北京:北京服装学院,2007.

40. 要彬.从"徐福东渡"传说论传播对日本早期服饰文化的影响[J].大家,2010(9).

41. 孟古托力.读《三国志·倭人传》——曹魏与日本列岛诸国的往来[J].黑龙江民族丛刊,2004(4).

42. 王明星.日本古代文化的朝鲜渊源[J].日本问题研究,1996(3).

43. 禹硕基.远古时代中日交往初探[J].日本研究,1985(2).

44. 马兴国.中日服饰习俗交流初探[J].日本研究,1986(3).

45. 张世响.日本对中国文化的接受[D].济南:山东大学,2006.

46. 杨国忠,张国柱.1984 年秋河南偃师二里头遗址发现的几座墓葬[J].考古,1986(4).

47. 安志敏.长江下游史前文化对海东的影响[J].考古,1984(5).

48. 张声振.两晋南北朝时期移居日本的汉族"归化人"及其贡献[J].社会科学战线,1982(4).

49. 张云樵,孙金花.魏晋南北朝时期中日文化交流[J].社会科学辑刊,1993(1).

50. 李英顺.试述唐朝与新罗文化的交流及影响[J].东疆学刊,2005(2).

51. 陈尚胜.论唐朝与新罗的文化交流[J].山东大学学报(哲学社会科学版),1995(4).

52. 赵忠.试论唐、日服饰文化多通道及其交流[D].延吉:延边大学,2010.

53. 方琳琳.中国对日本飞鸟奈良时代服饰制度的影响[D].杭州:浙江大学,2005.

54. 赵丰.中国丝绸在日本的收藏与研究[J].丝绸,1997(3).

55. 周菁葆.日本正仓院所藏"贯头衣"研究[J].浙江纺织服装职业技术学院学报,2010(2).

56. 周菁葆.日本正仓院所藏唐锦研究[J].浙江纺织服装职业技术学院学报,2009(4).

57. 高岩.中国唐代女装与日本和服造型研究[J].辽宁丝绸,2006(3).

58. 汪郑连.中日服饰文化交融的产物:和服[J].浙江纺织服装职业技术学院学报,2006(4).

59. 姜丽.和服中的中国元素浅析[J].重庆科技学院学报(社会科学版),2010(11).

60. 崔蕾,张志春.从汉唐中日文化交流史看中国服饰对日本服饰的影响[J].西北纺织工学院学报,2001(12).

61. 芦敏.辽、宋、金时期迁入高丽的中国移民[J].华侨华人历史研究,2007(4).

62. 荆晓燕.明清之际中日贸易研究[D].济南:山东大学,2008.

63. 赵连赏.明代的赐服与中日关系[J].历史档案,2005(3).

64. 林敏洁.论朱舜水对日本社会及文化的影响[J].中国典籍与文化,2010(4).

65. 王林.朱舜水与中日文化交流[J].中国市场,2010(44).

66. 张如安,李华斌.朱舜水与服饰文化[J],宁波服装职业技术学院学报,2003(4).

67. 朱立春.清朝北方民族赏乌绫与东北亚丝绸之路[J].广东技术师范学院学报(社会科学版),2010(5).

68. 黄松筠,杨旸.有清一代中华服饰东传北海道的溢彩——北海道钏路市立博物馆存藏的中国清代袍服[J].黑龙江社会科学,2010(6).

69. 吴玲,李晓航.从山丹贸易的变迁看清代对东北地区统治的弱化[J].北方文物,2007(1).

70. 季学源.孙中山服饰大变革的思想、理论与实践[J].浙江纺织服装职业技术学院学报,2011(4).

71. 李吉奎.孙中山与日本关系大事记[J].中山大学学报论丛,1988(3).

72. 蔡磊.服饰与文化变迁——以20世纪以来中国服饰为例[D].武汉:武汉大学,2005.

73. 张晓刚.近代横滨与文明开化[J].日本研究,2010(1).

74. 吴圆圆.近现代中日男装流变比较研究[D].苏州:苏州大学,2010.

75. 栗晓斌.试论明治时代日本的社会风俗改革[J].甘肃教育学院学报(社会科学版),2002(1).

76. 王晓秋.鸦片战争对日本的影响[J].世界历史,1990(5).

77. 季学源.近代服饰大变革论纲[J].浙江纺织服装职业技术学院学报,2012(4).

78. 章扬定.近代中国向西方学习思潮中的孙中山与日本明治维新[J].广东社会科学,2004(5).

79. 竺小恩.民生幸福与孙中山服饰文化观[J].浙江纺织服装职业技术学院学报,2011(4).

80. 周一良.孙中山的革命活动与日本——兼论宫崎寅藏与孙中山的关系[J].历史研究,1981(4).

81. 高强.孙中山的日本情结[J].常德师范学院学报(社会科学版),2003(1).

82. 邸竟峰.中山装产生、演变及其审美特征初探[D].呼和浩特:内蒙古大学,2011.

83. 李京子.我国的上古服饰——以高句丽古墓壁画为中心[J].东北亚历史与考古信息,1996(2).

84. 高富子.庆州龙江洞出土的土俑服饰考[J].拜根兴,王霞译.考古与文物,2010(4).

85. 小林行雄.日本考古学概论——连载之二[J].韩钊,李自智译.考古与文物,1996(6).

86. 小林行雄.日本考古学概论——连载之五[J].韩钊,李自智译.考古与文物,1996(6).

87. 小林行雄.日本考古学概论——连载之七[J].韩钊,李自智译.考古与文物,1997(5).

索　引

图书在版编目(CIP)数据

中国与东北亚服饰文化交流研究 / 竺小恩,葛晓弘
著. —杭州:浙江大学出版社,2015.12
ISBN 978-7-308-15128-3

Ⅰ. ①中… Ⅱ. ①竺…②葛… Ⅲ. ①服饰文化—文
化交流—研究—中国、东亚 Ⅳ. ①TS491.12

中国版本图书馆 CIP 数据核字(2015)第 216839 号

中国与东北亚服饰文化交流研究

竺小恩　葛晓弘　著

责任编辑	朱　玲
责任校对	杨利军　王荣鑫
封面设计	春天书装
出版发行	浙江大学出版社
	（杭州市天目山路 148 号　邮政编码 310007）
	（网址：http://www.zjupress.com）
排　　版	杭州中大图文设计有限公司
印　　刷	杭州日报报业集团盛元印务有限公司
开　　本	787mm×960mm　1/16
印　　张	19.75
字　　数	275 千
版 印 次	2015 年 12 月第 1 版　2015 年 12 月第 1 次印刷
书　　号	ISBN 978-7-308-15128-3
定　　价	49.00 元